I0074098

Hand- und Lehrbücher der Sozialwissenschaften

Herausgegeben von
Dr. Arno Mohr

Bisher erschienene Werke:

Güttler, Statistik – Basic Statistics für
Sozialwissenschaftler, 3. Auflage
Jann, Einführung in die Statistik, 2. Auflage
Mohr, Sozialwissenschaftliches Wörterbuch,
Englisch - Deutsch · Deutsch – Englisch

Einführung in die Statistik

Von
Ben Jann

2., bearbeitete Auflage

R. Oldenbourg Verlag München Wien

Bibliografische Information der Deutschen Nationalbibliothek

Die Deutsche Nationalbibliothek verzeichnet diese Publikation in der Deutschen
Nationalbibliografie; detaillierte bibliografische Daten sind im Internet über
http://dnb.d-nb.de abrufbar.

© 2005 Oldenbourg Wissenschaftsverlag GmbH
Rosenheimer Straße 145, D-81671 München
Telefon: (089) 45051-0
www.oldenbourg-verlag.de

Das Werk einschließlich aller Abbildungen ist urheberrechtlich geschützt. Jede Verwertung
außerhalb der Grenzen des Urheberrechtsgesetzes ist ohne Zustimmung des Verlages unzu-
lässig und strafbar. Das gilt insbesondere für Vervielfältigungen, Übersetzungen, Mikrover-
filmungen und die Einspeicherung und Bearbeitung in elektronischen Systemen.

Gedruckt auf säuer- und chlorfreiem Papier
Gesamtherstellung: Books on Demand GmbH, Norderstedt

ISBN   3-486-57687-9
ISBN 978-3-486-57687-0

Vorwort

Das vorliegende Buch enthält eine Einführung in die Methoden der sozialwissenschaftlichen Datenanalyse. Es eignet sich als Begleittext zu einer einführenden Statistikvorlesung an Universitäten und Fachhochschulen oder auch als Nachschlagewerk für empirisch arbeitende Sozialforscherinnen und Sozialforscher. Ziel des Buches ist, die Grundzüge der angewandten Statistik gut verständlich und in möglichst kompakter Form zu vermitteln. Es soll die Leser und Leserinnen dazu befähigen, einfache statistische Instrumente selbst anzuwenden und deren Resultate zu interpretieren. Gleichzeitig sollen die Grundlagen für das Verständnis von weiterführenden statistischen Methoden geschaffen werden. Insbesondere sollen auch Personen, die nur spärliche mathematische Vorkenntnisse besitzen und/oder kein primäres Interesse an statistischen Verfahren haben, einen einfachen Zugang zur Materie finden. Ich habe mich deshalb bemüht, die Ausführungen möglichst einfach und praxisnah zu halten und mit Hilfe vieler Beispiele verständlich zu machen.[1]

Mein Dank richtet sich an Norman Braun für die kritische Durchsicht des ersten Entwurfes. Für die Korrektur späterer Versionen danke ich Axel Franzen, Andrea Hungerbühler, Christoph Kopp und Pascal Ochsenbein. Ebenfalls zu Dank verpflichtet bin ich Henriette Engelhardt, die mir freundlicherweise ihre Statistik-Vorlesungsunterlagen hinterliess, und Andreas Diekmann für seine Unterstützung und Kommentare.

Bern   Ben Jann

---

[1]Zusätzlich kann eine Übungsserie zum Buch unter der Internet-Adresse »http://www.oldenbourg.de/verlag« bezogen werden. Es finden sich dort auch Beispieldaten zur Lösung von Aufgaben am PC.

Inhaltsverzeichnis

Kapitel 1
Einführung

1.1 Warum Statistik?

Zu den Aufgaben einer Sozialwissenschaftlerin oder eines Sozialwissenschaftlers gehört neben der theoretischen Darstellung und Erklärung gesellschaftlicher Verhältnisse auch die explizite Bezugnahme auf die empirische Realität. Empirische Sozialforschung – wie auch jede andere empirische Forschung – entspricht einem iterativen Prozess, in dem sich die beiden Elemente (a) der Betrachtung der Wirklichkeit (Datenerhebung) und (b) der von der Wirklichkeit abstrahierenden Interpretation (Theoriebildung) gegenseitig begünstigen und ergänzen. Einerseits können ohne Beobachtungen kaum fruchtbare Ideen über die Gesellschaft entwickelt werden, andererseits schärfen meist erst theoretische Überlegungen den Blick auf die Realität. Zudem sollen die theoretischen Konstrukte dahingehend geprüft werden, ob sie die realen Zusammenhänge treffend beschreiben oder nicht – denn welchen Nutzen hat eine Theorie über die soziale Wirklichkeit, wenn sie, gemessen an tatsächlichen Begebenheiten, kaum Erklärungskraft besitzt?

Der iterative Prozess der sozialwissenschaftlichen Forschung kann wie in Diagramm 1.1 dargestellt werden. Die vier Tätigkeitsfelder (1) Theorie- und Modellbildung, (2) Datenerhebung und -erfassung, (3) Datenanalyse und (4) Ergebnisinterpretation sind untereinander auf verschiedene Weise verknüpft. Es werden also zum Beispiel, ausgehend von einer bestimmten Theorie, Daten erhoben, analysiert und interpretiert. Die Resultate der empirischen Untersuchung wirken sich aber selbst wiederum auf die Bildung neuer oder verbesserter Theorien aus, so dass sich der Kreislauf der Forschung schliesst.

Hervorzuheben sind die beiden grundsätzlichen Richtungen des sozialwissenschaftlichen Forschungsprozesses:

▷ konfirmatorisches Vorgehen

Der Versuch, sozialwissenschaftliche Theorien oder Hypothesen empirisch zu überprüfen. Die damit zusammenhängende Datenanalyse wird als *konfirmatorisch* bezeichnet.

▷ exploratives Vorgehen

Das Finden von Hypothesen oder Theorieansätzen ausgehend von der Analyse empirischer Daten. Diese Datenanalyse wird als *explorativ* bezeichnet.

Diagramm 1.1: Empirische Forschung als iterativer Prozess (nach Engel, Möhring und Troitzsch 1995: 2)

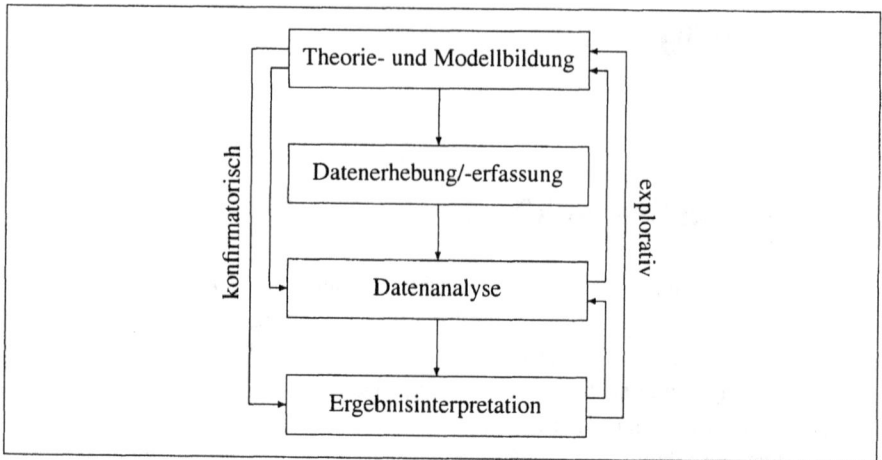

```
                    ┌─ Theorie- und Modellbildung ◄─┐
                    │                               │
    konfirmatorisch │   Datenerhebung/-erfassung    │  explorativ
                    │                               │
                    └─   Datenanalyse               │
                    │                               │
                    └─► Ergebnisinterpretation ──────┘
```

Statistische Methoden sind ein Element in diesem iterativen sozialwissenschaftlichen Forschungsprozess. Um das Gebiet der Theorie- und Modellbildung[1] mit dem Gebiet der Datenerhebung[2] zu verknüpfen, müssen geeignete Mittel zur Datenanalyse und -interpretation zur Verfügung stehen. Die Statistik, ein Teilgebiet der angewandten Mathematik, umfasst eine Reihe solcher Instrumente. Sie kann auf vielfältige Weise und zu verschiedenen Zwecken eingesetzt werden. Hierzu einige Beispiele:

Deskriptive Bestandesaufnahme

Im einfachsten Fall geht es bei der Statistik lediglich darum, Bestände zu beschreiben. Es werden also die Vorkommnisse verschiedener Objekte oder Eigenschaften gezählt und in geeigneter Form dargestellt (z. B. mittels Häufigkeitstabellen). Ein klassisches diesbezügliches Beispiel ist die Volkszählung, bei der etwa die Geschlechter- oder Altersverteilung in einer Gesellschaft beschrieben wird.

Informationsreduktion

Komplexe Phänomene werden mittels einfacher Kennzahlen (z. B. Mittelwert, Korrelationskoeffizient) verständlich dargestellt. Es handelt sich dabei um eine Reduktion bzw. Konzentration der vorhandenen Information auf einen zentralen Aspekt. Die Informationsreduktion und -konzentration birgt aber immer auch die Gefahr, wichtige Information zu vernachlässigen, wie z. B. Krämer feststellt: »Wer mit der

---

[1]Zu einem Überblick sozialwissenschaftlicher Theorien vgl. u. a. Giddens (1999), Kerber und Schmieder (1991), Mikl-Horke (1997), Korte (2000), Esser (1999) oder Büschges et al. (1998).
[2]Einen Überblick über die Methoden der Datenerhebung geben z. B. Diekmann (2000), Schnell et al. (1999), Laatz (1993), Friedrichs (1990), Atteslander (2000), Kromrey (2000) oder Roth (1999).

Beispiel 1.1:   Illustration von Zusammenhängen

▷   Kontingenztabelle Bildung und Religiosität:

	Bildung niedrig	Bildung hoch
Religiosität niedrig	30%	60%
Religiosität hoch	70%	40%
Total	100%	100%

▷   Zusammenhangsformen:

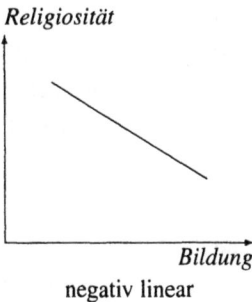

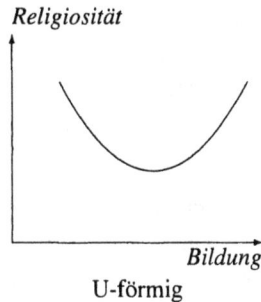

negativ linear   U-förmig

linken Hand in den Eisschrank und mit der rechten Hand in den Ofen greift, fühlt sich ... kaum sehr wohl – ganz offensichtlich ist der Durchschnitt ohne Zusatzinfo hier nur wenig wert ...« (1998: 49). In dem Beispiel sollte neben dem Durchschnitt (Mittelwert) auch der Streuung Beachtung geschenkt werden.

Überprüfung von Regelmässigkeiten

Mit statistischen Methoden kann überprüft werden, ob Zusammenhänge zwischen verschiedenen Variablen (Mekmalen) bestehen. Es werden dabei Fragen gestellt wie:»Existiert ein Zusammenhang?«,»Welche Form hat der Zusammenhang?«, »Wie stark ist der Zusammenhang?« oder»Gibt es Hinweise, dass der Zusammenhang kausal ist?«

Beispiel 1.1 zeigt eine Kontingenztabelle zur Illustration des Zusammenhangs zwischen Bildung und Religiosität und zwei grafische Darstellungen zur Illustration verschiedener Zusammenhangsformen.

Abschätzen von Stichprobenfehlern

In der Statistik wird oftmals nur eine Stichprobe (eine Auswahl von Untersuchungseinheiten) analysiert. Mit Hilfe gewisser Annahmen können die Resultate aber auf die Grundgesamtheit (alle potentiellen Untersuchungseinheiten) verallgemeinert werden. Dabei sind unter anderem folgende Fragen von Bedeutung:

▷ »Sind geringfügige Zusammenhänge noch signifikant?«

Beispiel: Medikamentenversuche (Entscheidungskriterium über die Wirksamkeit des Medikaments)

▷ »Wie gross ist der mutmassliche Fehlerbereich bei Schlüssen von der Stichprobe auf die Grundgesamtheit?«

Beispiel: Wahlprognosen (Kriterium zur Bestimmung der Verlässlichkeit der Vorhersagen)

Aufdecken von Fehlschlüssen

Bekannt sind Spruchweisheiten wie »Traue nur Statistiken, die du selbst gefälscht hast!« oder »There are three kinds of lies: lies, damned lies and statistics«[3], die wohl daher rühren, dass Statistik manchmal unsachgemäss angewendet wird (vgl. Krämer 1997). Tatsächlich ist aber *gerade* die Statistik ein Instrument, um Fehlschlüsse und Irrtümer aufzudecken.

▷ Ökologischer Fehlschluss

Ein Zusammenhang auf der Kollektivebene lässt nicht zwingend auf einen korrespondierenden Zusammenhang auf der Individualebene schliessen.[4]
Beispiele:

– Aus der Feststellung »Je grösser der Anteil Ausländer in einer Region, desto grösser der Anteil Rechts-Wähler« folgt nicht, dass Ausländer rechts wählen.

– Aus den Feststellungen »Muri bei Bern ist eine reiche Gemeinde« und »Muri wählt tendenziell links« folgt nicht, dass reiche Leute links wählen.

Mit der statistischen Analyse von Individualdaten lassen sich solche Fragen leicht überprüfen.

▷ Scheinkorrelation

Durch Missachtung weiterer Einflussgrössen werden Korrelationen fälschlicherweise als kausale Zusammenhänge gedeutet.
Beispiele:

– Die Aussage »Je mehr Feuerwehrleute einen Brand bekämpfen, desto grösser wird der Brandschaden!« lässt vermuten, dass Feuerwehrleute mehr schaden als nützen. Tatsächlich aber ist ein dritter Faktor – die Grösse des Brandes – entscheidend.

– Emile Durkheim stellte in seinen Studien zum Selbstmord fest, dass verheiratete Männer eine höhere Selbstmordrate aufweisen als ledige. Der Schluss, dass die Ehe zu erhöhter Suizidneigung führt, wäre voreilig: Tatsächlich war eine dritte Variable – das Lebensalter – für den Zusammenhang verantwortlich. Unter Kontrolle des

---

[3]Dieser Spruch wird wechselweise Mark Twain, Benjamin Disraeli oder gar Winston Churchill zugeschrieben.
[4]Worauf Robinson schon in den 50er Jahren aufmerksam gemacht hatte: »... the only reasonable assumption is that an ecological correlation is almost certainly not equal to its corresponding individual correlation« (1950: 357).

Alters wiesen verheiratete Männer sogar eine geringere Selbstmordrate auf, wie es gemäss Durkheim's Theorie der sozialen Integration zu erwarten war (Beispiel nach Andreß et al. 1997: 28). Mit multivariaten statistischen Methoden können komplexe Zusammenhänge zwischen mehreren Variablen adäquat beschrieben werden.

▷ Selektionseffekte

Die Feststellung »Schüler aus öffentlichen Schulen schneiden in Prüfungen im Mittel schlechter ab als Schüler aus Privatschulen« könnte zu der Annahme verleiten, dass öffentliche Schulen schlechter sind als private. Es könnte sich aber auch um einen Selektionseffekt in dem Sinne handeln, dass gute Schüler eher in private Schulen geschickt werden oder die Eltern von Kindern in Privatschulen ein grösseres Interesse an den Leistungen ihrer Kinder haben und diese stärker fördern. Zwischen den Schülern der privaten und öffentlichen Schulen ist somit kein direkter Vergleich möglich. Die Statistik bietet Verfahren, um für Selektionseffekte zu kontrollieren.

Bei aller Unvollständigkeit der aufgeführten Facetten und Anwendungsmöglichkeiten kann festgehalten werden, dass Statistik ein wichtiges und nicht zu vernachlässigendes Instrument der sozialwissenschaftlichen Forschung darstellt. Disziplinen wie die Soziologie, Politikwissenschaft, Sozialpsychologie oder Volkswirtschaftslehre sind zu einem grossen Teil empirische Wissenschaften. Es werden also – von der Problematik der Datenerhebung abgesehen – Methoden zur Analyse und Interpretation von Daten (Datenauswertung) benötigt. Die Statistik umfasst eine Reihe solcher Instrumente.[5] Sozialwissenschaftlerinnen und Sozialwissenschaftler sollten also zumindest grundlegende statistische Verfahren kennen, um Daten selbständig analysieren und sozialwissenschaftliche Forschungsberichte verstehen und kritisieren zu können.

1.2 Überblick über die Statistik

Benninghaus (1998a: 11) bezeichnet drei wichtige Tätigkeiten von Sozialwissenschaftlerinnen und Sozialwissenschaftlern als:

▷ Die Beschreibung von Untersuchungseinheiten (Individuen, Gruppen, Städte, Nationen) im Hinblick auf einzelne Variablen (variierende Eigenschaften: z.B. Interessen, Einkommen, Kriminalitätsraten).

▷ Die Beschreibung der Beziehungen zwischen Variablen (Zusammenhänge).

▷ Die Generalisierung von Untersuchungsresultaten (von einer Stichprobe auf die Grundgesamtheit schliessen).

---

[5]Natürlich bestehen noch weitere Strategien zur Analyse von sozialwissenschaftlichen Daten bzw. Informationen. Nicht-statistische Verfahren werden i. d. R. im Rahmen der »qualitativen« Sozialforschung behandelt (vgl. etwa Flick et al. 2000, Lamnek 1995 oder König und Zedler 1995).

Um diese Tätigkeiten zu verfolgen, benötigt man verschiedene statistische Instrumente. In der Literatur wird häufig vorgeschlagen, zwischen der *deskriptiven* und der *induktiven* (schliessenden, inferentiellen) Statistik zu unterscheiden.

▷ Deskriptive Statistik

Die deskriptive Statistik hat die Funktion,»gegebene Daten möglichst knapp zu charakterisieren bzw. zusammenfassend zu beschreiben« (Benninghaus 1998a: 15). Die Beschreibung konzentriert sich auf einzelne Variablen (erste Tätigkeit) oder auf die Zusammenhänge zwischen verschiedenen Variablen (zweite Tätigkeit). Eine Übersicht über die in diesem Buch behandelte dekriptive Statistik gibt Diagramm 1.2.

Die Instrumente der deskriptiven Statistik werden oft wie folgt nach der Anzahl berücksichtigter Variablen klassifiziert:

– univariate Methoden: Verfahren, die zur Beschreibung der Verteilung einzelner Variablen dienen.

– bivariate Methoden: Verfahren, die den Zusammenhang zwischen zwei Variablen beschreiben.

– multivariate Methoden: Verfahren, die den Zusammenhang zwischen mehreren Variablen beschreiben.

▷ Induktive Statistik

Die Inferenzstatistik hat die Funktion, die Generalisierung von deskriptiven Resultaten mit Hilfe der Wahrscheinlichkeitstheorie zu ermöglichen (dritte Tätigkeit). Sie überlagert somit die deskriptive Statistik. Eine Übersicht über die induktive Statistik gibt Diagramm 1.3.[6]

1.3 Literaturhinweise

Die nachfolgende Zusammenstellung statistischer Verfahren ist bewusst knapp gehalten und konzentriert sich nur auf die für die praktische Arbeit wesentlichen Aspekte. Für ein ausführliches Studium der Statistik sollten daher weitergehende Werke konsultiert werden. Als Ergänzung, Erweiterung oder Alternative zu diesem Buch können etwa Bortz (1999), Bosch (1996; 1998a; 1998b; 1999), Clauß et al. (1999), Engel et al. (1995), Fahrmeir et al. (2001), Hackl und Katzenbeis-

---

[6]Die Unterscheidung zwischen deskriptiver und induktiver Statistik kann indes irreführend sein, weil sie den Anschein erweckt, dass induktive Statistik *nicht* deskriptiv sei. Warum Inferenzstatistik trotzdem als deskriptiv bezeichnet werden kann, wird klar, wenn man zwischen *beschreibenden* und *erklärenden* Aussagen unterscheidet. Mit Hilfe der Inferenzstatistik werden vorerst auch nur beschreibende Aussagen gewonnen. Der Unterschied zur deskriptiven Statistik besteht darin, dass sich die Beschreibung auf einen Gegenstand bezieht, der nur stichprobenartig beobachtet wurde. Von »Erklärung« hingegen spricht man im Allgemeinen, wenn Aussagen über Kausalzusammenhänge getroffen werden, was mit der Unterscheidung zwischen deskriptiver und induktiver Statistik nicht viel zu tun hat.

Diagramm 1.2:   Deskriptive Statistik

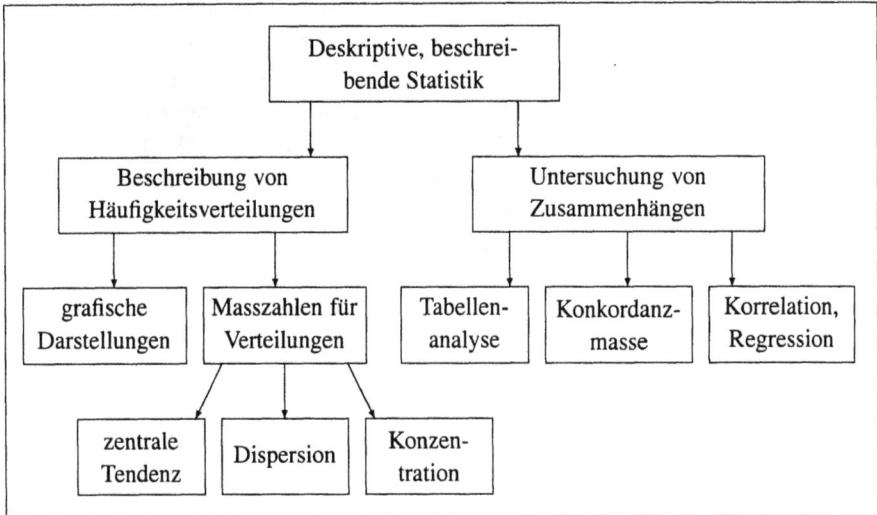

```
                    ┌─────────────────────────┐
                    │   Deskriptive, beschrei- │
                    │     bende Statistik       │
                    └─────────────────────────┘
              ┌───────────────┴───────────────────┐
    ┌───────────────────┐              ┌───────────────────┐
    │  Beschreibung von  │              │  Untersuchung von  │
    │ Häufigkeitsverteilungen │         │  Zusammenhängen    │
    └───────────────────┘              └───────────────────┘
      ┌──────┴──────┐             ┌──────────┼──────────┐
 ┌─────────┐ ┌─────────┐   ┌─────────┐ ┌──────────┐ ┌──────────┐
 │grafische│ │Masszahlen│   │Tabellen-│ │Konkordanz│ │Korrelation,│
 │Darstellungen│ │für Verteilungen│ │analyse│ │masse│ │Regression│
 └─────────┘ └─────────┘   └─────────┘ └──────────┘ └──────────┘
      ┌────────┼────────┐
 ┌────────┐ ┌─────────┐ ┌────────┐
 │zentrale│ │Dispersion│ │Konzen- │
 │Tendenz │ │          │ │tration │
 └────────┘ └─────────┘ └────────┘
```

Diagramm 1.3:   Induktive Statistik

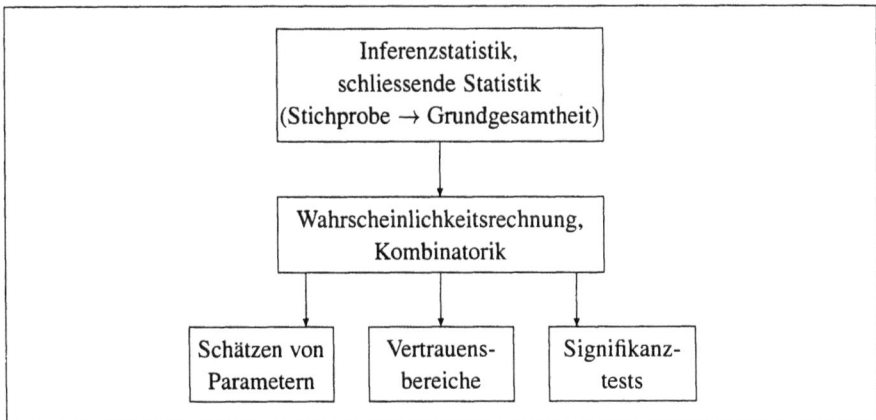

```
            ┌──────────────────────────────────┐
            │      Inferenzstatistik,           │
            │      schliessende Statistik       │
            │ (Stichprobe → Grundgesamtheit)    │
            └──────────────────────────────────┘
                           │
            ┌──────────────────────────────────┐
            │  Wahrscheinlichkeitsrechnung,     │
            │        Kombinatorik               │
            └──────────────────────────────────┘
              ┌────────────┼────────────┐
        ┌───────────┐ ┌───────────┐ ┌───────────┐
        │Schätzen von│ │Vertrauens-│ │Signifikanz-│
        │Parametern │ │bereiche   │ │tests      │
        └───────────┘ └───────────┘ └───────────┘
```

ser (2000), Hartung et al. (1999), Hippmann (1997), Hirsig (1998, 2000), Kühnel und Krebs (2001), Maier et al. (2000), Polasek (1994), Rohwer und Pötter (2001), Sachs (1999), Schlittgen (2000), Wagschal (1999) und die statistische Formelsammlung von Rinne (1997) herangezogen werden (um nur eine kleine Auswahl zu nennen). Nach wie vor sind aber auch die Werke von Benninghaus (1998a; 1998b) sehr hilfreich, wenn lediglich deskriptive Statistik im Zentrum des Interesses steht, und Kennedy (1993) sowie Krämer (1998) können den ersten Einstieg in die Materie erleichtern. Einführungen in die Verwendung von Statistikprogrammen geben zum Beispiel Wittenberg und Cramer (2000), Kohler und Kreuter (2001) oder Falk et al. (1995). Weitere Literaturhinweise bezüglich spezifischer Verfahren finden sich jeweils an geeigneter Stelle im Text.

Kapitel 2

Merkmale, Variablen, Daten und Skalenniveaus

Im Folgenden werden einige Begriffe und Konzepte der Statistik, die für das Verständnis der weiteren Ausführungen wichtig sind, kurz erläutert.

2.1 Begriffe

Untersuchungseinheiten, statistische Einheiten, Objekte

Die Untersuchungseinheiten bzw. statistischen Einheiten sind die Objekte, über die Daten bzw. interessierende Grössen erhoben werden. Sie können sehr unterschiedlich sein: Individuen, Unternehmungen, Bäume (z. B. bei Waldschadensinventuren), Wohnungen (beim Mietspiegel), Gruppen, Städte, Nationen etc. In den Sozialwissenschaften handelt es sich bei den betrachteten Objekten meistens um Individuen.

Grundgesamtheit, Population

Die Grundgesamtheit ist die Menge aller Untersuchungseinheiten, die durch eine gegebene Fragestellung umgrenzt wird. Bei einer repräsentativen Bevölkerungsumfrage zu politischen Einstellungen kann die Grundgesamtheit beispielsweise alle Schweizer Bürger und Bürgerinnen, die mindestens 18 Jahre alt sind, umfassen.

Eine Grundgesamtheit oder Population kann *endlich* und *konkret* sein (z. B. alle Schweizer Bürger und Bürgerinnen), aber auch *unendlich* und/oder *hypothetisch* (z. B. alle möglichen Wartezeiten auf den Bus, alle potentiellen Kunden eines Geschäfts, vgl. Fahrmeir et al. 2001: 14).[1] Eine *Teilgesamtheit* oder *Teilpopulation* liegt dann vor, wenn sich eine Untersuchung nur auf eine Teilmenge der Grundgesamtheit beschränkt (z. B. alle Schweizer Bürger*innen*).

Auswahl, Stichprobe, Sample

Oft ist es nicht möglich, Daten über alle Objekte der Grundgesamtheit zu sammeln, und man muss sich auf die Untersuchung eines Teils der Population beschränken. Eine untersuchte Teilgesamtheit wird als *Stichprobe*, *Sample* oder *Auswahl* bezeichnet. Ziel ist es, die Teilgesamtheit so zu wählen, dass sie bezüglich aller interessierenden Grössen ein möglichst getreues Abbild der Grundgesamtheit gibt. Dies wird

---

[1] Die Vorstellung von unendlichen oder hypothetischen Populationen ist aber in der Praxis kaum von Bedeutung und kann auch in Frage gestellt werden (vgl. Rohwer und Pötter 2002: 17).

besonders mit einer *Zufallsauswahl* bzw. *Zufallsstichprobe* erreicht, d. h. die Untersuchungseinheiten werden zufällig aus der Grundgesamtheit ausgewählt. Zufällig bedeutet hier, dass jede statistische Einheit der Grundpopulation dieselbe Chance hat, in die Stichprobe gewählt zu werden (bei der Ziehung einer Stichprobe n aus einer Population N sollte die Auswahlwahrscheinlichkeit für jede Einheit n/N betragen).

Wird die Grundgesamtheit durch die Stichprobe getreu abgebildet, nennt man die Stichprobe *unverzerrt*. Sind in der Stichprobe gewisse Eigenschaften im Vergleich zu der Grundgesamtheit stark über- oder untervertreten, so nennt man die Stichprobe *verzerrt*.

Eigenschaften, Variablen, Merkmale

Untersuchungseinheiten weisen *Eigenschaften* oder *Merkmale* auf und werden daher oft auch als *Merkmalsträger* bezeichnet. Eine *statistische Variable* ist die numerische Repräsentation eines Merkmals.[2] Die verschiedensten Grössen können mit Hilfe von Variablen systematisch erfasst werden: persönliche Interessen, Kriminalitätsraten in verschiedenen Städten, Einkommen, Augenfarbe, Geschlecht, Alter, Einstellungen zu Arbeit, Jahresgewinne von Unternehmungen, Zimmerzahl von Wohnungen etc.

Symbole für Variablen: X, Y, Z

Merkmalsausprägungen

Variablen bzw. Merkmale können verschiedene *Werte* annehmen. Diese Werte werden *Merkmalsausprägungen* oder kurz *Ausprägungen* genannt. Alle möglichen Ausprägungen einer Variable definieren den *Merkmalsraum*. Merkmalsräume können sich für verschiedene Variablen unterscheiden. Die Variable »Geschlecht« kann z. B. die Ausprägungen »männlich« und »weiblich« annehmen, die Variable »monatliches Einkommen« Ausprägungen wie CHF 4500.–, CHF 2320.–, CHF 11000.–, etc.

Symbole für Ausprägungen: a_j, b_j, $j = 1, \ldots, k$

Empirische Werte

Von den Ausprägungen zu unterscheiden sind die empirisch realisierten Werte (d. h. die Werte einer Variable, die für bestimmte Untersuchungseinheiten gemessen wurden).

Symbole für empirische Werte: x_i, y_i, z_i, $i = 1, \ldots, n$

---

[2]Wobei der Name »Variable« impliziert, dass es sich um variierende Merkmale handelt. Dem muss aber in einer gegebenen Stichprobe oder Population nicht zwingend so sein.

Diagramm 2.1:   Allgemeine Form einer statistischen Datenmatrix

$$
\begin{array}{c}
\qquad\qquad \text{Variablen} \\
\qquad\qquad X_1 \quad X_2 \quad \cdots \quad X_j \quad \cdots \quad X_m \\
\text{Objekte} \quad
\begin{array}{c}
O_1 \\ O_2 \\ \vdots \\ O_i \\ \vdots \\ O_n
\end{array}
\left[
\begin{array}{ccccc}
x_{11} & x_{12} & \cdots & x_{1j} & \cdots & x_{1m} \\
x_{21} & x_{22} & \cdots & x_{2j} & \cdots & x_{2m} \\
\vdots & \vdots & \vdots & & \vdots & \vdots \\
x_{i1} & x_{i2} & \cdots & x_{ij} & \cdots & x_{im} \\
\vdots & \vdots & \vdots & & \vdots & \vdots \\
x_{n1} & x_{n2} & \cdots & x_{nj} & \cdots & x_{nm}
\end{array}
\right]
\end{array}
$$

Beispiel 2.1:   Datenmatrix

	Geschlecht	Bildung	Einkommen
Person 1	0	12	5400
Person 2	1	16	4100
Person 3	1	9	1100
Person 4	0	10	2500
$\vdots$	$\vdots$	$\vdots$	$\vdots$

Geschlecht:	0 = männlich, 1 = weiblich
Bildung:	Anzahl Bildungsjahre
Einkommen:	monatliches Erwerbseinkommen

Datenmatrix

Bei der Datenerhebung zu statistischen Zwecken werden für jede Untersuchungseinheit der Stichprobe die beobachteten Werte der verschiedenen Variablen in eine
Datenmatrix eingetragen. Die Datenmatrix enthält also für alle Einheiten der Stichprobe Informationen zu den beobachteten Merkmalen und wird normalerweise nach
folgendem Muster konstruiert (vgl. Diagramm 2.1 und Beispiel 2.1):

▷ Jede Zeile der Matrix repräsentiert eine Untersuchungseinheit O_i.

▷ Die Spalten stehen für die verschiedenen Variablen X_j, $j = 1,\ldots,m$.

▷ In den Feldern der Matrix wird jeweils der Wert von Variable X_j für Untersuchungseinheit O_i eingetragen. Bei dem Wert x_{ij} handelt es sich also beispielsweise um den nummerischen Code für die Antwort des Befragten i auf die Frage
   j.

Die Daten in einer Matrix können statistisch z. B. durch Auszählen ausgewertet werden. *Univariate Statistik* beschäftigt sich jeweils nur mit einzelnen Spalten der Da-

tenmatrix bzw. einzelnen Variablen. Analysiert man die Zusammenhänge zwischen zwei oder mehr Variablen – werden also mehrere Spalten gleichzeitig in die Analyse einbezogen – betreibt man *bi-* oder *multivariate Statistik*.

2.2 Charakterisierung von Variablen

Für die statistische Auswertung ist es hilfreich, Merkmale bezüglich verschiedener Charakteristika zu typisieren.

Stetige und diskrete Variablen

Wenn eine Variable nur eine endliche (oder wie bei Zähldaten abzählbar unendliche) Anzahl von Ausprägungen annehmen kann, wird sie als *diskret* bezeichnet. Die Variable »Geschlecht« ist z. B. diskret, da sie nur die zwei Ausprägungen »weiblich« und »männlich« kennt. Obwohl meistens nicht nach oben begrenzt, sind generell auch Zähldaten diskret (ganzzahlige Werte, z. B. Kinderzahl).

Kann aber eine Variable beliebige Werte innerhalb eines Intervalls annehmen, so heisst die Variable *stetig* (bzw. kontinuierlich, z. B. Körpergrösse). Stetige Variablen können (zumindest theoretisch) beliebig fein abgestuft werden und umfassen somit prinzipiell (nicht abzählbar) unendlich viele Ausprägungen.

Merkmale, die nur diskret gemessen werden, sich aber aufgrund einer relativ feinen Abstufung und Grössenordnung der Ausprägungen ähnlich wie stetige Merkmale behandeln lassen, werden *quasi-stetig* genannt.

Stetige und quasi-stetige Daten werden manchmal der Einfachheit halber oder aus technischen Gründen *gruppiert* (bzw. *klassiert* oder *kategorisiert*), d. h. es werden an Stelle der exakten Werte lediglich Informationen über die Zuordnung der Werte zu bestimmten Intervallen verwendet (bzw. erfasst). Ein Beispiel dafür ist die Erhebung des persönlichen monatlichen Einkommens von Befragten in den Kategorien »0–1999 CHF«, »2000–3999 CHF«, usw.

Qualitative und quantitative Variablen

Variablen werden als *qualitativ* oder *kategorial* bezeichnet, wenn ihre Ausprägungen Qualitäten und nicht Ausmasse widerspiegeln (Frage nach dem »Was« oder »Wie«). Die Ausprägungen einer qualitativen Variable repräsentieren unterschiedliche Beschaffenheiten bzw. Kategorien eines Merkmals und nicht Quantitäten, sie sind also endlich (bzw. diskret) und lassen sich meistens nicht in eine Rangfolge bringen (qualitative Variablen sind höchstens *ordinalskaliert*, vgl. unten). Beispiele: Geschlecht, Berufe.

Geben die Ausprägungen eines Merkmals eine Intensität oder ein Ausmass wieder, so spricht man von *quantitativen* Variablen (Frage nach dem »Wie viel«). Die Ausprägungen lassen sich immer der Grösse nach ordnen. Quantitative Variablen können diskret oder stetig sein. Beispiele: Einkommen, Wochenarbeitszeit, Anzahl Freunde, Alter, Grad an Zustimmung zu einer bestimmten Aussage.

Dichotome und polytome Merkmale

Dichotome Merkmale umfassen nur zwei Ausprägungen (z. B. ja/nein, weiblich/männlich), während *polytome* Variablen mehr als zwei Ausprägungen kennen (z. B. Hobbies, Augenfarben).

2.3 Skalenniveaus

Die für die Statistik wichtigste Charakterisierung von Variablen ist das Skalenniveau, auf dem ein Merkmal gemessen wird.

Stevens definierte Messen als *das Zuordnen von Zahlen zu Objekten oder Ereignissen nach bestimmten Regeln*: »... we may say that measurement, in the broadest sense, is defined as the assignment of numerals to objects or events according to rules« (1946: 677). Die Zuordnungsregeln können dabei sehr unterschiedlich sein. Im Alltagsverständnis entsprechen die Regeln etwa dem Vergleich mit einem (meist metrischen) Massstab (z. B. einem Kalender, einer Temperaturskala oder einem Metermass), während in der Wissenschaft auch die Zuordnung von Zahlen zu qualitativen Ausprägungen als Messen bezeichnet wird (z. B. Messen von Geschlecht, Einstellungen oder Verhaltensweisen).

Ziel des Messens ist immer die Übertragung einer empirischen Relation in eine nummerische Relation. Je nach Art der abgebildeten Relation bzw. nach der Informationsausschöpfung der nummerischen Werte wird von unterschiedlichen Messniveaus bzw. *Skalentypen* gesprochen. Da nummerische Relationen (bzw. die zu Grunde gelegte Skala) empirische Relationen zwischen Eigenschaften getreu abbilden sollen, ist beim Messen die Wahl der geeigneten Skala entscheidend.

Stevens unterscheidet vier hierarchisch geordnete Skalentypen: die Nominalskala, die Ordinalskala, die Intervallskala und die Ratioskala. Die Skalentypen sind kumulativ angeordnet, d. h. eine höhergestellte Skala kann in eine tiefergestellte überführt werden, eine tiefergestellte aber nicht in eine höhergestellte (ausser vielleicht bei Wiederholung des Messvorgangs). Der Liste wird in der Regel noch eine weitere Skala – die Absolutskala – beigefügt, so dass fünf hierarchische Skalentypen vorliegen (vgl. Diagramm 2.2).

Nominalskala

Die Nominalskala repräsentiert das niedrigste Messniveau. Den verschiedenen Kategorien eines qualitativen Merkmals werden dabei beliebige (jedoch eindeutige) Zahlen zugeteilt, d. h. es wird eine qualitative Klassifikation erstellt. Die Vergabe von Zahlen erfüllt den gleichen Zweck wie die Vergabe von Namen.

Diagramm 2.2: Hierarchische Ordnung der Skalentypen

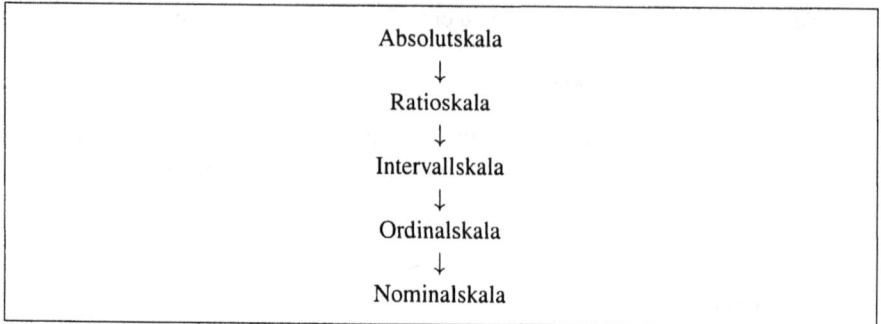

> Absolutskala
> ↓
> Ratioskala
> ↓
> Intervallskala
> ↓
> Ordinalskala
> ↓
> Nominalskala

Beispiel 2.2: Freizeitaktivitäten und Schichtzugehörigkeit

▷ Freizeitaktivitäten (nominal):

	Ausgangs-werte	zulässige Transformationen		
Sport	1	→	2 →	13.7
Familie	2	→	4 →	27
Kultur	3	→	3 →	150
Politik	4	→	1 →	-2

▷ Schichtzugehörigkeit (ordinal):

	Ausgangs-werte	zulässige Transformationen		
Unterschicht	1	→	-5 →	0
Mittelschicht	2	→	1 →	2
Oberschicht	3	→	7 →	7

Die Werte von Nominalskalen können in unterschiedlichster Weise transformiert werden. Es muss lediglich die Gleichheit oder Verschiedenheit von Zuordnungen bewahrt werden, d. h. die Transformationen müssen umkehrbar eindeutig (bijektiv) sein (vgl. Beispiel 2.2).[3]

Ordinalskala

Bei ordinalskalierten Merkmalen können die Ausprägungen in eine Rangfolge gebracht bzw. auf einem Kontinuum angeordnet werden. Es ist dabei aber nur möglich, Aussagen darüber zu treffen, ob eine Ausprägung einen höheren, tieferen oder gleichen Rang einnimmt wie eine andere. Das genaue Ausmass der Differenz bleibt je-

[3]Eine Abbildung bzw. Funktion $f : X \to Y$ heisst bijektiv, wenn sie injektiv (eineindeutig) ist (aus $x_1 \neq x_2$ folgt stets $f(x_1) \neq f(x_2)$) sowie surjektiv (jedes Element von Y ist ein Bild $f(x)$ für ein $x \in X$).

doch ungeklärt, d. h. die Abstände zwischen den Ausprägungen können nicht direkt interpretiert werden. Als Beispiel lassen sich etwa Schulnoten nennen. Die Noten sind zwar von 1 bis 6 geordnet, aber der Abstand zwischen 5 und 6 lässt sich – bezogen auf die Leistungen, die zur Erreichung der Noten erforderlich sind – meistens nicht direkt z. B. mit dem Abstand zwischen 2 und 3 vergleichen.

Zulässige Transformationen sind diejenigen, welche die Rangfolge bewahren (streng monoton steigende Transformationen; vgl. Beispiel 2.2). Eine Transformation bzw. Funktion

$$y = f(x)$$

ist streng monoton steigend, wenn aus $x_i > x_j$ immer folgt $y_i > y_j$. Ist $f(x)$ differenzierbar, so kann dies ausgedrückt werden als

$$\frac{d f(x)}{dx} > 0,$$

die erste Ableitung der Funktion muss also für alle x grösser null sein.

Intervallskala

Beim Intervallskalenniveau sind die Ausprägungen ebenfalls in einer Rangfolge geordnet, es lassen sich aber zusätzlich die Abstände zwischen den Ausprägungen vergleichen. Die Intervallgrösse (Einheit) und der Nullpunkt sind jedoch beliebig. Intervallskalen lassen alle positiv linearen Transformationen zu (Nullpunkt b und Einheit a können frei gewählt werden, die Vergleichbarkeit der Intervalle bleibt erhalten), also Transformationsfunktionen der Form

$$y = ax + b \quad \text{mit} \quad a > 0.$$

Beispielsweise ist die christliche Kalenderrechnung eine Intervallskala mit dem Nullpunkt Geburt Christi und der Intervallgrösse von einem Jahr. Ein anderes Beispiel ist die Temperaturmessung in Grad Celsius oder Grad Fahrenheit. Der Temperaturunterschied von 0° C zu 10° C ist gleich gross wie von 10° C zu 20° C. Es ist aber nicht sinnvoll zu behaupten, 20° C (= 68° F) sei doppelt so warm wie 10° C (= 50° F).

Ratioskala (Verhältnisskala)

Bei der Ratio- oder Verhältnisskala ist zusätzlich zu den metrischen Eigenschaften der Intervallskala der Nullpunkt natürlich gesetzt (die Ratioskala ist somit ein Spezialfall der Intervallskala). Es bleiben nur noch die Einheiten frei wählbar. Es sind also Aussagen möglich wie: »Person A ist doppelt so gross wie Person B« oder »Frau Meier verdient eineinhalbmal so viel wie Herr Müller.«

Es sind nur noch positiv proportionale Transformationen zulässig (nur Wahl der Einheiten a):

$$y = ax \quad \text{mit} \quad a > 0$$

Beispiele für Ratioskalen sind: Einkommen, Grösse, Gewicht, Lebensalter, Preise etc.

Rinne (1997: 6ff.) nennt als weiteren Spezialfall der Intervallskala zusätzlich noch die Differenzskala, die einen variablen Nullpunkt, aber feste Einheiten besitzt (zulässige Transformation: $y = x + b$ (Verschiebung)). In der Praxis ist die Differenzskala kaum von Bedeutung.

Absolutskala

Über Stevens hinausgehend lässt sich noch ein fünftes Skalenniveau spezifizieren: das *Absolutskalenniveau*. Bei der Absolutskala sind selbst die Einheiten nicht mehr wählbar, sie besitzt also einen natürlichen Nullpunkt *und* natürliche Einheiten. Folglich sind auch keine bzw. nur identitätsbewahrende Transformationen erlaubt:

$$y = x$$

Beispiele: Häufigkeiten (Kinderzahl, Anzahl Versuche bis eine Sechs gewürfelt wird), Wahrscheinlichkeiten.

Topologische und kardinale Skalen

Die Nominal- und Ordinalskala werden zu den *topologischen* Skalen zusammengefasst. Intervall-, Ratio- und Absolutskala werden als *kardinale* bzw. *metrische* Skalen bezeichnet.

Zusammenfassung

Die Diagramme 2.3 und 2.4 fassen verschiedene Eigenschaften der Skalenniveaus nochmals zusammen.

Der Skalentyp der auszuwertenden Daten ist grundlegend für die statistische Verarbeitung. Viele statistische Instrumente stellen spezifische Anforderungen an das Skalenniveau, d. h. sie lassen sich nur für bestimmte Datenarten verwenden.

Beispiele:

▷ Ein arithmetischer Mittelwert macht bei ordinal- und/oder nominalskalierten Daten wenig Sinn. Erst ab Intervallskalenniveau ist das arithmetische Mittel ein verwendbares Mass.

▷ Aussagen über Prozentvergleiche sind erst ab Ratioskalenniveau sinnvoll. Sie sind bei Intervallskalen nicht zulässig (z. B. Grad Celsius vs. Grad Fahrenheit).

Zwar sind die Anforderungen verschiedener Verfahren an das Skalenniveau der Daten theoretisch eindeutig, in der Praxis werden sie jedoch nicht immer erfüllt: In den Sozialwissenschaften arbeitet man zum Beispiel sehr oft mit ordinalskalierten Daten (»Wieviel Vertrauen haben Sie in das politische System der Schweiz?«: 1 = »sehr viel«, 2 = »viel«, 3 = »wenig«, 4 = »sehr wenig«), was grosse Einschränkungen bezüglich der Anwendbarkeit statistischer Methoden mit sich bringt. Es zeigt sich, dass es unter Umständen gewinnbringend sein kann, solche Variablen

Diagramm 2.3:   Sinnvolle Berechnungen für Daten verschiedener Skalen (nach Fahrmeir
et al. 2001: 18) und Aussagekraft von Skalenniveaus

	Skalenniveau			
	nominal	ordinal	intervall	ratio
Sinnvolle Berechnungen:				
– auszählen	ja	ja	ja	ja
– ordnen	nein	ja	ja	ja
– Differenzen bilden	nein	nein	ja	ja
– Quotienten bilden	nein	nein	nein	ja
Informationsgehalt	niedrig	→	→	hoch
Bedeutsame Aussagen, Masse	wenige	→	→	viele
Zulässige Transformationen	viele	←	←	wenige

als intervallskaliert zu behandeln und mit Methoden, die genau genommen metrisches Skalenniveau voraussetzen würden, zu analysieren.[4] In der Regel wird dieses
Verfahren umso unproblematischer, je mehr Ausprägungen die ordinale Variable
besitzt und je ausgeglichener die Häufigkeitsverteilung der Variable ist. Es soll an
dieser Stelle aber vor einem allzu leichtfertigen Umgang mit den Anforderungen
an das Skalenniveau gewarnt werden. Wann immer möglich, sollte man Verfahren verwenden, die der Datenqualität wirklich gerecht werden – auch wenn damit
manchmal ein Mehraufwand verbunden ist.

---

[4]Es wird dabei die Annahme getroffen, dass die Abstände zwischen den Ausprägungen ungefähr
gleich sind. Die Resultate der Analyse können dann nur als Approximationen der »wahren« Verhältnisse betrachtet werden, also als Approximation der Resultate, wenn es gelänge, die Variablen
metrisch zu messen.

Diagramm 2.4: Zusammenfassung der Skalentypen und ihrer Eigenschaften (nach Diekmann 2000: 255)

Skalentyp	Zulässige Transformationen	Interpretation von Skalenwerten	Mittelwert	Beispiele
Nominalskala	umkehrbar eindeutige (bijektive)	gleich oder verschieden	Modalwert	Geschlecht, Arten von Freizeitaktivitäten
Ordinalskala	rangfolgebewahrende (positiv monotone): $y = f(x)$ mit $x_i > x_j \rightarrow y_i > y_j$	grösser, kleiner oder gleich	Median	Guttman-Skalen, ordinaler Nutzen, Schulabschlüsse
Intervallskala	positiv lineare: $y = ax + b$ mit $a > 0$	Vergleichbarkeit von Differenzen	Arithmetischer Mittelwert	Temparatur in °C oder °F, kardinaler Nutzen
Ratioskala	positiv proportionale: $y = ax$ mit $a > 0$	Aussagen über Verhältnisse, prozentuale Vergleiche	Arithmetischer und geometrischer Mittelwert	Einkommen, Schuljahre, Ehedauer
Absolutskala	keine bzw. identitätsbewahrende: $y = x$	wie Ratioskala		Häufigkeiten, Wahrscheinlichkeiten

Kapitel 3

Univariate Deskription

Am Anfang einer statistischen Analyse steht immer die Betrachtung von einzelnen Merkmalen. Nur so – durch univariate Deskription – kann ein erster Überblick über die Datenlage gewonnen werden, der für eine sinnvolle Anwendung weiterführender bi- und multivariater Methoden notwendig ist. Zusätzlich dient die univariate Darstellung oft auch der Überprüfung der Qualität der verwendeten Daten und des Gelingens von Datentransformationen (Fehler können ausfindig gemacht und ggf. bereinigt werden).

Bei der univariaten Deskription geht es um die Darstellung und Beschreibung von eindimensionalen Häufigkeitsverteilungen. Es wird die Frage gestellt, wie oft (absolut und/oder im Vergleich) jede einzelne Ausprägung einer Variable (oder Gruppen von Ausprägungen) in der untersuchten Population gemessen wird bzw. wie sich die Daten über den Wertebereich (Merkmalsraum) einer Variable verteilen. Diese Beschreibung und Darstellung von Häufigkeitsverteilungen kann einerseits auf grafischem Wege erreicht werden, indem die einzelnen Häufigkeiten proportional zu ihrem Umfang abgebildet werden. Andererseits aber auch in Form von statistischen Masszahlen, die verschiedene Eigenschaften von Verteilungen wie z. B. die zentrale Tendenz, die Streuung oder die Konzentration durch Zusammenfassung von Information als nummerische Kennziffern aufzeigen. Die wichtigsten Instrumente beider Methoden – der grafischen und der nummerischen – seien nachfolgend kurz erläutert.

3.1 Häufigkeitsverteilungen

Gegeben sind n Untersuchungseinheiten, bei denen das Merkmal X erfasst wurde. Die Auflistung der Werte x_i, $i = 1, \ldots, n$, wird als *Urliste* bezeichnet (die Urliste enthält die Roh- oder Primärdaten):

$$\text{Urliste} = x_1, \ldots, x_i, \ldots, x_n$$

Werden die Beobachtungswerte der Grösse nach sortiert, also

$$x_{(1)} \leq \ldots \leq x_{(i)} \leq \ldots \leq x_{(n)},$$

spricht man von einer *geordneten* Urliste. Da die Betrachtung der Urliste selbst bei kleinem n nicht sehr übersichtlich ist, werden die Daten zu Häufigkeitsdaten zusammengefasst. Dies geschieht, indem gezählt wird, wie oft jede Ausprägung a_j, $j = 1, \ldots, k$, in der Urliste vorhanden ist.

3.1.1 Häufigkeitstabelle

Die Ergebnisse einer Häufigkeitsauszählung können in Form einer Häufigkeitstabelle dargestellt werden. Eine Häufigkeitstabelle enthält i. d. R. für alle Ausprägungen a_j, $j = 1, \ldots, k$, die folgenden Angaben (vgl. Beispiel 3.1):

$$h(a_j) = h_j \qquad \text{absolute Häufigkeit der Ausprägung } a_j$$

$$f(a_j) = f_j = h_j/n \quad \text{relative Häufigkeit von } a_j$$

$$H(a_j) = H_j \qquad \text{absolute kumulierte Häufigkeit bis und mit } a_j$$

$$F(a_j) = F_j = H_j/n \quad \text{relative kumulierte Häufigkeit bis und mit } a_j$$

Bei Merkmalen mit sehr vielen Ausprägungen (z. B. stetige oder quasi-stetige Variablen) werden zur Darstellung der Häufigkeitsverteilung die einzelnen Werte üblicherweise zu Gruppen bzw. Klassen oder Intervallen zusammengefasst, was zu einer klassierten Häufigkeitstabelle führt (vgl. Beispiel 3.2).

3.1.2 Grafische Darstellung von Häufigkeitsdaten diskreter Merkmale

Die Eigenschaften von Häufigkeitsverteilungen sind bei tabellarischer Darstellung meist nicht auf den ersten Blick erkennbar. Um eine Verteilung zu veranschaulichen, wird daher oft auf grafische Mittel zurückgegriffen. Bei Vorliegen einer begrenzten Zahl unterschiedlicher Ausprägungen werden unter anderem die folgenden grafischen Darstellungsmethoden verwendet:

▷ Balkendiagramm: Für jede Ausprägung a_j des Merkmals X wird ein Balken mit einer Länge entsprechend der absoluten oder relativen Häufigkeit von a_j abgetragen (Beispiel 3.3a[1]).

▷ Säulendiagramm: Analog zum Balkendiagramm, die Rechtecke werden jedoch vertikal abgetragen (Beispiel 3.3b).

▷ Streifendiagramm: Ein Balken- oder Säulendiagramm, bei dem die Balken aufeinander gestapelt sind, anstatt nebeneinander zu stehen. Dies wird oftmals verwendet, um die Verteilungen verschiedener Variablen oder die Verteilungen einer Variable für verschiedene Gruppen zu vergleichen (Beispiel 3.3c).

▷ Kreisdiagramm: Für jede Ausprägung a_j wird ein Sektor eines Kreises abgetragen, wobei die Fläche des Kreissektors proportional zur relativen Häufigkeit von a_j ist: Winkel des Kreissektors $j = f_j \cdot 360°$ (Beispiel 3.4a).

▷ Liniendiagramm (Polygonzug): Das Liniendiagramm setzt sich aus zwei Achsen zusammen, von denen eine die Häufigkeit von a_j angibt und die andere die Position von a_j auf der Skala. Für jede Ausprägung a_j ergibt sich so ein Punkt in

---

[1]Zu dem Beispiel ist zu bemerken, dass es sich um eine Frage mit Mehrfachantworten handelt. Die relativen Häufigkeiten der Kategorien summieren sich daher zu einem Wert grösser als eins.

Beispiel 3.1: Urliste und Häufigkeitsverteilung von Frage 3 des Schweizer Arbeitsmarktsurveys 1998 (SAMS98)

Interviewfrage:	»Glauben Sie, dass die Arbeitgeber in der Schweiz ... ?«

- bei weitem zu viel .... $\square_1$
- zu viel .... $\square_2$
- ungefähr das richtige Ausmass .... $\square_3$
- zu wenig .... $\square_4$
- oder bei weitem zu wenig Macht haben .... $\square_5$

Urliste (Auszug):

Person i	1	2	3	4	5	6	7	8	...	2895
Antwort x_i	3	2	2	1	3	5	4	2	...	3

Häufigkeitsverteilung:

a_j	h_j	f_j	H_j	F_j
1 (viel zu viel)	237	.082	237	.082
2 (zu viel)	1 342	.464	1 579	.545
3 (etwa richtig)	934	.323	2 513	.868
4 (zu wenig)	355	.123	2 868	.991
5 (viel zu wenig)	27	.009	2 895	1.000
Total	2 895	1.000		

Beispiel 3.2: Häufigkeitsverteilung mit klassierten Daten

Einkommensverteilung:

Monatslohn	h_j	f_j	H_j	F_j
bis 1 000	10	.083	10	.083
1 001–2 000	20	.167	30	.250
2 001–3 000	25	.208	55	.458
3 001–4 000	25	.208	80	.667
4 001–5 000	20	.167	100	.833
5 001–6 000	10	.083	110	.917
über 6 000	10	.083	120	1.000
Total	120	1.000		

Beispiel 3.3: Balken-, Säulen- und Streifendiagramm

a) Einnahmequellen von Drogenabhängigen (Quelle: Braun et al. 2001: 45)

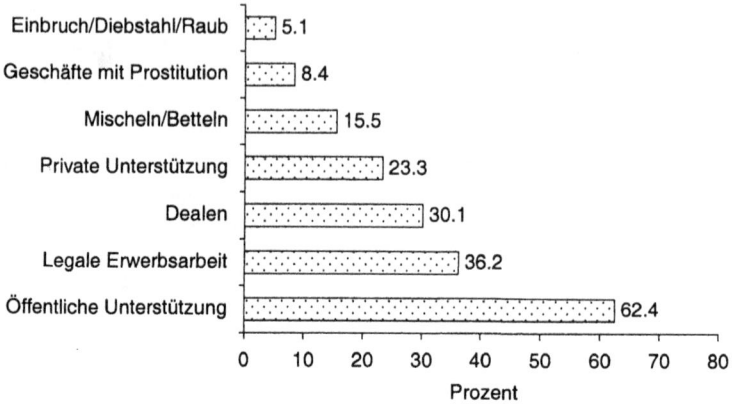

Einbruch/Diebstahl/Raub ▨ 5.1

Geschäfte mit Prostitution ▨ 8.4

Mischeln/Betteln ▨ 15.5

Private Unterstützung ▨ 23.3

Dealen ▨ 30.1

Legale Erwerbsarbeit ▨ 36.2

Öffentliche Unterstützung ▨ 62.4

```
0   10   20   30   40   50   60   70   80
                    Prozent
```

b) Macht der Arbeitgeber (SAMS98)

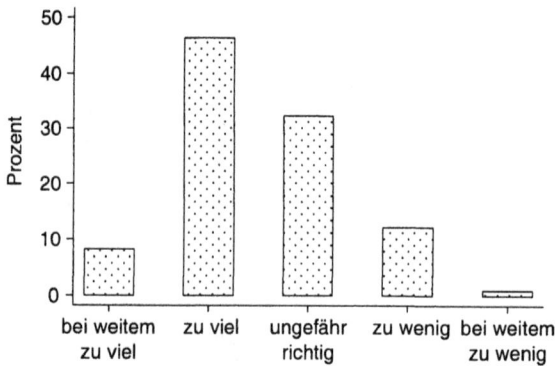

bei weitem zu viel — zu viel — ungefähr richtig — zu wenig — bei weitem zu wenig

c) Wichtigkeit von Lohndeterminanten (SAMS98)

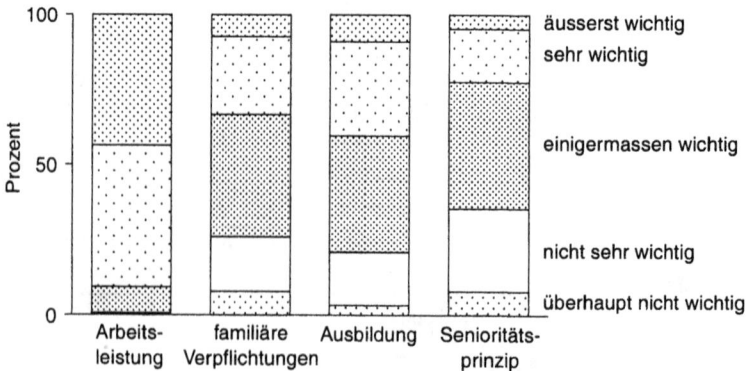

äusserst wichtig
sehr wichtig
einigermassen wichtig
nicht sehr wichtig
überhaupt nicht wichtig

Arbeitsleistung — familiäre Verpflichtungen — Ausbildung — Senioritätsprinzip

Beispiel 3.4: Kreis- und Liniendiagramm

a) Freundeskreis von Drogenabhängigen (Quelle: Braun et al. 2001: 48)

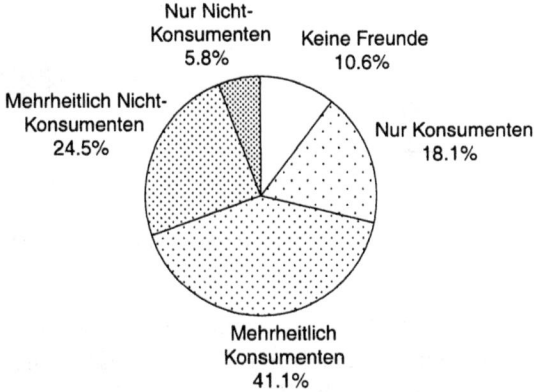

b) Häufigkeitsverteilung der Anzahl eigener Kinder (SAMS98)

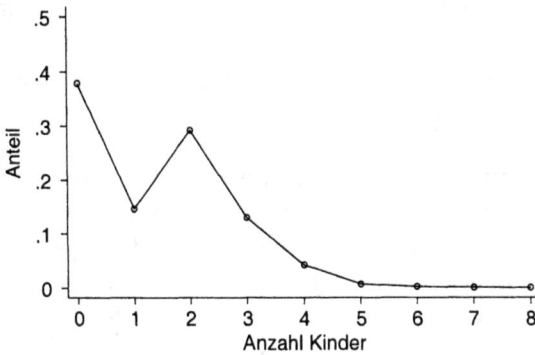

c) Jährliche Arbeitslosenquoten in Deutschland (alte Bundesländer; Quelle: Diekmann et al. 2000)

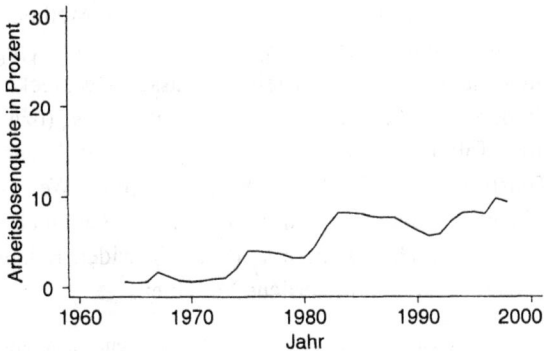

Diagramm 3.1:   Konstruktion eines Histogramms

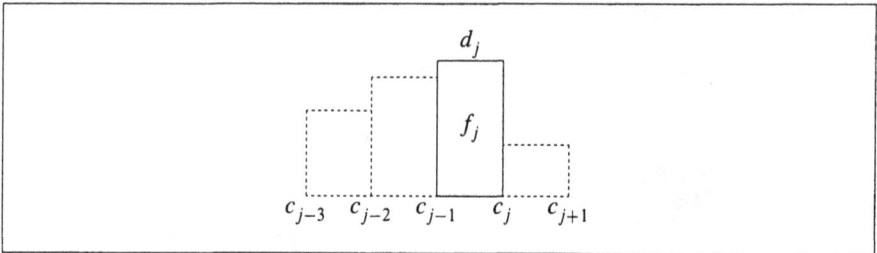

dem durch die beiden Achsen aufgespannten Koordinatensystem. Die einzelnen Punkte werden entlang der Skala durch Linien verbunden (Beispiel 3.4b).

Säulen-, Balken-, Streifen- und Kreisdiagramme sind besonders zur Darstellung kategorialer Variablen (nominal, ordinal) mit wenigen Ausprägungen geeignet. Das Liniendiagramm eignet sich besonders für metrische Merkmale mit eher wenigen Ausprägungen und für die Darstellung von Zeitreihen (vgl. Beispiel 3.4c). Es eignet sich aber auch im Zusammenhang mit einem Histogramm (siehe unten).

3.1.3 Grafische Darstellung von Häufigkeitsdaten stetiger und quasi-stetiger Merkmale

Da bei stetigen Variablen viele verschiedene Ausprägungen vorliegen, sind grafische Darstellungsmethoden wie Balken- oder Kreisdiagramm in der Regel nicht sinnvoll anwendbar. Die Lösung des Problems wird durch geeignete Gruppierung oder Klassifizierung der Ausprägungen erreicht. Die Gruppen oder Klassen werden normalerweise durch Teilung der Skala in eine Zahl gleich grosser Intervalle gebildet.

Histogramm

Die Erstellung eines Histogramms ist eine entsprechende Methode. Es werden dabei als Klassen k benachbarte Intervalle $[c_0, c_1), [c_1, c_2), \ldots, [c_{k-1}, c_k)$ gebildet.[2] Das Histogramm bildet dann über den einzelnen Klassen Rechtecke von der Breite $d_j = c_j - c_{j-1}$ ab, deren Fläche proportional zur Häufigkeit h_j (bzw. f_j) der Klassen ist und deren Höhe folglich h_j/d_j (bzw. f_j/d_j) entspricht. Diagramm 3.1 veranschaulicht die Konstruktion der Säulen eines Histogramms. Wenn die Klassenbreiten d_j für alle j identisch sind, spiegeln die Höhen der Säulen ebenfalls direkt die Verhältnisse zwischen den Häufigkeiten h_j (bzw. f_j) wider. Beispiel 3.5 zeigt Histogramme für verschiedene kontinuierliche Variablen.

---

[2]Eckige Klammern bedeuten, dass die betreffende Klassengrenze zum angegebenen Intervall zählt, während bei runden Klammern die Klassengrenze gerade nicht mehr zum Intervall gehört. Das Intervall $[c_{j-1}, c_j)$ umfasst also alle Werte x, welche $c_{j-1} \leq x < c_j$ erfüllen.

Um die Verteilungsform in einem Histogramm zu verdeutlichen, kann zusätzlich ein Polygonzug eingezeichnet werden, der die Säulen auf Intervallmitte verbindet (vgl. Beispiel 3.6a). Man erhält so eine erste Approximation der Dichtefunktion der Verteilung (vgl. Abschnitt 5.3). Eine verfeinerte Vorgehensweise ist die Abbildung eines Kerndichteschätzers (Beispiel 3.6b; zur Berechnung siehe Fahrmeir et al. 2001: 98ff.). Als Referenzverteilung wird zudem manchmal eine Normalverteilung (mit dem Mittelwert und der Standardabweichung der betrachteten Variable als Parameter) in die Grafik eingezeichnet (Beispiel 3.5c und 3.6c; zur Normalverteilung siehe Abschnitt 5.3.5).

Verteilungsformen

Histogramme und zugehörige Polygonzüge oder Kerndichteschätzer zeigen die Form einer Häufigkeitsverteilung über die betrachtete Skala. Diese Form kann beispielsweise wie folgt charakterisiert werden:

▷ *Hinsichtlich der Symmetrie:* Die Form der Verteilung spiegelt sich an einer vertikalen Achse (symmetrisch, Beispiel 3.7a) oder es lässt sich keine solche Spiegelachse anbringen (asymmetrisch, Beispiel 3.7b).

▷ *Nach der Zahl der Verteilungsgipfel:* Verteilungen können einen Gipfel (unimodal, Beispiel 3.7c, z. B. die Verteilung der Körpergrössen von erwachsenen Männern), zwei Gipfel (bimodal, z. B. Einkommen von Ausländern in der Schweiz) oder auch allgemein mehrere Gipfel aufweisen (multimodal, Beispiel 3.7d).

▷ *Nach dem Aussehen der Verteilungsgipfel:* Der Gipfel einer Verteilung kann schmal sein (Beispiel 3.7e, z. B. Wochenarbeitszeit von Vollzeiterwerbstätigen) oder auch breit (Beispiel 3.7f, z. B. Wochenarbeitszeit von Teilzeiterwerbstätigen).

▷ *Bei asymmetrischen Verteilungen nach der Schiefe:* Eine Verteilung heisst *linkssteil* oder *rechtsschief*, wenn der Gipfel der Verteilung eher nach links verschoben ist (Beispiel 3.7g, z. B. Einkommensverteilung), und sie heisst *rechtssteil* oder *linksschief*, wenn der Gipfel eher in der rechten Hälfte liegt (Beispiel 3.7h, z. B. Wochenarbeitszeiten aller Erwerbstätigen).

Häufigkeitsverteilungen können auch nach verschiedenen anderen Kriterien typisiert werden. Beispiel 3.7 zeigt zwei weitere Formen: i. u-förmige Verteilung (z. B. Zustimmung/Ablehnung zu Politikern mit extremen politischen Ansichten); j. abfallende Verteilung (z. B. Minuten des Zuspätkommens in eine Veranstaltung).

Kumulierte Häufigkeitsverteilung und empirische Verteilungsfunktion

Bei der empirischen Verteilungsfunktion wird die Frage gestellt, welcher Anteil der Daten kleiner oder gleich einem bestimmten Wert x ist. Es werden also alle absoluten oder relativen Häufigkeiten bis zum Wert x aufsummiert (kumuliert).

Beispiel 3.5: Histogramme

a) Monatliches Netto-Haushaltseinkommen (SAMS98)

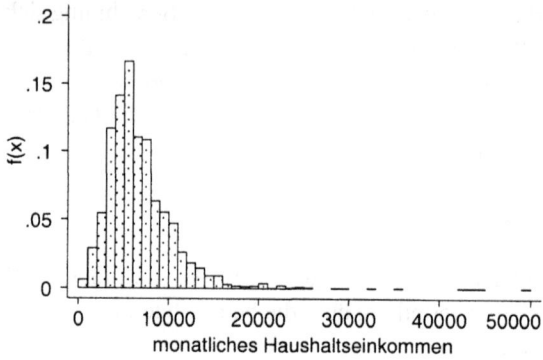

b) Wochenarbeitsstunden (SAKE99)

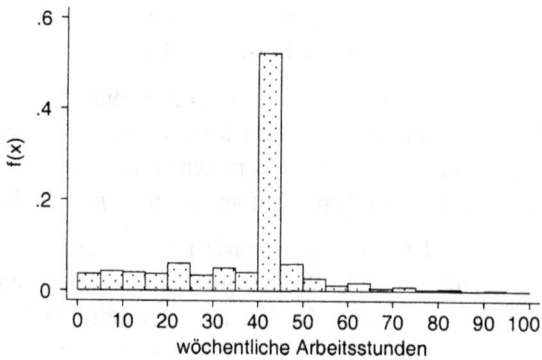

c) Logarithmiertes monatliches Netto-Haushaltseinkommen mit eingetragener Normalverteilung (SAMS98)

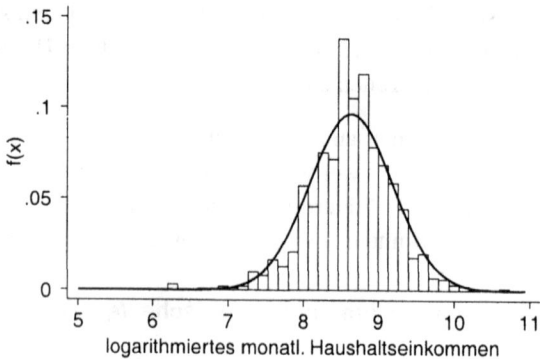

Beispiel 3.6:   Histogramm mit Polygonzug und Kerndichteschätzer

a) Histogramm mit Polygonzug der Altersverteilung in der Schweiz (SAKE99)

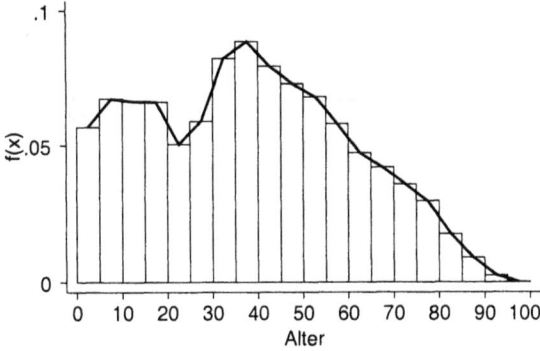

b) Kerndichteschätzer

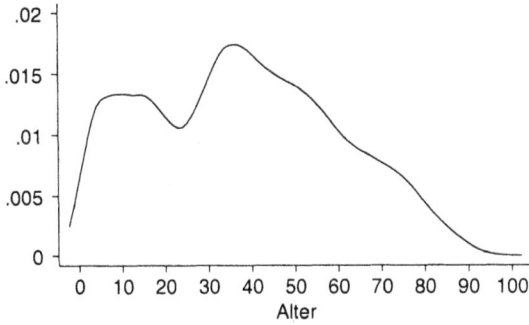

c) Kerndichteschätzer und Normalverteilung

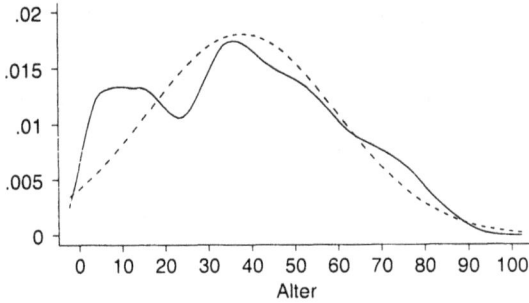

Beispiel 3.7:   Formen von Verteilungen (nach Bortz 1999: 35)

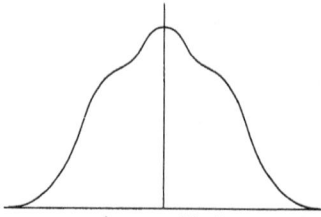

a) symmetrisch

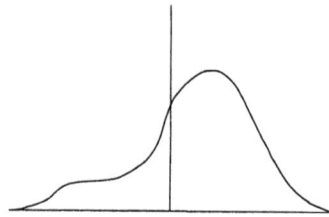

b) asymmetrisch

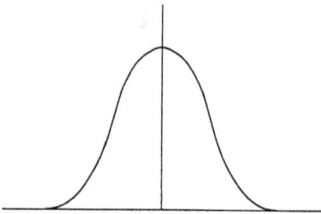

c) unimodal

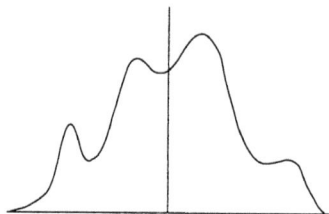

d) multimodal

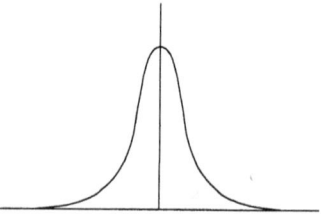

e) schmalgipflig

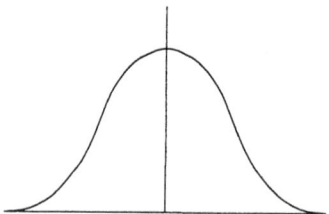

f) breitgipflig

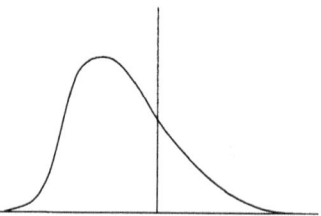

g) linkssteil/rechtsschief

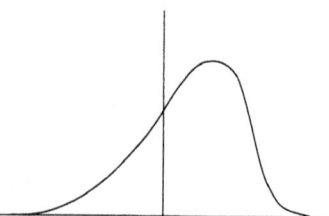

h) rechtssteil/linksschief

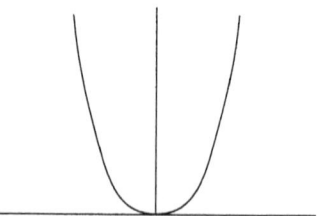

i) u-förmig

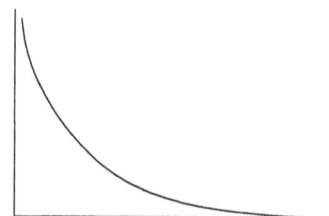

j) abfallend

Die *absolute kumulierte Häufigkeitsverteilung* eines Merkmals X ist definiert als

$$H(x) = \text{Anzahl der Werte } x_i \text{ mit } x_i \leq x = h(X \leq x).$$

Gegeben die nach Grösse geordnete Urliste $x_{(1)} \leq \ldots \leq x_{(n)}$ gilt:

$$H(x) = \begin{cases} 0 & \text{für} \quad x < x_{(1)} \\ i & \text{für} \quad x_{(i)} \leq x < x_{(i+1)}, \ i = 1, \ldots, n-1 \\ n & \text{für} \quad x \geq x_{(n)} \end{cases}$$

Gegeben die geordneten Ausprägungen $a_1 < \ldots < a_k$ und deren Häufigkeiten $h(a_j)$ gilt

$$H(x) = h(a_1) + \ldots + h(a_j) = \sum_{i=1}^{j} h_i,$$

wobei $a_j \leq x < a_{j+1}$ (zur Definition des Summenzeichens siehe Anhang).

Die *empirische Verteilungsfunktion* oder die *relative kumulierte Häufigkeitsverteilung* ist folglich definiert als

$$F(x) = \text{Anteil der Werte } x_i \text{ mit } x_i \leq x = p(X \leq x) = \frac{H(x)}{n}.$$

Gegeben die geordnete Urliste $x_{(1)} \leq \ldots \leq x_{(n)}$ gilt:

$$F(x) = \begin{cases} 0 & \text{für} \quad x < x_{(1)} \\ i/n & \text{für} \quad x_{(i)} \leq x < x_{(i+1)}, \ i = 1, \ldots, n-1 \\ 1 & \text{für} \quad x \geq x_{(n)} \end{cases}$$

Mit den geordneten Ausprägungen $a_1 < \ldots < a_k$ und deren relativen Häufigkeiten $f(a_j)$ gilt

$$F(x) = f(a_1) + \ldots + f(a_j) = \sum_{i=1}^{j} f_i,$$

wobei $a_j \leq x < a_{j+1}$.

Empirische Verteilungsfunktionen werden üblicherweise als monoton wachsende Treppenfunktionen dargestellt, wobei an den Ausprägungen $a_1, \ldots, a_k$ jeweils um die entsprechende relative Häufigkeit nach oben gesprungen wird (Beispiel 3.8). Sie lassen sich ähnlich wie Histogramme nach ihrem Aussehen charakterisieren. In Beispiel 3.8a ist die kumulierte Verteilung $F(x)$ von Haushaltseinkommen dargestellt. Man sieht, dass die Kurve zuerst sehr schnell ansteigt (ca. neunzig Prozent aller Befragten verfügen über ein monatliches Haushaltseinkommen von CHF 10 000.– oder weniger), um dann in einen sehr flachen Verlauf zu wechseln (10% mit CHF 10 000.– bis 50 000.–). Dies weist auf eine stark rechtsschiefe Verteilung hin. Wird

Beispiel 3.8:   Kumulierte relative Häufigkeiten/empirische Verteilungsfunktion

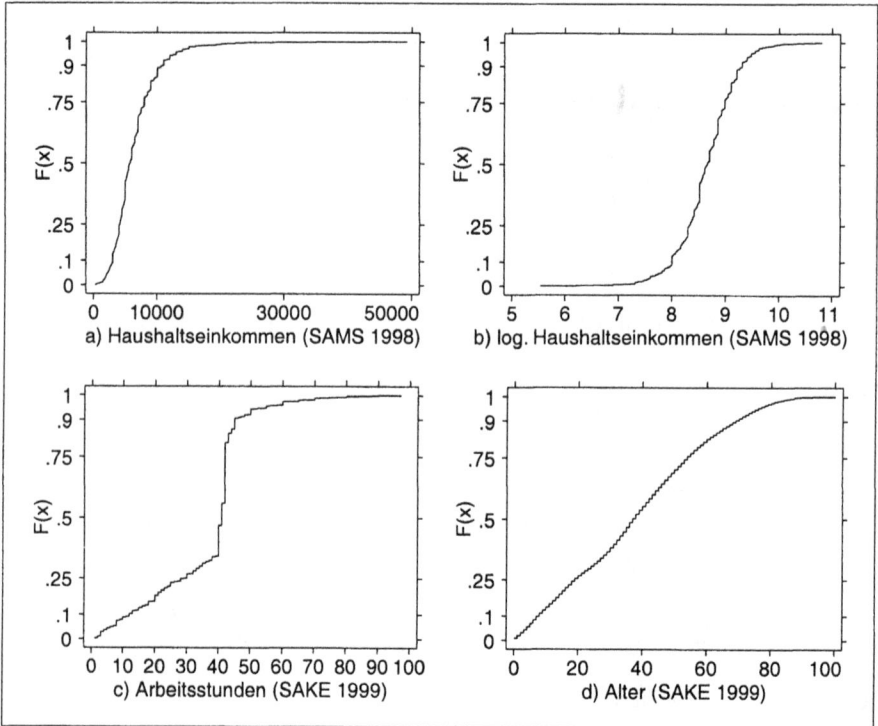

a) Haushaltseinkommen (SAMS 1998)

b) log. Haushaltseinkommen (SAMS 1998)

c) Arbeitsstunden (SAKE 1999)

d) Alter (SAKE 1999)

die Variable logarithmiert, nähert sich die Verteilung stärker einer Normalverteilung an (Beispiel 3.8b; vgl. auch Beispiel 3.5a und c). Allerdings ist sie jetzt leicht linksschief. Beispiel 3.8c zeigt die empirische Verteilungsfunktion von Wochenarbeitsstunden. Der sehr steile Anstieg im Skalenbereich zwischen 40 und 45 Stunden weist auf eine schmalgipflige Verteilung hin. In Beispiel 3.8d (Altersverteilung in der Schweiz) hingegen verläuft die Funktion grösstenteils fast linear, was auf eine sehr breite Verteilung hinweist (mit einer stetigen Abnahme im Skalenbereich ab ca. 60 Altersjahren).

3.1.4   Grenzen grafischer Darstellungsformen

Grafische Darstellungsmethoden sind zwar sehr anschaulich, können aber meistens nur ein ungenaues Bild vermitteln. Zudem können Grafiken je nach Darstellung und Blickwinkel einen unterschiedlichen Eindruck hinterlassen, was für wissenschaftliche Arbeiten problematisch ist. So ist zum Beispiel die Wahl der Intervallgrössen bei Histogrammen, die sich mitunter stark auf das Aussehen der Verteilung auswirkt, mit viel Willkür behaftet. Auch kann etwa der Eindruck von Linien- oder Säulendiagrammen durch die Unterdrückung von Achsenabschnitten stark manipuliert werden (vgl. Krämer 1997). Alles in allem sind grafische Analysemethoden in ihren Möglichkeiten eher beschränkt (wobei auch Ausnahmen bestehen). Sie werden meist nur zur Gewinnung eines ersten Eindrucks oder zur speziellen Illustration herausgegriffener Forschungsergebnisse verwendet.

3.2 Nummerische Beschreibung von Verteilungen

Ziel der Statistik ist es, Eigenschaften von Daten (z.B. Häufigkeitsverteilungen oder Zusammenhänge) *exakt* zu beschreiben. Wie oben vermerkt, kann dieses Ziel mit grafischen Mitteln nur ungenügend erreicht werden. Einerseits können aufgrund gleicher Daten erstellte Grafiken sehr unterschiedliche Bilder vermitteln. Andererseits lassen sich mit Grafiken Verteilungseigenschaften nur ungenau beschreiben, weil sie nicht quantifiziert, sondern nur visualisiert werden. So können zum Beispiel die Unterschiede zwischen zwei Verteilungen anhand von Histogrammen nur in ihren Tendenzen beschrieben werden, aber keineswegs so, dass genaue Vergleiche möglich wären. Zudem lassen sich viele Eigenschaften von Verteilungen mit den oben besprochenen grafischen Mitteln überhaupt nicht analysieren.

Aus diesen Gründen werden in der Statistik Masszahlen berechnet und Parameter geschätzt, welche die Aufgabe haben, Eigenschaften von Verteilungen »in komprimierter Form durch nummerische Werte formal [zu] quantifizieren« (Fahrmeir et al. 2001: 51). Masszahlen sind replizierbar (gleiche Daten führen zum gleichen Wert) und ermöglichen insbesondere den genauen, quantifizierten Vergleich zwischen Verteilungen (z. B. von verschiedenen Variablen, oder von gleichen Variablen in unterschiedlichen Populationen und/oder zu verschiedenen Zeitpunkten).

Die Masszahlen und Parameter zur Beschreibung von univariaten Verteilungen lassen sich in vier Gruppen gliedern:

▷ Lagemasse, Masse der zentralen Tendenz: *Wo liegt das Zentrum der Daten?*

▷ Streuungsmasse, Masse der Dispersion: *Wie stark streuen die Daten um das Zentrum?*

▷ Masse der Schiefe und Wölbung: *Symmetrie, Asymmetrie, Konzentration der Daten um das Zentrum?*

▷ Konzentrationsmasse: *Konzentration der Datensumme auf die Merkmalsträger?*

3.2.1 Lagemasse, Masse der zentralen Tendenz

Masse der zentralen Tendenz geben das Zentrum einer Verteilung als nummerischen Wert wieder.

Modus/Modalwert

Der Modalwert oder Modus *M* einer Verteilung ist gleich der *Ausprägung mit der grössten Häufigkeit*. Er kommt vor allem bei *nominalskalierten* Daten zur Anwen-

Beispiel 3.9:   Die Bestimmung des Modus

$\triangleright$ Zivilstand (SAMS98) a_j h_j f_j

verheiratet	1	1 662	.548	$\Rightarrow M = 1$
getrennt	2	64	.021	
verwitwet	3	129	.043	
geschieden	4	266	.088	
ledig	5	909	.300	
Total		3 030	1.000	

$\triangleright$ Duschhäufigkeit/Woche h_j

1	1
2	2
3	3
4	2
6	5
7	5
	18

$\Rightarrow M = (6+7)/2 = 6.5$

$\triangleright$ Monatseinkommen (SAMS98)

$[c_{j-1}, c_j)$	h_j	f_j	
bis 2 000	372	16.9	
2 000–4 000	608	27.6	
4 000–6 000	**645**	**29.3**	$\Rightarrow M = 5\,000$
6 000–8 000	237	10.8	
8 000 und mehr	339	15.4	
Total	2 201	1.000	

dung, ist relativ informationsarm und wird bei kleinen Stichproben leicht von Zufallsschwankungen beeinflusst. Er ist überdies bei bi- oder multimodalen Verteilungen eher problematisch.

Der Modalwert kann eindeutig sein, d. h. es gibt eine Ausprägung i, für die gilt: $h_i > h_j \ \forall \ j, \ i \neq j$. Wenn es aber mehrere Ausprägungen mit grösster Häufigkeit gibt, ist der Modus uneindeutig. Als Modus werden in diesem Fall normalerweise alle häufigsten Ausprägungen genannt. Falls die häufigsten Ausprägungen aber nebeneinander liegen und die betrachteten Daten *metrisches* Skalenniveau besitzen, berechnet sich der Modus als das Mittel der häufigsten Ausprägungen.

Bei gruppierten Daten wird als Modus die häufigste Klasse oder bei metrischem Skalenniveau der Mittelpunkt der häufigsten Klasse angegeben. Beispiel 3.9 veranschaulicht die Bestimmung des Modus.

Beispiel 3.10: Bestimmung des Medians aus einer geordneten Urliste

> ▷ ungerade Anzahl Fälle:
>
> geordnete Urliste ($n = 9$)
>
> | (i) | 1 | 2 | 3 | 4 | 5 | 6 | 7 | 8 | 9 |
> |---|---|---|---|---|---|---|---|---|---|
> | $x_{(i)}$ | 0 | 1 | 1 | 2 | 2 | 3 | 3 | 3 | 4 |
>
> $$\tilde{x} = x_{\left(\frac{n+1}{2}\right)} = x_{\left(\frac{9+1}{2}\right)} = x_{(5)} = 2$$
>
> ▷ gerade Anzahl Fälle:
>
> geordnete Urliste ($n = 10$)
>
> | (i) | 1 | 2 | 3 | 4 | 5 | 6 | 7 | 8 | 9 | 10 |
> |---|---|---|---|---|---|---|---|---|---|---|
> | $x_{(i)}$ | 0 | 1 | 1 | 2 | 2 | 3 | 3 | 3 | 4 | 4 |
>
> $$\tilde{x} = \frac{x_{(n/2)} + x_{(n/2+1)}}{2} = \frac{x_{(5)} + x_{(6)}}{2} = \frac{2+3}{2} = 2.5$$
>
> bzw. $\tilde{x} \in [2,3]$ bei Ordinaldaten

Median/Zentralwert

Der Median $\tilde{x}$ gibt diejenige Ausprägung an, welche die nach Grösse geordneten Daten in der Mitte teilt. Es sind also mindestens 50% der Daten kleiner/gleich und mindestens 50% grösser/gleich $\tilde{x}$. Eine sinnvolle Interpretation des Medians setzt mindestens *Ordinalskalenniveau* voraus, da zur Bestimmung des Medians die Urliste gemäss der Ränge der Beobachtungswerte geordnet wird.

Berechnung des Medians

Bei ungeradem n (Anzahl Fälle) ist der Median $\tilde{x}$ gleich der mittleren Beobachtung der geordneten Urliste $x_{(1)} \leq \ldots \leq x_{(n)}$. Für gerades n ist der Median $\tilde{x}$ das arithmetische Mittel der beiden in der Mitte liegenden Beobachtungen. Es gilt:

$$\tilde{x} = \begin{cases} x_{\left(\frac{n+1}{2}\right)} & \text{für ungerades } n \\[2mm] \frac{1}{2}\left(x_{(n/2)} + x_{(n/2+1)} \right) & \text{für gerades } n \end{cases}$$

Einschränkung: Wenn bei geradem n nur Ordinalskalenniveau vorliegt, ist die Berechnung des arithmetischen Mittels zwischen den in der Mitte liegenden Werten nicht zulässig. Der Median wird in diesem Falle als zwischen $x_{(n/2)}$ und $x_{(n/2+1)}$ liegend angegeben (vgl. Beispiel 3.10).

Eigenschaften des Medians

Der Median ist *robust* gegen Extremwerte, d. h. er wird – anders als das arithmetische Mittel (siehe unten) – durch stark abweichende Beobachtungen in den Randbereichen der Skala (so genannte Ausreisser) nicht beeinflusst. Das macht ihn auch bei metrischen Daten, wo das informationsreichere arithmetische Mittel berechnet werden könnte, zu einem beliebten Mass.

Diagramm 3.2:   Lineare Interpolation bei der Medianbestimmung aus klassierten Daten
(abgebildet ist ein Ausschnitt aus der empirischen Verteilungsfunktion)

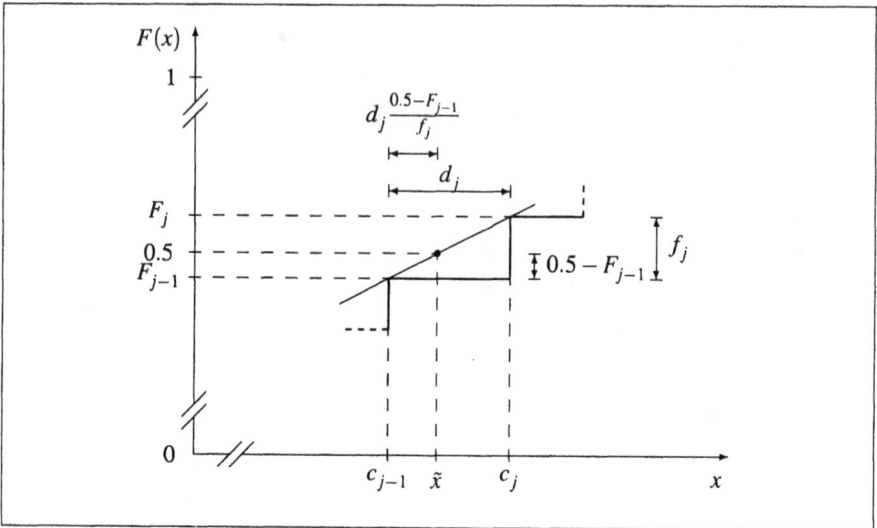

Medianbestimmung bei klassierten Daten

Bei ordinalskalierten Daten wird als Median normalerweise die Klasse angegeben, welche die Mitte der geordneten Daten umfasst (Einfallsklasse). Es handelt sich dabei um diejenige Klasse, bei der die relative kumulierte Häufigkeit erstmals mindestens 50% erreicht. Eine Klasse j enthält somit den Median, falls gilt

$$F_{j-1} < 0.5 \le F_j,$$

wobei F_{j-1} der relativen kumulierten Häufigkeit bis einschliesslich der Klasse *vor* Klasse j und F_j der relativen kumulierten Häufigkeit bis einschliesslich Klasse j entspricht. Bei metrischen Daten kann der genaue Median mit Hilfe linearer Interpolation geschätzt werden:

$$\tilde{x} = c_{j-1} + d_j \cdot \frac{n/2 - H_{j-1}}{h_j} = c_{j-1} + d_j \cdot \frac{0.5 - F_{j-1}}{f_j},$$

wobei c_{j-1} der unteren Grenze der Einfallsklasse, $d_j = c_j - c_{j-1}$ der Intervallbreite der Einfallsklasse, H_{j-1} und F_{j-1} der absoluten und relativen kumulierten Häufigkeit unterhalb der Einfallsklasse sowie h_j und f_j der absoluten und relativen Häufigkeit der Einfallsklasse entsprechen. Bei dem Verfahren wird die Annahme getroffen, dass die Messwerte innerhalb der Einfallsklasse gleichmässig verteilt sind. Es sollte zudem nur bei genügend grosser Fallzahl angewendet werden. Diagramm 3.2 enthält eine grafische Illustration der Methode, Beispiel 3.11 eine Anwendung.

Beispiel 3.11: Medianbestimmung bei klassierten Daten

Altersverteilung (SAMS98):

$[c_{j-1}, c_j)$	h_j	H_j	f_j	F_j
10–20	65	65	.021	.021
20–30	493	558	.163	.184
30–40	809	**1367**	.267	**.451**
40–50	**638**	2005	**.211**	**.662**
50–60	548	2553	.181	.843
60–70	437	2990	.144	.987
70–80	39	3029	.013	1.000
Total	3029		1.000	

Der Median liegt in dem Intervall $40 - 50$, da bei dieser Klasse die relative kumulierte Häufigkeit F_j den Wert 0.5 erstmals überschreitet. Unter Annahme der Gleichverteilung der Messwerte über die Einfallsklasse kann der Median durch lineare Interpolation geschätzt werden:

$$\tilde{x} = 40 + 10 \cdot \frac{3029/2 - 1367}{638} = 40 + 10 \cdot \frac{0.5 - .451}{.211} = 42.3$$

Quantile

Eine Verallgemeinerung des Konzepts des Medians führt zu den Quantilen (auch: Zentile, Perzentile) einer Verteilung: Ein p-Quantil, $p \in [0, 1]$, teilt die Daten in zwei Teile, so dass mindestens ein Anteil p der Daten kleiner/gleich und ein Anteil $1 - p$ grösser/gleich dem p-Quantils-Wert x_p ist. Es muss also gelten

$$\frac{h(X \le x_p)}{n} \ge p \quad \text{und} \quad \frac{h(X \ge x_p)}{n} \ge 1 - p,$$

wobei mit $h(.)$ die Anzahl Beobachtungswerte kleiner/gleich bzw. grösser/gleich x_p symbolisiert wird. Die Ermittlung von p-Quantilen erfolgt analog zur Bestimmung des Medians (der Median entspricht dem 50%-Quantil). Aus einer geordneten Urliste $x_{(1)} \le \dots \le x_{(n)}$ kann ein p-Quantil gemäss Fahrmeir et al. (2001: 62) bestimmt werden als

$$x_p = x_{([np]_G + 1)} \qquad \text{falls } np \text{ nicht ganzzahlig,}$$

$$x_p \in [x_{(np)}, x_{(np+1)}] \qquad \text{falls } np \text{ ganzzahlig.}[3]$$

Diese Berechnungsmethode hat den Nachteil, dass x_p nicht immer eindeutig bestimmbar ist (wenn np ganzzahlig). In Statistik-Programmen wird daher in der Re-

---

[3]Die Gauss-Klammer-Funktion $[z]_G$ bezeichnet die grösste ganze Zahl, die z nicht übersteigt (Abrundung gegen $-\infty$).

Beispiel 3.12:   Bestimmung von Quantilen

---

geordnete Urliste

(i)	1	2	3	4	5	6	7	8	9	10	11	12	13	14
$x_{(i)}$	0	2	2	4	5	6	8	9	10	14	17	18	19	21

$$x_{0.25} = x_{([14\cdot0.25]_G+1)} = x_{(3+1)} = x_{(4)} = 4$$

$$x_{0.5} \in [x_{(14\cdot0.5)} = x_{(7)} = 8, x_{(14\cdot0.5+1)} = x_{(8)} = 9]$$

$$x_{0.75} = x_{([14\cdot0.75]_G+1)} = x_{(10+1)} = x_{(11)} = 17$$

Lineare Interpolation bei stetigen Merkmalen:

$$q_{0.25} = [0.25(14+1)]_G = [3.75]_G = 3, \quad r_{0.25} = 0.25(14+1) - q = 0.75$$

$$x_{0.25} = x_{(3)} + 0.75(x_{(4)} - x_{(3)}) = 2 + 0.75(4-2) = 3.5$$

$$q_{0.5} = [0.5(14+1)]_G = [7.5]_G = 7, \quad r_{0.5} = 0.5(14+1) - q = 0.5$$

$$x_{0.5} = x_{(7)} + 0.5(x_{(8)} - x_{(7)}) = 8 + 0.5(9-8) = 8.5$$

$$q_{0.75} = [0.75(14+1)]_G = [11.25]_G = 11, \quad r_{0.75} = 0.75(14+1) - q = 0.25$$

$$x_{0.75} = x_{(11)} + 0.25(x_{(12)} - x_{(11)}) = 17 + 0.25(18-17) = 17.25$$

---

gel eine Berechnung verwendet, bei der die Quantile mittels linearer Interpolation geschätzt werden (vgl. z. B. Stata Corp. 2001a: 187):

$$x_p = x_{(q)} + r \cdot (x_{(q+1)} - x_{(q)})$$

mit $q = [p(n+1)]_G$ als dem ganzzahligen Teil von $p(n+1)$ und $r = p(n+1) - q$ als dem Rest. Es handelt sich also um ein gewichtetes Mittel zwischen $x_{(q)}$ und $x_{(q+1)}$. Falls $p(n+1)$ kleiner als eins oder grösser als n ist, wird $x_{(1)}$ bzw. $x_{(n)}$ als Quantilswert angegeben. Beispiel 3.12 illustriert die Berechnung von Quantilen.

Aus klassierten Daten wird ein p-Quantil in ähnlicher Weise wie der Median nach der Formel

$$x_p = c_{j-1} + d_j \cdot \frac{np - H_{j-1}}{h_j} = c_{j-1} + d_j \cdot \frac{p - F_{j-1}}{f_j}$$

geschätzt, wobei angenommen wird, dass die Messwerte über die Einfallsklasse $[c_{j-1}, c_j)$ gleich verteilt sind.

Spezielle Quantile: Das 25%- bzw. 75%-Quantil wird unteres bzw. oberes *Quartil* genannt. Ähnlich bezeichnet man 10%-, 20%-,..., 90%-Quantile als *Dezile.* Hier die wichtigsten Quantile zusammengefasst:

$$x_{0.5} = \tilde{x} \quad \text{Median} \quad \begin{array}{l} x_{0.25} = Q_1 \quad \text{unteres Quartil} \\ x_{0.75} = Q_3 \quad \text{oberes Quartil} \end{array} \quad \begin{array}{l} x_{0.1} = D_1 \quad \text{erstes Dezil} \\ x_{0.9} = D_9 \quad \text{neuntes Dezil} \end{array}$$

Arithmetisches Mittel

Das bekannteste und am meisten verwendete Lagemass ist das arithmetische Mittel (der »Durchschnitt« in der Alltagssprache). Die Berechnung erfolgt durch Zusammenzählen aller Beobachtungswerte und Teilung der resultierenden Summe durch die Anzahl Beobachtungen. Es wird also gefragt, wie gross jeder Beobachtungswert wäre, wenn die Summe der Beobachtungswerte auf alle Beobachtungen gleich verteilt würde.

Definition

Gegeben die Urliste $x_1, \dots, x_n$ ist das arithmetische Mittel definiert als

$$\bar{x} = \frac{1}{n}(x_1 + \dots + x_n) = \frac{1}{n}\sum_{i=1}^{n} x_i.$$

Aus Häufigkeitsdaten mit den Ausprägungen $a_1, \dots, a_k$ und zugehörigen Häufigkeiten $h_1, \dots, h_k$ (bzw. relativen Häufigkeiten $f_1, \dots, f_k$) kann das arithmetische Mittel berechnet werden als

$$\bar{x} = \frac{1}{n}(h_1 a_1 + \dots + h_n a_n) = \frac{1}{n}\sum_{j=1}^{k} h_j a_j = f_1 a_1 + \dots + f_n a_n = \sum_{j=1}^{k} f_j a_j$$

(mit den Häufigkeiten gewogenes Mittel der Ausprägungen). Beispiel 3.13 illustriert die Berechnung des arithmetischen Mittels aus einer Urliste und aus Häufigkeitsdaten.

Bestimmung des Mittelwertes aus klassierten Häufigkeitsdaten

Liegen klassierte Daten vor, so werden normalerweise die Klassenmitten als repräsentative Werte der einzelnen Beobachtungen einer Klasse eingesetzt. Das arithmetische Mittel berechnet sich also aus k Klassen und den Klassenmitten m_j als

$$\bar{x}_k = \frac{1}{n}\sum_{j=1}^{k} h_j m_j = \sum_{j=1}^{k} f_j m_j \quad \text{mit } m_j = (c_{j-1} + c_j)/2.$$

Beispielsweise würden bei klassierten Einkommensdaten in Form von »0–1000 CHF«, »1000-2000 CHF«, »2000–3000 CHF« etc. als Klassenmitten die Werte 500, 1500, 2500 etc. verwendet.

Beispiel 3.13:   Berechnung des arithmetischen Mittels

▷ Berechnung aus einer Urliste:

$(n = 9)$

i	1	2	3	4	5	6	7	8	9
x_i	2	1	1	3	4	2	4	3	3

$$\bar{x} = \frac{2+1+1+3+4+2+4+3+3}{9}$$

$$= 2.\bar{5}$$

▷ Berechnung aus Häufigkeitsdaten:

a_j	h_j	f_j
1	20	.152
2	33	.250
3	46	.348
4	16	.121
5	17	.129
$n = 132$	1.000	

$$\bar{x} = \frac{1\cdot 20 + 2\cdot 33 + 3\cdot 46 + 4\cdot 16 + 5\cdot 17}{132}$$

$$= 1\cdot 0.152 + 2\cdot 0.250 + \cdots + 5\cdot 0.129$$

$$= 2.83$$

Bestimmung des Mittels aus den Mittelwerten von Gruppen

Bei Vorliegen der Mittelwerte von r Schichten mit Gruppengrösse n_j, $j = 1,\ldots,r$, kann das Gesamtmittel durch Addition der mit den relativen Häufigkeiten der Schichten gewichteten Mittelwerte berechnet werden (gewogenes Mittel):

$$\bar{x}_s = \sum_{j=1}^{r} g_j \bar{x}_j \quad \text{mit } g_j = \frac{n_j}{n},$$

wobei mit $\bar{x}_j$ die Gruppenmittelwerte symbolisiert werden und n die Summe aller Gruppengrössen bezeichnet.

Eigenschaften des arithmetischen Mittels

▷ Schwerpunkteigenschaft: Die Summe der Abweichungen zwischen x_i und $\bar{x}$ ist gleich null, also

$$\sum_{i=1}^{n} (x_i - \bar{x}) = 0.$$

Beweis:

$$\sum_{i=1}^{n} x_i - \sum_{i=1}^{n} \bar{x} = \sum_{i=1}^{n} x_i - n\cdot \bar{x} = \sum_{i=1}^{n} x_i - n\cdot \frac{1}{n}\sum_{i=1}^{n} x_i = 0$$

▷ Qualitätseigenschaft: Die Summe der quadrierten Abweichungen zwischen x_i und $\bar{x}$ wird minimiert:

$$\sum_{i=1}^{n} (x_i - \bar{x})^2 < \sum_{i=1}^{n} (x_i - x^*)^2 \quad \text{für alle } x^* \neq \bar{x}.$$

Beweis: x^* sei ein beliebiger Wert der durch Merkmal X definierten Skala. Um den Ausdruck

$$Q(x^*;x_1,\ldots,x_n) = \sum_{i=1}^{n}(x_i - x^*)^2 = \sum_{i=1}^{n} x_i^2 - 2x^* \sum_{i=1}^{n} x_i + n(x^*)^2$$

zu minimieren, wird die 1. Ableitung von Q nullgesetzt und nach x^* aufgelöst:

$$\frac{\partial Q}{\partial x^*} = 2nx^* - 2\sum_{i=1}^{n}x_i = 0 \quad \Rightarrow \quad x^* = \frac{1}{n}\sum_{i=1}^{n}x_i = \bar{x}$$

Da die 2. Ableitung von Q grösser null ist ($\partial^2 Q/\partial(x^*)^2 = 2n$), handelt es sich um ein Minimum.

▷ Transformationsregel: Das arithmetische Mittel ist *äquivariant* gegenüber linearen Transformationen der Daten. Werden die Werte x_i zu

$$y_i = a + bx_i$$

transformiert, so gilt

$$\bar{y} = a + b\bar{x}.$$

▷ Das arithmetische Mittel setzt mindestens Intervallskalenniveau voraus und kann somit nur bei metrischen Daten sinnvoll interpretiert werden. Eine Ausnahme bilden *dichotome* Variablen, die $(0-1)$-kodiert sind (Variablen mit nur zwei Ausprägungen $a_1 = 0$ und $a_2 = 1$). In diesem Fall ist $\bar{x}$ gerade gleich der relativen Häufigkeit der 1-Kategorie, also

$$\bar{x} = f(a_j = 1).$$

Getrimmtes Mittel

Wie bereits angesprochen, reagiert das arithmetische Mittel im Gegensatz zum Median relativ sensibel auf Extremwerte und Ausreisser. Unter Umständen kann es deshalb sinnvoll sein, ein getrimmtes Mittel bzw. robustifiziertes arithmetisches Mittel zu berechnen (insbesondere bei mangelhafter Reliabilität der Daten). Das getrimmte Mittel unterscheidet sich von dem arithmetischen Mittel dadurch, dass am unteren und oberen Ende ein bestimmter Prozentsatz der Daten von der Berechnung ausgeschlossen wird. Am häufigsten ist das 10%-getrimmte Mittel, bei dem das arithmetische Mittel aus den zentralen 80% der Daten berechnet wird, also aus den Beobachtungen, die zwischen dem 1. und 9. Dezil liegen. Zum genauen Vorgehen siehe z.B. Rinne (1997: 46) oder Polasek (1994: 167ff.).

Lageregeln

Liegen metrische, unimodal verteilte Daten vor, so kann der Vergleich von Modalwert, Median und arithmetischem Mittel etwas über die Form der Häufigkeitsverteilung des betrachteten Merkmals aussagen. Bei einer ungefähr symmetrischen

Verteilung stimmen die drei Masse etwa überein. Je asymmetrischer aber die Verteilung, desto stärker gehen die Kennzahlen auseinander. Es gelten die folgenden Lageregeln (vgl. auch Diagramm 3.3):

$$\bar{x} \approx \tilde{x} \approx M \quad \text{bei symmetrischen Verteilungen}$$
$$\bar{x} > \tilde{x} > M \quad \text{bei rechtsschiefen Verteilungen}$$
$$\bar{x} < \tilde{x} < M \quad \text{bei linksschiefen Verteilungen}$$

Geometrisches Mittel

Das geometrische Mittel wird z. B. dann verwendet, wenn die Merkmalsausprägungen relative Änderungen ausdrücken (Wachstums- oder Zinsdaten) und die durchschnittliche relative Änderung ermittelt werden soll. Es setzt Ratioskalenniveau voraus. Zudem müssen die Produkte der Werte Sinn machen.

Das geometrische Mittel wird berechnet, indem die n einzelnen Beobachtungswerte miteinander multipliziert werden und aus dem resultierenden Produkt die n-te Wurzel gezogen wird (vgl. Beispiel 3.14):

$$\bar{x}_g = \sqrt[n]{x_1 \cdot \ldots \cdot x_n} = \sqrt[n]{\prod_{i=1}^{n} x_i} = \left(\prod_{i=1}^{n} x_i \right)^{1/n}, \quad x_i \geq 0$$

Zu weiteren Lagemassen wie etwa dem harmonischen Mittel oder dem Potenzmittel (einer Verallgemeinerung verschiedener Mittelwerte) siehe z. B. Rinne (1997) oder Polasek (1994).

3.2.2 Streuungsmasse, Masse der Dispersion

Um Verteilungen befriedigend beschreiben zu können, sollten neben den Massen der zentralen Tendenz auch Kennzahlen berechnet werden, die etwas über die Streuung bzw. Dispersion der Daten aussagen.

Spannweite

Die einfachste Methode, um Dispersion zu beschreiben, ist die Angabe der *Spannweite* (Range) vom kleinsten bis zum grössten Beobachtungswert, also

$$R = x_{\max} - x_{\min}.$$

Die Spannweite kann nur bei kardinalen Daten sinnvoll interpretiert werden, ist relativ informationsarm und sehr anfällig gegen Ausreisser.

Beispiel: Die Spannweite einer Einkommensverteilung mit den Werten $x_{(1)} = 2000$, $x_{(2)} = 3500$, $x_{(3)} = 4000$, $x_{(4)} = 4700$ und $x_{(5)} = 6000$ beträgt $R = 6000 - 2000 = 4000$.

Diagramm 3.3: Lageregeln

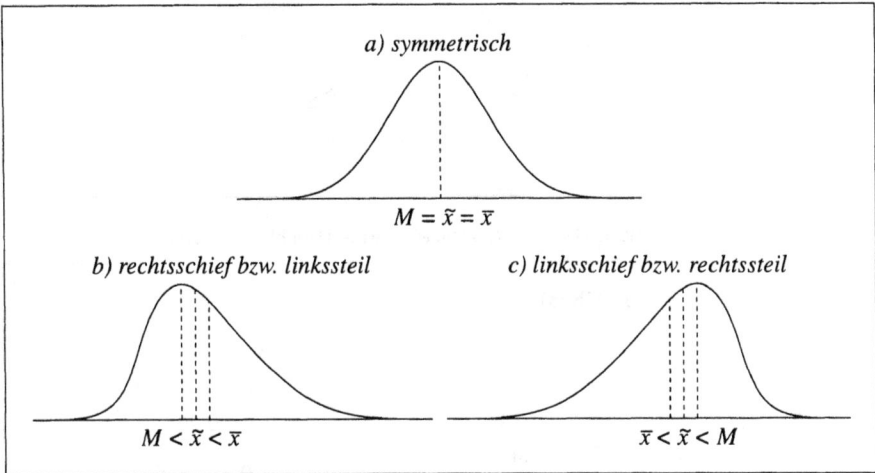

a) symmetrisch

$$M = \tilde{x} = \bar{x}$$

b) rechtsschief bzw. linkssteil

$$M < \tilde{x} < \bar{x}$$

c) linksschief bzw. rechtssteil

$$\bar{x} < \tilde{x} < M$$

Beispiel 3.14: Die Berechnung des geometrischen Mittels

▷ Geometrisches Mittel aus aufeinander folgenden prozentualen jährlichen Gehalts-
erhöhungen:

1. Jahr: 5%, 2. Jahr: 10%, 3. Jahr: 15%

$$\bar{x}_g = \left(\prod_{i=1}^{n} x_i \right)^{1/n} = (1.05 \cdot 1.10 \cdot 1.15)^{1/3} = 1.0992$$

Die durchschnittliche Gehaltserhöhung beträgt somit 9.92% (und nicht 10%).

▷ Das arithmetische Mittel aus logarithmierten Daten ist gleich dem Logarithmus des
geometrischen Mittels der Originaldaten (Beipieldaten: $x_1 = 120, x_2 = 520, x_3 = 4100$)

$$\bar{x}_{\ln} = \frac{\ln(120) + \ln(520) + \ln(4100)}{3} = 6.4534$$

$$\bar{x}_g = (120 \cdot 520 \cdot 4100)^{1/3} = 634.8281$$

$$\ln(\bar{x}_g) = \ln(634.8281) = 6.4534 = \bar{x}_{\ln}$$

Diagramm 3.4:   Interquartilsabstand

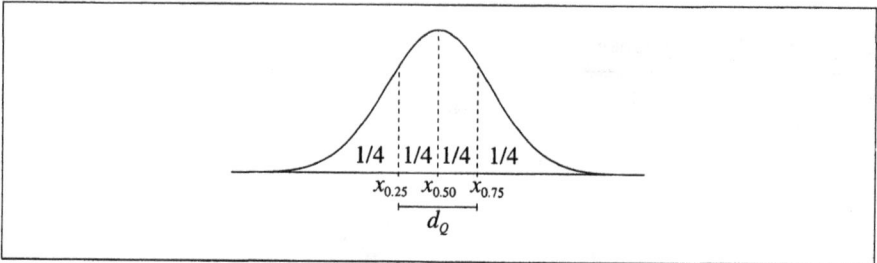

$$1/4 \quad 1/4 \quad 1/4 \quad 1/4$$

$$x_{0.25} \quad x_{0.50} \quad x_{0.75}$$

$$d_Q$$

Beispiel 3.15:   Berechnung des Interquartilsabstandes bei klassierten Daten

Altersverteilung (SAMS98)

$[c_{j-1}, c_j)$	h_j	f_j	F_j
$18-20$	65	.021	.021
$20-30$	493	.163	.184
$30-40$	809	.267	.451
$40-50$	638	.211	.662
$50-60$	548	.181	.843
$60-70$	437	.144	.987
$70-71$	39	.013	1.000
Total	3029	1.000	

$$x_{0.25} = 30 + 10 \cdot \frac{0.25 - 0.184}{0.267} = 32.47$$

$$x_{0.75} = 50 + 10 \cdot \frac{0.75 - 0.662}{0.181} = 54.86$$

$$d_Q = 54.86 - 32.47 = 22.39$$

Interquartilsabstand

Häufig ist es besser, als Dispersionsmass anstelle der Spannweite den Quartils- oder den Dezilsabstand anzugeben, da diese beiden Masse gegen Ausreisser robust sind. Der Interquartilsabstand ist definiert als

$$d_Q = Q_3 - Q_1 = x_{0.75} - x_{0.25}$$

und misst die Breite des Intervalls, in welchem sich die zentralen 50% der Daten befinden (vgl. Diagramm 3.4 und Beispiel 3.15). Der Dezilsabstand

$$d_D = D_9 - D_1 = x_{0.9} - x_{0.1}$$

misst entsprechend die Intervallbreite der zentralen 80% der Daten (zu der Definition von Quartilen und Dezilen vergleiche S. 35ff.).

Box-Plot, Box-Whisker-Plot

Quantile und insbesondere Quartile werden recht häufig zur Beschreibung von Verteilungen herangezogen. Als Beispiel sei etwa die *Fünf-Punkte-Zusammenfassung* einer Verteilung genannt, die aus den folgenden Punkten besteht:

$$x_{min}, x_{0.25}, \tilde{x}, x_{0.75}, x_{max}$$

Diese Zusammenfassung der Verteilung lässt sich sehr gut in einem so genannten Box-Plot oder Box-Whisker-Plot grafisch darstellen. Es wird dabei jedoch meistens anstatt der Punkte x_{min} und x_{max} der *Zaun* der Verteilung zur Beschreibung der unteren und oberen Grenze verwendet, der maximal bis zu $z_u = x_{0.25} - 1.5d_Q$ (Untergrenze) bzw. $z_o = x_{0.75} + 1.5d_Q$ (Obergrenze) reicht. Werte, die ausserhalb des Zauns liegen, werden als einzelne Punkte ausgegeben und markieren statistische Ausreisser. Liegt der kleinste bzw. grösste beobachtete Wert innerhalb der Grenzen z_u und z_o, wird der Zaun lediglich bis zu diesem Wert gezogen. Ein Box-Plot stellt also folgendes dar:

1. Eine Schachtel (Box) mit dem Anfang (bzw. der unteren Grenze) $x_{0.25}$ und dem Ende (bzw. der oberen Grenze) $x_{0.75}$. Die Länge (bzw. Höhe) der Schachtel entspricht dem Quartilsabstand d_Q.

2. Eine Linie innerhalb der Schachtel, die dem Median $\tilde{x}$ entspricht.

3. Zwei Linien ausserhalb der Schachtel (die so genannten »whiskers«), die den Zaun $[\max\{x_{min}, z_u\}, \min\{x_{max}, z_o\}]$ aufspannen, wobei $z_u = x_{0.25} - 1.5d_Q$ und $z_o = x_{0.75} + 1.5d_Q$.

4. Einzelne Punkte ausserhalb der Whiskers, die die Werte kleiner z_u oder grösser z_o wiedergeben.

Zuweilen werden Box-Plots auch in Kombination mit eindimensionalen Streudiagrammen verwendet (vgl. Beispiel 3.16).[4] Zu weiteren Variationen und Anwendungsmöglichkeiten von Box-Plots siehe z. B. Polasek (1994).

Mittlere absolute Abweichung

Eine Vielzahl von Streuungsmassen verwenden als Grundlage die Differenzen der einzelnen Beobachtungswerte oder die Abweichungen der Beobachtungen von einem Referenzpunkt. So gibt etwa das Dispersionsmass *AD* (Average Deviation) die durchschnittliche Abweichung der einzelnen Werte vom arithmetischen Mittel der Verteilung wieder. Da die Abweichungen $x_i - \bar{x}$ über alle i zu null summieren, werden zur Berechnung von *AD* die absoluten Differenzen $|x_i - \bar{x}|$ verwendet (vgl. auch Beispiel 3.17), also

$$AD = \frac{1}{n}\sum_{i=1}^{n}|x_i - \bar{x}| \quad \text{bzw.} \quad AD = \frac{1}{n}\sum_{j=1}^{k}h_j|a_j - \bar{x}| = \sum_{j=1}^{k}f_j|a_j - \bar{x}|$$

aus Häufigkeitsdaten. Die mittlere absolute Abweichung lässt sich im Prinzip auch zu einem beliebigen anderen Referenzpunkt bilden (z. B. zum Median der Verteilung).

---

[4]Bei einem eindimensionalen Streudiagramm wird für jede Beobachtung an der entsprechenden Stelle auf einer horizontalen Achse ein kurzer vertikaler Strich eingetragen. Bei grossen Datenmengen empfiehlt sich zudem jeweils nicht die komlette Linie, sondern nur einzelne, per Zufall ausgewählte Punkte der Linie abzubilden (wie in Beispiel 3.16 demonstriert).

Beispiel 3.16: Box-Plot der wöchentlichen Arbeitsstunden und eindimensionales Streudiagramm der logarithmierten Monatseinkommen getrennt nach Ge-
schlecht (SAMS98)

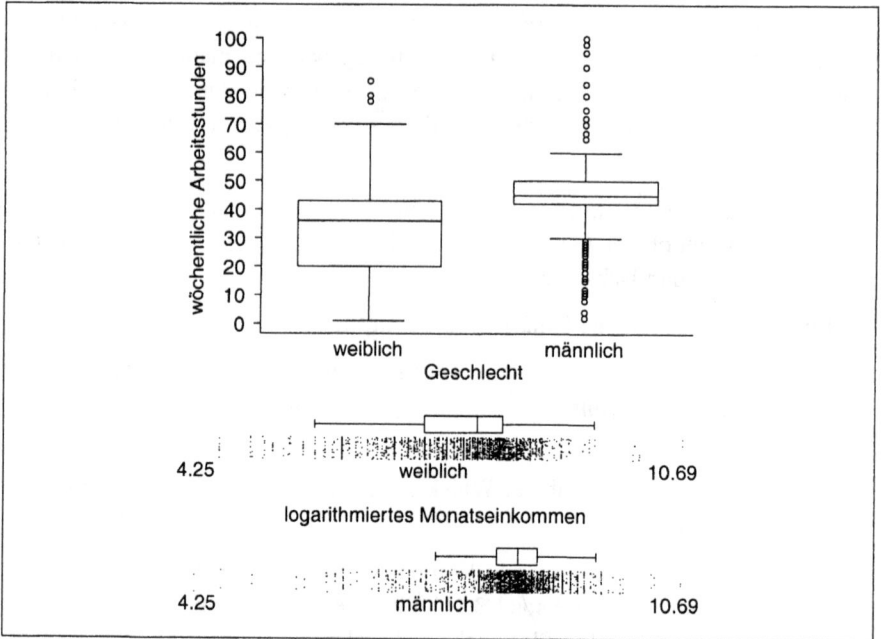

Beispiel 3.17: Mittlere absolute Abweichung (AD) und mittlere absolute Differenz (MAD)

Anzahl Punkte in einem Mathematiktest (Stichprobe aus MATH99):

Urliste

i	1	2	3	4	5
x_i	20	12	25	28	15

$$\bar{x} = \frac{20 + 12 + 25 + 28 + 15}{5} = 20$$

$$AD = \frac{|20-20| + |12-20| + |25-20| + |28-20| + |15-20|}{5} = \frac{26}{5} = 5.2$$

$$MAD = \frac{2}{5(5-1)}(|20-12| + |20-25| + |20-28| + |20-15| + |12-25|$$

$$+ |12-28| + |12-15| + |25-28| + |25-15| + |28-15|)$$

$$= \frac{2}{20}(8 + 5 + 8 + 5 + 13 + 16 + 3 + 3 + 10 + 13) = 8.4$$

Mittlere absolute Differenz

Ein aufwändigeres (und eher selten angewendetes) Verfahren besteht darin, die Differenzen zwischen allen Beobachtungswerten zu bilden und über deren Beträge zu mitteln, also

$$MAD = \frac{2}{n(n-1)} \sum_{i=1}^{n-1} \sum_{j=i+1}^{n} |x_i - x_j|,$$

wobei $n(n-1)/2$ der Anzahl Paarvergleiche entspricht, wenn Doppelzählungen und Vergleiche mit sich selbst ausgeschlossen werden (vgl. Beispiel 3.17).

Varianz und Standardabweichung

Die weitaus am häufigsten verwendete Streuungsmasszahl ist die Varianz s^2 beziehungsweise die Standardabweichung s. Ähnlich wie bei der Average Deviation werden bei Varianz und Standardabweichung die Abweichungen der Werte x_i vom Mittelwert $\bar{x}$ gemessen. Es werden hier aber nicht die Beträge der Differenzen, sondern deren Quadrate verwendet. Die Varianz der Werte $x_1,\ldots,x_n$ berechnet sich folglich als

$$s^2 = \frac{1}{n}[(x_1 - \bar{x})^2 + \ldots + (x_n - \bar{x})^2] = \frac{1}{n} \sum_{i=1}^{n}(x_i - \bar{x})^2$$

(vgl. Beispiel 3.18). Die Standardabweichung ist definiert als die Quadratwurzel der Varianz, also

$$s = \sqrt{s^2} = \sqrt{\frac{1}{n} \sum_{i=1}^{n}(x_i - \bar{x})^2}.$$

Gemäss dem Verschiebungssatz kann die Varianz auch alternativ als der Mittelwert der Quadrate von x_i minus das Quadrat des arithmetischen Mittels berechnet werden, also

$$s^2 = \frac{1}{n} \sum_{i=1}^{n}(x_i - \bar{x})^2 = \left(\frac{1}{n} \sum_{i=1}^{n} x_i^2\right) - \bar{x}^2.$$

Herleitung:

$$s^2 = \frac{1}{n} \sum_{i=1}^{n}(x_i - \bar{x})^2 = \frac{1}{n} \sum_{i=1}^{n}(x_i^2 - 2x_i\bar{x} + \bar{x}^2) = \frac{1}{n}\left(\sum_{i=1}^{n} x_i^2 - 2\bar{x}\underbrace{\sum_{i=1}^{n} x_i}_{n\bar{x}} + \underbrace{\sum_{i=1}^{n} \bar{x}^2}_{n\bar{x}^2}\right)$$

$$= \frac{1}{n}\left(\sum_{i=1}^{n} x_i^2 - 2n\bar{x}^2 + n\bar{x}^2\right) = \frac{1}{n}\left(\sum_{i=1}^{n} x_i^2 - n\bar{x}^2\right) = \frac{1}{n} \sum_{i=1}^{n} x_i^2 - \bar{x}^2$$

Aus Häufigkeitsdaten wird die Varianz berechnet als

$$s^2 = \frac{1}{n}[h_1(a_1 - \bar{x})^2 + \ldots + h_k(a_k - \bar{x})^2] = \frac{1}{n} \sum_{j=1}^{k} h_j(a_j - \bar{x})^2$$

$$= f_1(a_1 - \bar{x})^2 + \ldots + f_k(a_k - \bar{x})^2 = \sum_{j=1}^{k} f_j(a_j - \bar{x})^2.$$

Varianzzerlegung/Streuungszerlegung

Aus den Varianzen s_j^2 von r Schichten lässt sich die Gesamtvarianz berechnen als die Summe aus den gewichteten Varianzen und der Streuung zwischen den Gruppen, also

$$s^2 = \sum_{j=1}^{r} g_j s_j^2 + \sum_{j=1}^{r} g_j(\bar{x}_j - \bar{x})^2 \quad \text{mit } g_j = \frac{n_j}{n}, \ n = \sum_{j=1}^{r} n_j \text{ und } \bar{x} = \sum_{j=1}^{r} g_j \bar{x}_j,$$

wobei mit n_j die Gruppengrössen und mit $\bar{x}_j$ die Gruppenmittelwerte bezeichnet werden. Dieser Berechnungsformel liegt die Eigenschaft zu Grunde, dass sich ausgehend von Individualdaten, die sich zu r unterschiedlichen Gruppen zusammenfassen lassen, die Varianz in zwei Komponenten aufteilen lässt (Varianzzerlegung). Allgemein gilt:

$$s^2 = \frac{1}{n} \sum_{j=1}^{r} \sum_{i=1}^{n_j} (x_{ij} - \bar{x})^2 = \underbrace{\frac{1}{n} \sum_{j=1}^{r} n_j s_j^2}_{s_w^2} + \underbrace{\frac{1}{n} \sum_{j=1}^{r} n_j(\bar{x}_j - \bar{x})^2}_{s_b^2}.$$

s_w^2 ist die mittlere Varianz in den Gruppen und wird als interne Varianz oder »variance within« bezeichnet. s_b^2 entspricht der Varianz zwischen den Gruppen und wird als externe Varianz oder »variance between« bezeichnet.

Stichprobenvarianz

In den meisten Statistikprogrammen und Taschenrechnern wird die Varianz standardmässig in leicht modifizierter Form als

$$S^2 = \frac{1}{n-1} \sum_{i=1}^{n} (x_i - \bar{x})^2$$

berechnet. Dieser Term wird als *Stichprobenvarianz* bezeichnet und ist vorzuziehen, um eine erwartungstreue Schätzung der Varianz in der Grundgesamtheit zu erhalten (vgl. Kapitel 5). Bei genügend grossem n sind die Unterschiede zwischen den beiden Berechnungsarten vernachlässigbar.

Eigenschaften von Varianz und Standardabweichung

1. Zur Berechnung und Interpretation von Varianz und Standardabweichung sollte metrisches Skalenniveau vorliegen.

2. Die Einheiten der Varianz (z. B. US-$\$^2$) unterscheiden sich von den Einheiten der zu analysierenden Variable (US-$). Bei der Standardabweichung wird wieder auf die Originaleinheiten normiert ($\sqrt{\text{US-}\$^2} = \text{US-}\$$).

Beispiel 3.18: Berechnung von Varianz und Standardabweichung

▷ Aus einer Urliste

$$i \quad 1 \ 2 \ 3 \ 4 \ 5 \ 6 \ 7 \ 8 \ 9 \ | \ n = 9$$
$$x_i \quad 2 \ 1 \ 1 \ 3 \ 4 \ 2 \ 4 \ 3 \ 3 \ | \ \bar{x} = 2.\bar{5}$$

$$s^2 = \frac{(2-2.\bar{5})^2 + (1-2.\bar{5})^2 + \ldots + (3-2.\bar{5})^2}{9} = 1.14, \quad s = \sqrt{1.14} = 1.07$$

▷ Aus Häufigkeitsdaten

a_j	h_j	f_j
1	20	.152
2	33	.250
3	46	.348
4	16	.121
5	17	.129
Total	132	1.000

$$\bar{x} = 0.152 \cdot 1 + 0.250 \cdot 2 + \cdots = 2.826$$
$$s^2 = 0.152(1-2.826)^2 + 0.250(2-2.826)^2$$
$$+ 0.348(3-2.826)^2 + 0.121(4-2.826)^2$$
$$+ 0.129(5-2.826)^2 = 1.46$$

▷ Aus Schichten (Einkommen von Frauen und Männern in 1000, SAMS98)

$$\bar{x}_M = 5.5 \quad \bar{x}_F = 3.3$$
$$s_M^2 = 13.69 \quad s_F^2 = 6.76$$
$$n_M = 1240 \quad n_F = 1190$$

$$\bar{x} = \frac{1240}{2430} \cdot 5.5 + \frac{1190}{2430} \cdot 3.3 = 4.423$$

$$s^2 = \frac{1240}{2430} \cdot 13.69 + \frac{1190}{2430} \cdot 6.76 + \frac{1240}{2430}(5.5 - 4.423)^2$$
$$+ \frac{1190}{2430}(3.3 - 4.423)^2 = 11.51$$

▷ Mit Hilfe des Verschiebungssatzes

$$x_1 = 24, x_2 = 25, x_3 = 36, x_4 = 43, \quad \sum x_i = 128$$

$$s^2 = \frac{24^2 + 25^2 + 36^2 + 43^2}{4} - \left(\frac{128}{4}\right)^2 = 62.5$$

3. Varianz und Standardabweichung sind empfindlich gegen Extremwerte in der Verteilung (statistische Ausreisser). Da die Abstände der einzelnen Werte x_i vom Mittelwert $\bar{x}$ quadriert werden, gehen grössere Abstände mit höherem Gewicht in die Masszahl ein.

4. Transformationsregeln: Bei linearer Transformation der Daten $x_i, i = 1, \ldots, n$, zu $y_i = ax_i + b$ gilt

$$s_y^2 = a^2 s_x^2 \quad \text{und} \quad s_y = |a| s_x.$$

Herleitung: Unter Verwendung von $y_i = ax_i + b$ und $\bar{y} = b + a\bar{x}$ gilt

$$s_y^2 = \frac{1}{n}\sum_{i=1}^n (y_i - \bar{y})^2 = \frac{1}{n}\sum_{i=1}^n (b + ax_i - b - a\bar{x})^2 = a^2 \frac{1}{n}\sum_{i=1}^n (x_i - \bar{x})^2 = a^2 s_x^2.$$

5. Die Standardabweichung kann zusammen mit dem arithmetischen Mittel verwendet werden, um Datenintervalle in der Form $\bar{x} \pm s$, $\bar{x} \pm 2s$ und $\bar{x} \pm 3s$ anzugeben. Es wird damit ausgedrückt, welcher Anteil der Daten sich schätzungsweise in dem entsprechenden Intervall um den Mittelwert konzentriert. Bei ungefähr normalverteiltem Merkmal X (unimodal, symmetrisch, durchschnittlich gewölbt) gilt

   ▷ $\bar{x} \pm s$ umfasst ca. 68% der Daten,

   ▷ $\bar{x} \pm 2s$ umfasst ca. 95% der Daten und

   ▷ $\bar{x} \pm 3s$ umfasst ca. 99% der Daten.

   Die Angabe solcher Intervalle ist i. d. R. nur bei zumindest näherungsweise symmetrisch verteilten Häufigkeitsverteilungen sinnvoll.

6. z-Standardisierung: Ebenfalls unter Beizug von Standardabweichung und arithmetischem Mittel können unterschiedliche Häufigkeitsverteilungen miteinander vergleichbar gemacht werden. Werden die Werte x_i, $i = 1, \ldots, n$, einer linearen Transformation in Form von

$$z_i = \frac{x_i - \bar{x}}{s_x}$$

   unterzogen, so gilt

$$\bar{z} = 0 \quad \text{und} \quad s_z = 1,$$

   das heisst, der Mittelwert der Verteilung wird auf 0 und die Standardabweichung auf 1 gesetzt. Dieses Verfahren wird z-Standardisierung genannt und ist insbesondere bei inferenzstatistischen Methoden von Bedeutung.

Getrimmte Varianz und Standardabweichung

Ähnlich wie das arithmetische Mittel werden Varianz und Standardabweichung manchmal in getrimmter Form berechnet, um dem verzerrenden Einfluss von Ausreissern zu begegnen. Ein Problem besteht aber hier darin, dass durch das Weglassen der äusseren Werte die Varianz systematisch unterschätzt wird. Bei der getrimmten Varianz beziehungsweise der getrimmten Standardabweichung muss deshalb ein zusätzlicher Korrekturfaktor berücksichtig werden. Zum Vorgehen siehe Polasek (1994: 190f.).

Variationskoeffizient

Der Variationskoeffizient v ist ein Mass, das sich eignet, um verschiedene Streuungen relativ zum jeweiligen Mittelwert miteinander zu vergleichen (Variation von Einkommen in verschiedenen Berufsgattungen, Altersvariation in Gruppen). Es handelt sich also um ein *relatives* Streumass und ist wie folgt definiert:

$$v = \frac{s}{\bar{x}}, \quad \bar{x} > 0.$$

Der Variationskoeffizient lässt sich nur bei Skalen mit natürlichem Nullpunkt (ratio, absolut) sinnvoll verwenden, da das Verhältnis der Streuung zum Mittelwert interpretiert wird. Bei Manipulation des Nullpunktes (wie es etwa bei Intervallskalen erlaubt ist) verschiebt sich $\bar{x}$, was eine Beeinflussung von v zur Folge hätte.

Zur Verdeutlichung des Masses sei folgendes Beispiel genannt: In einer Zahnradfabrik werden einerseits Zahnräder für Armbanduhren und andererseits Zahnräder für Kirchenuhren produziert. Die Produktionsmaschinen des Betriebes arbeiten mit gewissen Unschärfen, so dass nicht immer alle Zahnräder exakt gleich gross sind. So haben die Armbanduhrenzahnräder einen mittleren Durchmesser von $\bar{x}_A = 0.3cm$ mit einer Standardabweichung von $s_A = 0.001cm$ während der mittlere Durchmesser der Kirchenuhrenzahnräder $\bar{x}_K = 30.0cm$ mit $s_K = 0.1cm$ beträgt. Man könnte nun sagen, dass die Produktion der kleinen Zahnräder mit einer 100 Mal geringeren Standardabweichung viel genauer erfolgt, und fälschlicherweise annehmen, dass die Armbanduhren darum weniger oft vor- oder nachgehen. Bezogen auf die Grösse der Zahnräder aber sind die Produktionsverfahren gleich exakt ($v_A = v_K = 0.00\bar{3}$), und die produzierten Armband- und Kirchenuhren vermögen die Zeit wahrscheinlich ähnlich genau anzuzeigen.

Weitere relative Streumasse sind z. B. die relative durchschnittliche Abweichung oder der relative Quartilsabstand (vgl. Rinne 1997).

Dispersion bei Nominal- und Ordinalskalenniveau: Herfindahl-Streumass und Entropie

Bei nominalskalierten Merkmalen können die vorgestellten Dispersionsmasse nicht verwendet werden, da sie alle zumindest eine Rangordnung der Ausprägungen fordern. Genau genommen, werden bei allen behandelten Streuungsmassen sogar mindestens Intervalldaten verlangt, da immer Differenzen berechnet werden.[5]

Herfindahl-Streumass

Bei kategorialen Daten lässt sich als Mass für die Streuung eigentlich nur angeben, ob die Häufigkeiten über die verschiedenen Kategorien eher gleich verteilt sind, oder ob es grosse Unterschiede in den Häufigkeiten gibt.

Ein Mass für diese Art von Streuung ist das Herfindahl-Streumass HF (vgl. Rinne 1997: 56).[6] Es wird dabei die Summe der quadrierten relativen Häufigkeiten der Kategorien $a_1, \ldots, a_k$ gebildet und von 1 abgezogen, also

$$HF = 1 - \sum_{j=1}^{k} \left(\frac{h_j}{n}\right)^2 = 1 - \sum_{j=1}^{k} f_j^2.$$

---

[5]In der Praxis verwendet man aber z. B. die Standardabweichung unter Vorbehalten oft auch für ordinale Daten.

[6]Auch »Simpson's *D*« genannt (vgl. Diekmann 1995: 569; Allison 1981; Simpson 1949).

Je grösser die Unterschiede zwischen den relativen Häufigkeiten f_j, desto grösser auch der Term $\sum f_j^2$ und desto kleiner HF. Wenn sich alle Daten auf eine Kategorie konzentrieren, nimmt HF sein Minimum von null an. Bei Gleichverteilung der Häufigkeiten ($f_i = f_j \; \forall \; j$) nimmt HF sein Maximum an. Der genaue Wert des Maximums hängt von der Anzahl Kategorien k ab ($HF_{max} = \frac{k-1}{k}$; $HF_{max} = 0.75$ bei $k = 4$, $HF_{max} = 0.8$ bei $k = 5$, etc.).

Mit dem Herfindahl-Streumass lässt sich z. B. ermitteln, ob Männer oder Frauen stärker über die Palette der Berufe streuen (Hypothese: Frauen konzentrieren sich stärker auf wenige Berufe, also $HF_F < HF_M$), wie in Beispiel 3.19 dargestellt.

Um dem Problem der Abhängigkeit des maximalen Werts von HF von der Anzahl Kategorien k zu begegnen, wird oftmals das normierte Herfindahl-Streumass RHF (vgl. Rinne 1997: 57) berechnet:

$$RHF = \frac{k}{k-1} \cdot HF, \quad RHF \in [0,1].$$

Entropie

Als Alternative und Erweiterung zum Herfindahl-Streumass kann das Konzept der Entropie herangezogen werden. Dem Konzept liegt die Idee zu Grunde, "dass häufige Beobachtungen wenig Information, aber seltene Beobachtungen viel Information in sich tragen" (Polasek 1994: 197). Die Entropie H eines kategorialen Merkmals wird berechnet als

$$H = \sum_{j=1}^{k} f_j \, \mathrm{ld} \frac{1}{f_j} = - \sum_{j=1}^{k} f_j \, \mathrm{ld} f_j, \quad f_j \neq 0,$$

wobei f_j der relativen Häufigkeit von Kategorie a_j und $\mathrm{ld}\,x$ dem Zweierlogarithmus (Logarithmus zur Basis 2) von x entspricht.[7] Die Entropie H kann somit als gewogenes Mittel der Informationswerte der einzelnen Kategorien betrachtet werden, wobei als Gewichte die relativen Häufigkeiten verwendet werden.[8] Eine zugänglichere Interpretation sieht in der Entropie das Ausmass an Unsicherheit: Hohe Entropie bedeutet, dass grosse Unsicherheit darüber besteht, in welche Kategorie ein zufällig gezogener Beobachtungswert zu liegen kommt. Ähnlich wie das Herfindahl-Streumass, ist die Entropie gleich null, wenn sich sämtliche Beobachtungen auf eine

---

[7]Der Zweierlogarithmus löst die Frage nach der Potenz von 2, die den Wert x ergibt, also: $y = \mathrm{ld}\,x \Leftrightarrow 2^y = x$. Berechnet wird der Zweierlogaritmus i. d. R. mit Hilfe des natürlichen Logarithmus ln (Logarithmus zur Basis e) oder des Zehnerlogarithmus lg (Logarithmus zur Basis 10). Es gilt: $\mathrm{ld}\,x = \ln x / \ln 2 = \lg x / \lg 2$. Zu einer Begründung der Verwendung des Zweierlogarithmus zur Bestimmung der Entropie siehe z. B. Coulter (1989: 101ff.).

[8]Der Informationswert bzw. die Entropie einer einzelnen Kategorie ist gegeben als der Zweierlogarithmus der reziproken Auftretenswahrscheinlichkeit, also $\mathrm{ld}(1/f_j)$, wenn für die Auftretenswahrscheinlichkeit die relativen Häufigkeiten herangezogen werden.

Beispiel 3.19: Herfindahl-Streumass und Entropie (SAMS98)

	f_j in Prozent		
ISCO-Berufshauptgruppen	Frauen	Männer	Total
1 Führungskräfte	3.8	8.4	6.3
2 Wissenschaftler	11.7	21.2	16.8
3 Techniker u. gleichrangige Berufe	30.7	22.0	26.0
4 Büroberufe	21.1	7.6	13.8
5 Dienstleistungsberufe, Verkäufer	18.9	6.2	12.0
6 Landwirtschaft	2.1	4.1	3.2
7 Handwerk	4.3	21.4	13.5
8 Maschinisten u. Montierer	2.1	6.5	4.5
9 Hilfskräfte	5.3	2.5	3.8
Total	100.0	100.0	100.0

ISCO: International Standard Classification of Occupations

$$HF_F = 1 - (0.038^2 + \cdots + 0.053^2) = 0.805, \quad RHF_F = \frac{9}{9-1} \cdot HF_F = 0.905$$

$$HF_M = 1 - (0.084^2 + \cdots + 0.025^2) = 0.838, \quad RHF_M = \frac{9}{9-1} \cdot HF_M = 0.942$$

$$HF_T = 1 - (0.063^2 + \cdots + 0.038^2) = 0.844, \quad RHF_T = \frac{9}{9-1} \cdot HF_T = 0.950$$

$$H_F = -1 \cdot (0.038 \cdot \text{ld} 0.038 + \cdots + 0.053 \cdot \text{ld} 0.053) = 2.646, \quad RH_F = \frac{H_F}{\text{ld} 9} = 0.835$$

$$H_M = -1 \cdot (0.084 \cdot \text{ld} 0.084 + \cdots + 0.025 \cdot \text{ld} 0.025) = 2.841, \quad RH_M = \frac{H_M}{\text{ld} 9} = 0.896$$

$$H_T = -1 \cdot (0.063 \cdot \text{ld} 0.063 + \cdots + 0.038 \cdot \text{ld} 0.038) = 2.880, \quad RH_T = \frac{H_T}{\text{ld} 9} = 0.908$$

Die Verteilung weist für Frauen eine kleinere Streuung auf als für Männer, d. h. die Frauen konzentieren sich stärker auf einzelne Berufsgruppen. Am höchsten ist die Streuung in der gepoolten Verteilung, was auf eine gewisse Segregation zwischen den Geschlechtern hinweist (Frauen und Männer konzentrieren sich auf unterschiedliche Berufsgruppen).

einzige Kategorie konzentieren (Einpunktverteilung), d. h. es besteht minimale Unsicherheit in der Vorhersage der Beobachtungswerte. Ihr Maximum von $H_{max} = \mathrm{ld}\,k$ nimmt die Entropie an, wenn die Beobachtungen über alle Kategorien gleich verteilt sind (wenn also maximale Streuung der Beobachtungen über die Kategorien besteht). Die Entropie einer Verteilung ist somit abhängig von der Anzahl Kategorien k.[9]

Zum Vergleich der Entropie von Verteilungen mit unterschiedlicher Anzahl Ausprägungen sollte daher die relative Entropie RH verwendet werden. Diese ist definiert als

$$RH = \frac{H}{\mathrm{ld}\,k}, \quad RH \in [0,1].$$

Durch Teilung der Entropie durch die maximale Entropie bei gegebenem k wird also auf den Wertebereich von null bis eins normiert. Beispiel 3.19 veranschaulicht die Berechnung von H und RH.

Weitere Masse der qualitativen Variation findet man z. B. in Coulter (1989). Hinweis: Das Herfindahl-Streumass und die Entropie werden manchmal auch als absolute Konzentrationsmasse verwendet. Zu beachten ist, dass sich dann aber die Interpretation der Masse umkehrt: Hohe Werte weisen auf eine tiefe Konzentration hin, tiefe Werte auf eine hohe Konzentration. Dieser Eigenschaft kann natürlich auch durch geeignete Umformung der Masse Rechnung getragen werden.

3.2.3 Masse der Schiefe und Wölbung

Momentkoeffizient der Schiefe

Die besprochenen Streuungsmasse gehen fast alle von symmetrischen Verteilungen aus, d. h. sie treffen keine Aussage hinsichtlich der Symmetrie einer Verteilung. Ein gebräuchliches und in den meisten Statistikprogrammen integriertes Mass, mit dem man die Schiefe einer Verteilung nummerisch beschreiben kann, ist der Momentkoeffizient der Schiefe (Skewness). Dieser ist definiert als

$$\gamma_1 = \frac{m_3}{s^3} \quad \text{mit} \quad m_3 = \frac{1}{n}\sum_{i=1}^{n}(x_i - \bar{x})^3.$$

Durch die Verwendung der dritten Potenz der Abweichungen der Werte x_i vom Mittelwert (drittes Zentralmoment) bleiben die Vorzeichen der Abweichungen erhalten, was bei asymmetrischen Verteilungen zu $\sum(x_i - \bar{x})^3 < 0$ oder $\sum(x_i - \bar{x})^3 > 0$ führt – und somit zu $\gamma_1 < 0$ oder $\gamma_1 > 0$.

Der Nenner s^3 (die dritte Potenz der Standardabweichung) normiert den Term auf eine massstabsunabhängige Zahl. Diese Normierung entspricht bei näherer Betrach-

---

[9]Hinweis: Das Konzept der Entropie ist eng verwandt mit dem Konzept der Devianz (vgl. Kühnel und Krebs 2001: 96ff.), das vor allem im Rahmen der logistischen Regression und log-linearen Modelle zur Bestimmung der Anpassungsgüte von Bedeutung ist (z. B. Tutz 2000; Andreß et al. 1997).

tung einer vorgängigen z-Standardisierung der betrachteten Variable, was ersichtlich wird, wenn der Term etwas umgeformt wird zu

$$\gamma_1 = \frac{1}{n} \sum_{i=1}^{n} \left(\frac{x_i - \bar{x}}{s} \right)^3 = \frac{1}{n} \sum_{i=1}^{n} z_i^3.$$

Die Beobachtungswerte $x_1, \ldots, x_n$ eines betrachteten Merkmals X werden also z-standardisiert zu $z_1, \ldots, z_n$. Wie weiter oben schon erläutert, ist einerseits der Mittelwert der standardisierten Verteilung $\bar{x}_z$ gleich 0, so dass die Werte z_i gerade die (positiven oder negativen) Abweichungen der Werte wiedergeben. Die Abweichungen sind zudem massstabsunabhängig, da $s_z = 1$. Aus diesen standardisierten Abweichungen wird sodann das Mittel der dritten (vorzeichenbewahrenden) Potenz gezogen, was einen für verschiedene Verteilungen vergleichbaren Wert der Schiefe ergibt. Für die Interpretation von γ_1 gilt:

$\gamma_1 = 0$ bei symmetrischen Verteilungen,

$\gamma_1 > 0$ bei rechtsschiefen/linkssteilen Verteilungen (positive Abweichungen überwiegen, $\sum (x_i - \bar{x})^3 > 0$),

$\gamma_1 < 0$ bei linksschiefen/rechtssteilen Verteilungen (negative Abweichungen überwiegen, $\sum (x_i - \bar{x})^3 < 0$).

Momentkoeffizient der Wölbung

Verteilungen mit gleicher Streuung können sich dahingehend unterscheiden, dass sie unterschiedlich gewölbt sind, d. h. die Messwerte können sich – bei gleicher Standardabweichung – mehr im Zentrum und an den Enden der Verteilung konzentrieren (Heaviness of Tails), was zu einer in der Mitte eher spitzen Verteilung führt, oder das Zentrum und die Enden sind vergleichsweise weniger besetzt, was eine eher flache Verteilung impliziert. Ähnlich wie bei der Schiefe lässt sich ein einfaches, standardisiertes Mass formulieren, welches den Grad an Wölbung (Kurtosis) spezifiziert. Das Wölbungsmass γ_2 ist definiert als

$$\gamma_2 = \frac{m_4}{s^4} - 3 \quad \text{mit} \quad m_4 = \frac{1}{n} \sum_{i=1}^{n} (x_i - \bar{x})^4$$

beziehungsweise

$$\gamma_2 = \frac{1}{n} \sum_{i=1}^{n} \left(\frac{x_i - \bar{x}}{s} \right)^4 - 3 = \frac{1}{n} \sum_{i=1}^{n} z_i^4 - 3.$$

Zur Berechnung des Wölbungsmasses wird die vierte Potenz von $x_i - \bar{x}$ verwendet (viertes Zentralmoment), da so grosse Abweichungen übermässig gewichtet werden (im Vergleich zur Varianz), also der Term $\sum (x_i - \bar{x})^4$ bei stärker gewölbten Verteilungen grösser wird (wegen stärkerer Besetzung der entfernten »tails«). Als Referenzverteilung wird bei dem Mass die Normalverteilung (siehe unten) verwendet,

Beispiel 3.20:   Schiefe und Wölbung

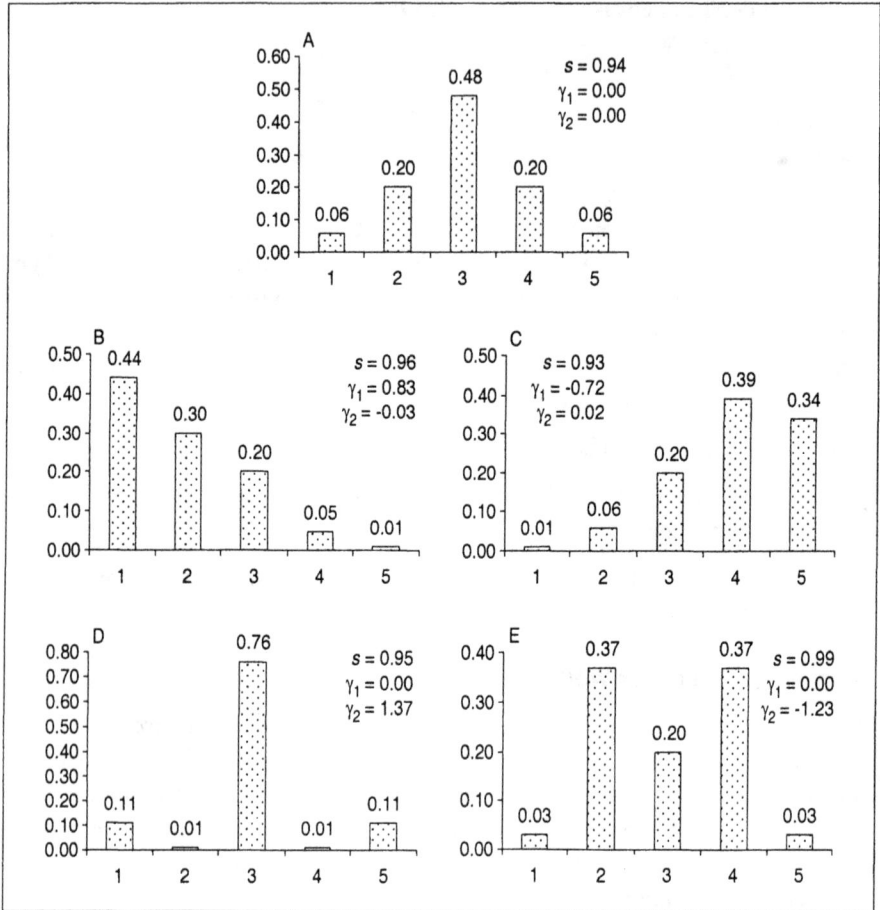

d. h. γ_2 ist so normiert, dass es für normalverteilte Merkmale den Wert null annimmt (bei Normalverteilung ist $m_4/s^4 = 3$). Es gilt also:

$\gamma_2 = 0$ bei Normalverteilung,

$\gamma_2 > 0$ bei spitzen (d. h. stärker gewölbten) Verteilungen und

$\gamma_2 < 0$ bei flachen (d. h. schwächer gewölbten) Verteilungen.

Beispiel 3.20 zeigt unterschiedlich schiefe und gewölbte Verteilungen. Für weitere und modifizierte Masse der Schiefe und Wölbung siehe Rinne (1997: 57ff.).

3.2.4   Relative Konzentrationsmasse

Für wirtschafts- und sozialwissenschaftliche Fragestellungen ist manchmal die Analyse der Verteilung der Merkmalssumme auf die einzelnen Merkmalsträger von Be-

Beispiel 3.21: Lohnspreizung bei Angestellten und Selbständigen (Monatsnettoeinkommen, SAMS98)

	Gesamt	Angestellte	Sebständige	
n	1987	1763	224	$DR_G = 7500/1232 = 6.09$
$x_{0.1}$	1232	1236	1200	$DR_A = 7200/1236 = 5.83$
$x_{0.5} = \tilde{x}$	4200	4200	4692	$DR_S = 10000/1200 = 8.33$
$x_{0.9}$	7500	7200	10000	

Unter Selbständigen herrscht gemäss den berechneten Dezilverhältnissen eine grössere Einkommensungleichheit als unter abhängig Beschäftigten.

deutung (Verteilungsungleichheit).[10] Es wird zum Beispiel zu ermitteln versucht, wie stark sich ein Markt über die verschiedenen Anbieter aufteilt (Marktkonzentration: Konkurrenz oder Monopol), oder wie stark sich das Einkommen und die Kapitalgüter einer Gesellschaft auf eine kleine Oberschicht konzentrieren (Einkommenskonzentration). Konzentrationsmasse sind in den Sozialwissenschaften insbesondere für die Ungleichheitsforschung von grosser Bedeutung.

Dezilverhältnis/Verteilungsspreizung

Als eines der einfachsten Ungleichheitsmasse kann das Dezilverhältnis (Dezil-Ratio) betrachtet werden. Es wird dabei normalerweise das Verhältnis zwischen dem ersten und neunten Dezil einer Verteilung berechnet (vgl. Beispiel 3.21), also

$$DR = \frac{D_9}{D_1} = \frac{x_{0.9}}{x_{0.1}}.$$

Auch die Verhältnisse zwischen anderen Dezilen können zur Beschreibung der Verteilungsungleichheit verwendet werden (z.B. $D_1/D_5, D_9/D_5$).

Lorenzkurve

Die bekannteste Methode, um Verteilungsungleichheit darzustellen, ist die Lorenzkurve. Gegeben eine geordnete Urliste $x_{(1)} \leq \ldots \leq x_{(n)}$ wird für jede Beobachtung der kumulierte Anteil an der Summe der Merkmalsträger

$$F_{(i)} = \frac{i}{n}$$

und die relative kumulierte Merkmalsumme

$$\varsigma_{(i)} = \frac{\sum_{j=1}^{i} x_{(j)}}{\sum_{j=1}^{n} x_j} = \frac{\text{Merkmalsumme bis und mit } x_{(i)}}{\text{Gesamtmerkmalsumme}}$$

---

[10]Man beachte den Unterschied zu den Streuungsmassen, die die Verteilung der Merkmalsträger auf die Merkmalsausprägungen messen.

Beispiel 3.22: Lorenzkurve der Vermögensverteilung in zwei Gruppen

		G1		G2	
(i)	$F_{(i)}$	$x_{(i)}$	$\varsigma_{(i)}$	$x_{(i)}$	$\varsigma_{(i)}$
1	0.2	60	0.12	50	0.1
2	0.4	80	0.28	50	0.2
3	0.6	100	0.48	50	0.3
4	0.8	120	0.72	50	0.4
5	1.0	140	1.00	300	1.0
$\sum x_i$		500		500	

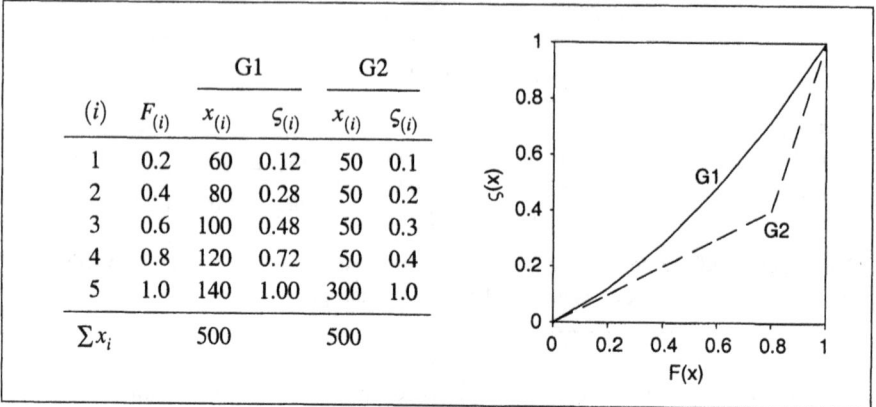

berechnet. Die Lorenzkurve ist dann definiert als der Streckenzug durch die Punkte

$$(0,0),(F_{(1)},\varsigma_{(1)}),\dots,(F_{(n)},\varsigma_{(n)})=(1,1).$$

Es wird also eine Kurve in einem Koordinatensystem abgetragen, wobei die Abszisse dem Anteil Merkmalsträger und die Ordinate der relativen kumulierten Merkmalssumme entspricht (vgl. Beispiel 3.22 und 3.23). Bei Gleichverteilung der Merkmalssumme auf die Merkmalsträger (jedem Merkmalsträger kommt der gleiche Anteil der Merkmalssumme zu) entspricht die Lorenzkurve der Diagonale durch die Punkte $(0,0)$ und $(1,1)$. Je ungleicher die Verteilung (vermehrte Konzentration der Merkmalssumme auf einen Teil der Merkmalsträger), desto stärker weicht die Lorenzkurve nach unten von der Diagonale ab (bzw. desto grösser wird die Fläche zwischen der Diagonale und der Lorenzkurve).

Gini-Koeffizient

Der Gini-Koeffizient drückt die Gegebenheiten, die durch die Lorenzkurve dargestellt werden, nummerisch aus, und zwar indem die Fläche zwischen der Diagonale und der Lorenzkurve ins Verhältnis zur Gesamtfläche zwischen der Diagonale und der Abszisse gesetzt wird, also

$$G = \frac{\text{Fläche zwischen Diagonale und Lorenzkurve}}{\text{Fläche zwischen Diagonale und Abszisse}}$$

$$= 2 \cdot \text{Fläche zwischen Diagonale und Lorenzkurve.}$$

Je weiter die Lorenzkurve von der Diagonale entfernt ist, desto grösser die Verteilungsungleichheit und desto grösser der Gini-Koeffizient. Bei Vorliegen einer geordneten Urliste $x_{(1)} \le \dots \le x_{(n)}$ kann der Gini-Koeffizient wie folgt berechnet werden (vgl. Beispiel 3.24):

$$G = \frac{2\sum_{i=1}^{n} i x_{(i)}}{n\sum_{i=1}^{n} x_i} - \frac{n+1}{n}.$$

Beispiel 3.23: Lorenzkurven der Monatseinkommen von Arbeitnehmern und Selbständigen (SAMS98) sowie der Stundenlöhne von Erwerbstätigen in der Schweiz und den USA (nur Dienstleistungsberufe; SAKE99 und CPS99)

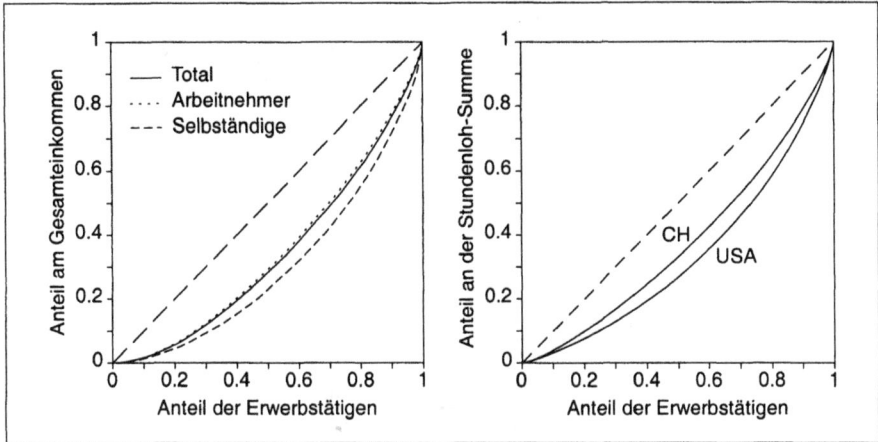

Der Koeffizient liegt im Wertebereich $G_{min} = 0$ bei Nullkonzentration und $G_{max} = \frac{n-1}{n}$ bei maximaler Konzentration. Im ersten Fall ist die Merkmalssumme über alle Merkmalsträger gleich verteilt ($x_1 = \ldots = x_n$), im zweiten konzentriert sich die gesamte Merkmalssumme auf einen einzigen Merkmalsträger ($x_1 = \ldots = x_{n-1} = 0, x_n > 0$).

Da der Maximalwert des Gini-Koeffizienten von der Fallzahl abhängig ist, wird die folgende Normierung vorgeschlagen (normierter Gini-Koeffizient):

$$G^* = \frac{G}{G_{max}} = \frac{n}{n-1} G \quad \text{mit } G^* \in [0, 1].$$

Die Normierung fällt allerdings nur bei kleinen Fallzahlen ins Gewicht. Eine direkte Berechnung des normierten Gini-Koeffizienten kann alternativ auch über das Dispersionsmass *MAD* (mittlere absolute Differenzen) erfolgen:

$$G^* = \frac{MAD}{2\bar{x}} = \frac{\frac{2}{n(n-1)} \sum_{i=1}^{n-1} \sum_{j=i+1}^{n} |x_i - x_j|}{2\bar{x}}$$

Da der Gini-Koeffizient keine Aussage darüber trifft, in welchem Abschnitt einer Verteilung Ungleichheiten hauptsächlich auftreten, können unterschiedliche, sich schneidende Lorenzkurven zum gleichen Gini-Koeffizienten führen. Gini-Koeffizienten sollten also nur dann direkt verglichen werden, wenn sich die zugehörigen Lorenzkurven nicht schneiden. Bevor also aufgrund von Gini-Koeffizienten z. B. ausgesagt wird, eine Verteilung *A* sei von grösserer Ungleichheit geprägt als eine Verteilung *B*, sollten die Lorenzkurven der Verteilungen betrachtet werden.

Beispiel 3.24: Berechnung des Gini-Koeffizienten

▷ Vermögensverteilung in zwei Gruppen (Daten aus Beisiel 3.22):

$$G_1 = \frac{2 \cdot (1 \cdot 60 + 2 \cdot 80 + \cdots + 5 \cdot 140)}{5 \cdot 500} - \frac{5+1}{5} = \frac{2 \cdot 1700}{2500} - \frac{6}{5} = 0.16$$

$$G_2 = \frac{2 \cdot (1 \cdot 50 + 2 \cdot 50 + \cdots + 5 \cdot 300)}{5 \cdot 500} - \frac{5+1}{5} = \frac{2 \cdot 2000}{2500} - \frac{6}{5} = 0.40$$

$$G_1^* = \frac{5}{5-1} \cdot 0.16 = 0.20$$

$$G_2^* = \frac{5}{5-1} \cdot 0.40 = 0.50$$

▷ Einkommen von Angestellten und Selbständigen (vgl. Beispiel 3.21 und die linke Abbildung in Beispiel 3.23):

	$\sum x_i$	$\sum i x_{(i)}$	n	G
Gesamt	9056059	$1.19 \cdot 10^{10}$	1987	0.333
Angestellte	7839769	$9.03 \cdot 10^{9}$	1763	0.306
Selbständige	1216290	$1.92 \cdot 10^{8}$	224	0.405

▷ Stundenlöhne von Erwerbstätigen in der Schweiz und den USA (SAKE99, CPS99): Die den Lorenzkurven der rechten Abbildung in Beispiel 3.23 entsprechenden Gini-Koeffizienten sind 0.250 für die Schweiz und 0.337 für die USA.

Für eine Vielzahl weiterer Ungleichheits- und Konzentrationsmasse siehe z. B. Allison (1978), Blümle (1975), Coulter (1989), Cowell (2000), Engelhardt (2000), Hartmann (1985), Polasek (1994), Rinne (1997), Sen (1997) und Wagschal (1999).

Kapitel 4

Bivariate Datenanalyse

Die Beantwortung sozialwissenschaftlicher Fragestellungen kann normalerweise nicht nur durch univariate Analysen wie etwa die Berechnung von Lage- und Streuungsmassen erfolgen. Zumeist steht die Untersuchung von *Beziehungen* bzw. *Zusammenhängen* zwischen verschiedenen Merkmalen im Vordergrund. Um gesellschaftliche Zusammenhänge und Wirkungsweisen zu analysieren, ist die simultane Betrachtung von verschiedenen Merkmalen notwendig (so interessiert bei einer Einkommensverteilung nicht nur diese an sich, sondern deren Beziehung etwa zum Geschlecht oder zur Ausbildung). In den folgenden Kapiteln wird vor allem die *zweidimensionale* Analyse beschrieben, also die gleichzeitige Betrachtung von zwei Merkmalen (bivariate Statistik). Verfahren, die mehr als zwei Variablen berücksichtigen, können hier nur am Rande behandelt werden.

Wie auch bei den univariaten Kennzahlen hat die Datenqualität (das Skalenniveau) einen entscheidenden Einfluss auf die Anwendbarkeit von verschiedenen bivariaten Masszahlen. In den nächsten Abschnitten werden zuerst einige Methoden und Masszahlen besprochen, die für beliebiges Skalenniveau verwendet werden können (Kontingenztabellen und Zusammenhangsanalyse in Kontingenztabellen) und das Konzept der statistischen Beziehung bzw. Assoziation auf einfachste Weise verdeutlichen. Mit den Methoden zur Beschreibung von Zusammenhängen für kategoriale Merkmale können zwar auch gehaltreiche Aussagen über ordinal-, intervall- oder ratioskalierte Variablen getroffen werden. Da aber normalerweise versucht werden sollte, das Skalenniveau der Daten – also die enthaltene Information – bestmöglich auszuschöpfen, werden zusätzlich angemessenere Kennzahlen besprochen.

Bei der bivariaten Analyse von Beziehungen stehen im Vordergrund:

▷ die Existenz und gegebenenfalls die Stärke eines Zusammenhangs,

▷ die Richtung eines Zusammenhangs (bei mindestens ordinalskalierten Daten),

▷ Überlegungen zur Kausalität eines Zusammenhangs,

▷ die Signifikanz eines Zusammenhangs (Hypothesen über die Existenz eines Zusammenhangs in der Grundgesamtheit).

4.1 Kontingenztabellen

Die einfachste Methode, um den Zusammenhang zwischen zwei Merkmalen zu ermitteln, ist die Erstellung einer Kontingenz- bzw. Kreuztabelle (Crosstab). Es han-

Beispiel 4.1: Kontingenztabellen mit absoluten Häufigkeiten (SAMS98)

▷ Erwerbstätigkeit von Frauen und Männern

| | Geschlecht | | |
Erwerbsstatus	weiblich	männlich	Total
Vollzeit	466	1087	1553
Teilzeit	552	100	652
nicht erwerbstätig	592	231	823
Total	1610	1418	3028

▷ Klassiertes Bildungsniveau und klassiertes persönliches Einkommen

| | Bildung | | | |
Einkommen	tief	mittel	hoch	Total
tief	262	496	160	918
mittel	125	837	361	1323
hoch	8	149	268	425
Total	395	1482	789	2666

delt sich dabei um nicht viel mehr als eine kreuzweise Abtragung von zwei Häufigkeitsverteilungen. Eine Kontingenztabelle entspricht also einer *zweidimensionalen Häufigkeitstabelle* und enthält die Häufigkeiten der verschiedenen Kombinationen von Ausprägungen zweier Variablen (vgl. Beispiel 4.1).

Kreuztabellen stellen keine speziellen Anforderungen an das Skalenniveau der abgebildeten Variablen. Sie können also ähnlich wie eindimensionale Häufigkeitstabellen für nominalskalierte (kategoriale) und – wenn auch i. d. R. mit Informationsverlust – für höher skalierte Merkmale verwendet werden. Beachtet werden sollte jedoch, dass die Kreuztabellierung von Merkmalen mit vielen Ausprägungen schnell zu unübersichtlichen Tabellen führt (so besitzt etwa eine Kontingenztabelle von zwei Merkmalen mit je fünf Ausprägungen schon $5 \times 5 = 25$ Felder). Merkmale mit vielen Ausprägungen werden deshalb – wenn sie in Kontingenztabellen dargestellt werden sollen – klassiert (so würde eine Variable »Einkommen« z. B. auf die drei Ausprägungen »tief«, »mittel« und »hoch« reduziert; vgl. Beispiel 4.1). Dieses Verfahren geht jedoch immer mit einem mehr oder weniger grossen *Informationsverlust* einher.

Kontingenztabellen mit absoluten Häufigkeiten

Gegeben sind zwei Merkmale X und Y mit den Ausprägungen a_i, $i = 1, \ldots, k$, für X und b_j, $j = 1, \ldots, m$, für Y. Für jede Untersuchungseinheit liegt eine Messung (x_i, y_i) der beiden Variablen vor.

Die Häufigkeiten

$$h_{ij} = h(a_i, b_j), \quad i = 1, \ldots, k, \quad j = 1, \ldots, m,$$

geben an, wie oft die verschiedenen Ausprägungs-Kombinationen (a_i, b_j) auftreten, und können in einer $(k \times m)$-Matrix abgetragen werden. Zusätzlich werden normalerweise die Zeilensummen (Randhäufigkeiten von X) und die Spaltensummen (Randhäufigkeiten von Y), also

$$h_{i\cdot} = h_{i1} + \ldots + h_{im} = \sum_{j=1}^{m} h_{ij} \quad \text{und} \quad h_{\cdot j} = h_{1j} + \ldots + h_{kj} = \sum_{i=1}^{k} h_{ij}$$

eingetragen. Die allgemeine Form einer $(k \times m)$-Kontingenztabelle der absoluten Häufigkeiten der Variablen X und Y ergibt sich somit als:

		b_1	$\ldots$	b_j	$\ldots$	b_m	
	a_1	h_{11}	$\ldots$	h_{1j}	$\ldots$	h_{1m}	$h_{1\cdot}$
	$\vdots$	$\vdots$	$\vdots$	$\vdots$	$\vdots$	$\vdots$	$\vdots$
X	a_i	h_{i1}	$\ldots$	h_{ij}	$\ldots$	h_{im}	$h_{i\cdot}$
	$\vdots$	$\vdots$	$\vdots$	$\vdots$	$\vdots$	$\vdots$	$\vdots$
	a_k	h_{k1}	$\ldots$	h_{kj}	$\ldots$	h_{km}	$h_{k\cdot}$
		$h_{\cdot 1}$	$\ldots$	$h_{\cdot j}$	$\ldots$	$h_{\cdot m}$	n

(Y über den Spalten $b_1 \ldots b_m$)

Kontingenztabellen mit relativen Häufigkeiten

Wie man in Beispiel 4.1 erkennen kann, ist die Tabellierung von absoluten Häufigkeiten nicht sehr anschaulich. Anstatt der absoluten werden deshalb oft die *relativen* Häufigkeiten, die sich durch Teilung durch die Fallzahl n ergeben, in die Tabelle eingetragen. Die allgemeine Form einer $(k \times m)$-Kontingenztabelle der relativen Häufigkeiten der Merkmale X und Y ist gegeben als

		b_1	$\ldots$	b_j	$\ldots$	b_m	
	a_1	f_{11}	$\ldots$	f_{1j}	$\ldots$	f_{1m}	$f_{1\cdot}$
	$\vdots$	$\vdots$	$\vdots$	$\vdots$	$\vdots$	$\vdots$	$\vdots$
X	a_i	f_{i1}	$\ldots$	f_{ij}	$\ldots$	f_{im}	$f_{i\cdot}$
	$\vdots$	$\vdots$	$\vdots$	$\vdots$	$\vdots$	$\vdots$	$\vdots$
	a_k	f_{k1}	$\ldots$	f_{kj}	$\ldots$	f_{km}	$f_{k\cdot}$
		$f_{\cdot 1}$	$\ldots$	$f_{\cdot j}$	$\ldots$	$f_{\cdot m}$	1

(Y über den Spalten $b_1 \ldots b_m$)

mit $f_{ij} = h_{ij}/n$ als der relativen Häufigkeit von (a_i, b_j), $f_{i\cdot} = \sum_j f_{ij} = h_{i\cdot}/n$ als der relativen Randhäufigkeit von a_i und $f_{\cdot j} = \sum_i f_{ij} = h_{\cdot j}/n$ als der relativen Randhäufigkeit von b_j.

Kontingenztabellen mit bedingten Häufigkeiten

Bei den Kontingenztabellen mit absoluten oder relativen Häufigkeiten lässt sich zwar erkennen, ob Unregelmässigkeiten in den Feldbesetzungen vorkommen oder nicht, auf einen Zusammenhang kann aber nicht unmittelbar geschlossen werden. Abhilfe kann da die Betrachtung der *bedingten* Häufigkeiten schaffen (sog. *Zeilen-* und *Spaltenprozente*), also den Häufigkeiten relativ zur jeweiligen Spalten- bzw. Zeilensumme. Es wird dabei die Verteilung innerhalb einer bestimmten Spalte (bzw. Zeile) – also innerhalb einer Teilpopulation, für die gilt: $X = a_i$ (bzw. $Y = b_j$) – berechnet und mit den Verteilungen in den anderen Spalten mit $X \neq a_i$ (bzw. Zeilen mit $Y \neq b_j$) verglichen.

▷ Zeilenprozente

Bei Festsetzung von $X = a_i$ lautet die bedingte Häufigkeit der Kombination (a_i, b_j)

$$f_Y(b_j|a_i) = f_{j|i} = \frac{h_{ij}}{h_{i\cdot}},$$

die Häufigkeiten der Zellen werden also durch die jeweilige Zeilen-Randsumme dividiert.

▷ Spaltenprozente

Analog wird zur Berechnung der bedingten Häufigkeit von (a_i, b_j) für $Y = b_j$ durch die Spalten-Randsumme geteilt, also

$$f_X(a_i|b_j) = f_{i|j} = \frac{h_{ij}}{h_{\cdot j}}.$$

Die allgemeine Form einer $(k \times m)$-Kontingenztabelle mit Zeilenprozenten bzw. Spaltenprozenten ist dann gegeben als

		Y								Y			
		b_1	$\dots$	b_j	$\dots$	b_m			b_1	$\dots$	b_j	$\dots$	b_m
	a_1	$f_{1\|1}$	$\dots$	$f_{j\|1}$	$\dots$	$f_{m\|1}$	1	a_1	$f_{1\|1}$	$\dots$	$f_{1\|j}$	$\dots$	$f_{1\|m}$	$f_{1\cdot}$
	$\vdots$	$\vdots$		$\vdots$		$\vdots$	$\vdots$	$\vdots$	$\vdots$		$\vdots$		$\vdots$	$\vdots$
X	a_i	$f_{1\|i}$	$\dots$	$f_{j\|i}$	$\dots$	$f_{m\|i}$	1	a_i	$f_{i\|1}$	$\dots$	$f_{i\|j}$	$\dots$	$f_{i\|m}$	$f_{i\cdot}$
	$\vdots$	$\vdots$		$\vdots$		$\vdots$	$\vdots$	$\vdots$	$\vdots$		$\vdots$		$\vdots$	$\vdots$
	a_k	$f_{1\|k}$	$\dots$	$f_{j\|k}$	$\dots$	$f_{m\|k}$	1	a_k	$f_{k\|1}$	$\dots$	$f_{k\|j}$	$\dots$	$f_{k\|m}$	$f_{k\cdot}$
		$f_{\cdot 1}$	$\dots$	$f_{\cdot j}$	$\dots$	$f_{\cdot m}$	1	1	$\dots$	1	$\dots$	1	1

bzw.

Beispiel 4.2 zeigt Kontingenztabellen mit relativen und bedingten Häufigkeiten.

Beispiel 4.2: Kontingenztabellen mit relativen und bedingten Häufigkeiten (SAMS98)

▷ Relative Häufigkeiten

	Geschlecht		
Erwerbsstatus	weiblich	männlich	Total
Vollzeit	.154	.359	.513
Teilzeit	.182	.033	.215
nicht erwerbstätig	.196	.076	.272
Total	.532	.468	1.000

▷ Bedingte Häufigkeiten von Y (Zeilenprozente)

	Geschlecht		
Erwerbsstatus	weiblich	männlich	Total
Vollzeit	.300	.700	1.000
Teilzeit	.847	.153	1.000
nicht erwerbstätig	.719	.281	1.000
Total	.532	.468	1.000

Es werden Aussagen getroffen wie: »Die vollzeiterwerbstätigen Personen sind zu 70% männlichen Geschlechts (gegenüber 30% weiblich), während sich unter den Nichterwerbstätigen mehr als 70% Frauen befinden (gegenüber knapp 30% Männern). Die Geschlechterverhältnisse zwischen Vollzeit- und Nichterwerbstätigen sind also gerade entgegengesetzt.«
Oder: »Frauen sind mit einem Anteil von 85% unter den Teilzeiterwerbstätigen stark übervertreten im Verhältnis zum Frauengesamtanteil von 53%.«

▷ Bedingte Häufigkeiten von X (Spaltenprozente)

	Geschlecht		
Erwerbsstatus	weiblich	männlich	Total
Vollzeit	.289	.767	.513
Teilzeit	.343	.071	.215
nicht erwerbstätig	.368	.163	.272
Total	1.000	1.000	1.000

Es werden Aussagen getroffen wie: »Von den Frauen sind nur 29% vollzeiterwerbstätig, während mehr als 75% der Männer einer Vollzeitbeschäftigung nachgehen.«

Beispiel 4.3:   Konstruktion von Kontingenztabellen unter Berücksichtigung der Kausalitätsbeziehung (SAMS98)

Einkommen	Bildung tief	mittel	hoch	Total
tief	262	496	160	918
	.663	.335	.203	.344
mittel	125	837	361	1323
	.316	.565	.458	.496
hoch	8	149	268	425
	.020	.101	.340	.159
Total	395	1482	789	2666
	1.000	1.000	1.000	1.000

Konstruktionsregeln für Kontingenztabellen

Wenn (theoretisch begründete) Vorstellungen über die Ursache-Wirkungs-Beziehung (Kausalitätsverhältnis) zweier Variablen bestehen, dann folgt man bei der Aufstellung einer Kontingenztabelle üblicherweise den folgenden Regeln:

▷ Die unabhängige Variable steht in den Spalten, die abhängige in den Zeilen.

▷ Aufgeführt werden die absoluten Häufigkeiten und die Spaltenprozente (inkl. Randsummen).

▷ Durch Vergleich der Prozentsätze in den Zeilen kann ermittelt werden, ob die unabhängige Variable einen Effekt auf die abhängige Variable hat.

Man betrachte Beispiel 4.3, das den Einfluss des Bildungsniveaus auf die Einkommensklasse darstellt. Es können z. B. Aussagen in der folgenden Art getroffen werden:»Tiefer gebildete Personen haben nur gerade in 2% der Fälle ein hohes Einkommen. Bei den höher gebildeten Befragten sind es dagegen 34%.« An dem Beispiel wird überdies klar, dass Zusammenhänge gerichtet sein können. Es lässt sich ganz klar ein positiv gerichteter Zusammenhang zwischen Bildung und Einkommen erkennen, d. h. Befragte mit höherer Bildung befinden sich tendenziell auch in einer höheren Einkommensklasse und umgekehrt.

Grafische Darstellung der Ergebnisse einer Kontingenztabelle

Die Daten einer Kontingenztabelle lassen sich auch grafisch darstellen, etwa als gestapelte Säulendiagramme (bzw. gruppierte Streifendiagramme) der bedingten Häufigkeiten (vgl. Beispiel 4.4). Weitere Ansätze zur grafischen Interpretation einer Kontingenztabelle bietet zum Beispiel die Korrespondenzanalyse (Blasius 2001).

Beispiel 4.4: Grafische Darstellung einer Kontingenztabelle (SAMS98)

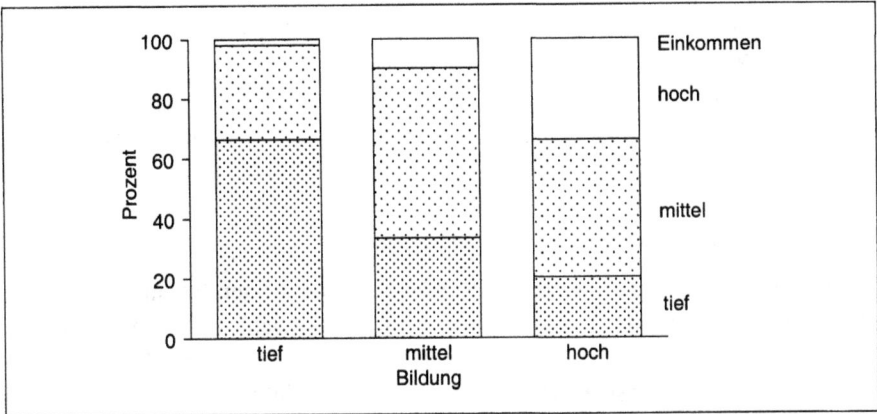

Beispiel 4.5: Statistische Unabhängigkeit in Kontingenztabellen (SAMS98)

Gegeben sind die folgenden Randhäufigkeiten der Merkmale Computerverwendung am Arbeitsplatz und Geschlecht:

	Geschlecht		
PC am Arbeitsplatz	männlich	weiblich	
ja	?	?	1363
nein	?	?	840
	1187	1016	2203

Die beiden Variablen sind genau dann statistisch unabhängig, wenn die folgenden bedingten Häufigkeiten (Zeilen- bzw. Spaltenprozente) vorliegen:

Zeilenprozente:

.539	.461	1.000
.539	.461	1.000
.539	.461	1.000

Spaltenprozente:

.619	.619	.619
.381	.381	.381
1.000	1.000	1.000

Statistische Unabhängigkeit besteht also dann, wenn der Anteil ComputernutzerInnen für beide Geschlechter gleich ist bzw. unter ComputernutzerInnen und Nicht-ComputernutzerInnen das gleiche Geschlechterverhältnis herrscht.

Beispiel 4.6:   Abweichungen von der statistischen Unabhängigkeit (Zeilenprozente)

	Y			Y			Y			Y	
X	.60	.40	X	.60	.40	X	.80	.20	X	1.00	.00
	.60	.40		.40	.60		.20	.80		.00	1.00
	unabhängig			$\leftrightarrow$			$\leftrightarrow$			perfekter Zusammenhang	

Das Konzept der statistischen Unabhängigkeit

Zwei Merkmale sind als statistisch unabhängig zu betrachten, wenn die bedingte Häufigkeitsverteilung von Y gegeben $X = a_i$ für alle i gleich ist. Das heisst, in jeder Zeile der Tabelle (also für alle Ausprägungen von X) findet sich die gleiche bedingte Verteilung für Y. Diese entspricht der relativen Häufigkeitsverteilung von Y bei univariater Betrachtung.

Es folgt: Bei statistischer Unabhängigkeit entspricht die Verteilung $Y|X = a_i$ für alle i der Randverteilung von Y. Aus Symmetriegründen kann die Unabhängigkeit analog auch aus Sicht der Spalten definiert werden: Die Verteilung $X|Y = b_j$ ist bei statistischer Unabhängigkeit für alle j gleich der Randverteilung von X. Die Beispiele 4.5 und 4.6 illustrieren das Konzept der statistischen Unabhängigkeit.

4.2   Zusammenhangsmasse für nominale Daten

Die in Kontingenztabellen enthaltene Information kann formalisiert und zu Masszahlen weiter verarbeitet werden. Diese sollen den Grad einer allfälligen Beziehung zwischen den beiden betrachteten Variablen in einer Zahl ausdrücken (Zusammenhangsmasse werden oft als Koeffizienten bezeichnet).

4.2.1   Prozentsatzdifferenz und Odds-Ratio

Liegt eine Vier-Felder-Tabelle bzw. eine (2×2)-Kontingenztabelle vor (beide Merkmale haben je zwei Ausprägungen), dann lässt sich die Differenz zwischen den bedingten Häufigkeiten als einfachstes Mass für die Abweichung von der statistischen Unabhängigkeit angeben. Diese Differenz der Subgruppenhäufigkeiten wird als *Prozentsatzdifferenz d%* bezeichnet. Aus einer (2×2)-Kontingenztabelle

$$
\begin{array}{ccc}
 & \quad Y & \\
 & b_1 \quad b_2 & \\
X \begin{array}{c} a_1 \\ a_2 \end{array} & \boxed{\begin{array}{cc} h_{11} & h_{12} \\ h_{21} & h_{22} \end{array}} & \begin{array}{c} h_{1\cdot} \\ h_{2\cdot} \end{array} \\
 & h_{\cdot 1} \quad h_{\cdot 2} & n
\end{array}
$$

Beispiel 4.7: Interpretation der Prozentsatzdifferenz (Spaltenprozente)

Perfekter (negativer) Zusammenhang	Statistische Unabhängigkeit	Perfekter (positiver) Zusammenhang
$\begin{matrix} 0 & 100 \\ 100 & 0 \end{matrix}$	$\begin{matrix} 20 & 20 \\ 80 & 80 \end{matrix}$	$\begin{matrix} 100 & 0 \\ 0 & 100 \end{matrix}$
$d\% = 0 - 100 = -100$	$d\% = 20 - 20 = 0$	$d\% = 100 - 0 = 100$

berechnet sich die Prozentsatzdifferenz als die Differenz der bedingten Häufigkeiten aus Spaltensichtweise in Prozentpunkten: Die bedingten Häufigkeiten $f_X(a_1|b_1)$ und $f_X(a_1|b_2)$ werden voneinander abgezogen und mit 100 multipliziert, also

$$d\% = \left(\frac{h_{11}}{h_{11}+h_{21}} - \frac{h_{12}}{h_{12}+h_{22}} \right) \cdot 100 = \left(\frac{h_{11}}{h_{.1}} - \frac{h_{12}}{h_{.2}} \right) \cdot 100$$

(es könnte entgegengesetzt auch die Differenz $f_X(a_2|b_2) - f_X(a_2|b_1)$ gebildet werden). Die Prozentsatzdifferenz ist normiert auf -100 bis $+100$ Prozentpunkte (wobei das Vorzeichen von der Anordnung der Kategorien abhängt und erst ab Ordinalskalenniveau eine inhaltliche Bedeutung erhält). Der Wert ±100 entspricht einem perfekten Zusammenhang, bei vollständiger statistischer Unabhängigkeit hingegen nimmt $d\%$ den Wert null an (zur Illustration der Extremwerte siehe Beispiel 4.7, zur Berechnung Beispiel 4.8).

Die Prozentsatzdifferenz kann in dieser Form nur in Vier-Felder-Tabellen angewendet werden und hat überdies die Eigenschaft, dass sie aus Spalten- und Zeilensichtweise unterschiedliche Werte annehmen kann. Das heisst, dass vor ihrer Anwendung das Abhängigkeitsverhältnis zwischen den Variablen geklärt und die Tabelle entsprechend angeordnet werden sollte (die abhängige Variable steht in den Zeilen, die unabhängige in den Spalten).

Odds-Ratio/Kreuzproduktverhältnis

Ebenfalls bei Vorliegen einer (2×2)-Kontingenztabelle lässt sich die Odds-Ratio berechnen. Es werden dazu erst die Odds bzw. die bedingten Chancen berechnet, die definiert sind als das Verhältnis der bedingten Häufigkeiten von $Y = b_1$ und $Y = b_2$ für $X = a_i$:

$$O(b_1, b_2 | X = a_i) = \frac{h_{i1}}{h_{i2}}, \quad i = 1, 2.$$

Die Odds-Ratio (relative Chancen, relative Risiken) ist dann gegeben als das Verhältnis der bedingten Chancen für $X = a_1$ und $X = a_2$, also

$$OR = \frac{O(b_1, b_2 | X = a_1)}{O(b_1, b_2 | X = a_2)} = \frac{h_{11}/h_{12}}{h_{21}/h_{22}} = \frac{h_{11}h_{22}}{h_{12}h_{21}}.$$

Die Odds-Ratio wird auch als das *Kreuzproduktverhältnis* bezeichnet, was durch die Umformung $OR = (h_{11}h_{22})/(h_{12}h_{21})$ nahegelegt wird. Es wird also das Produkt der beiden Häufigkeiten der Felder in der Hauptdiagonale (h_{11}, h_{22}) ins Verhältnis zum Produkt der Häufigkeiten in der Nebendiagonale (h_{12}, h_{21}) gesetzt. Es gilt:

$OR = 1$,   falls die bedingten Chancen gleich sind,

$OR > 1$,   falls die bedingten Chancen für $X = a_1$ grösser sind als für $X = a_2$ bzw. die Hauptdiagonale (h_{11}, h_{22}) stärker besetzt ist als die Nebendiagonale (h_{12}, h_{21}), und

$OR < 1$,   falls die bedingten Chancen für $X = a_1$ kleiner sind als für $X = a_2$ bzw. die Nebendiagonale (h_{12}, h_{21}) stärker besetzt ist als die Hauptdiagonale (h_{11}, h_{22}).

Beispiel 4.8 illustriert die Berechnung der Odds-Ratio.

4.2.2 Der Chi²-Koeffizient

Ein weit verbreitetes Mass, um Zusammenhänge in Kontingenztabellen zu beschreiben, ist der χ^2-Koeffizient. Die Konstruktion des χ^2-Koeffizienten folgt der Idee, einen Vergleich zu ziehen zwischen (a) den *empirisch beobachteten* Häufigkeiten in einer Kreuztabelle und (b) den *bei statistischer Unabhängigkeit zu erwartenden* Häufigkeiten. Es wird also ermittelt, wie die Häufigkeiten in der Tabelle verteilt wären, wenn keinerlei Zusammenhang zwischen den beiden betrachteten Merkmalen bestünde, und das Ergebnis mit der tatsächlichen Situation verglichen.

Erwartete Häufigkeiten

Die bei Unabhängigkeit erwartete Häufigkeit $\tilde{h}_{ij}$ für die Kombination (a_i, b_j) kann berechnet werden als die relative Randhäufigkeit von a_i multipliziert mit der absoluten Randhäufigkeit von b_j (oder umgekehrt):

$$\tilde{h}_{ij} = \frac{h_{i\cdot}}{n} \cdot h_{\cdot j} = f_{i\cdot}h_{\cdot j} = h_{i\cdot} \cdot \frac{h_{\cdot j}}{n} = h_{i\cdot}f_{\cdot j} = \frac{h_{i\cdot}h_{\cdot j}}{n}.$$

Die erwarteten Häufigkeiten entsprechen also – in Übereinstimmung mit dem Konzept der statistischen Unabhängigkeit (siehe oben) – den Häufigkeiten, die sich bei Gleichheit der Rand- und bedingten Verteilung einstellen würden. Beispiel 4.9 veranschaulicht die Berechnung der erwarteten Häufigkeiten.

Berechnung des Chi²-Koeffizienten

Besteht ein Zusammenhang zwischen den Merkmalen X und Y, dann sollten die beobachteten Häufigkeiten h_{ij} von den bei Unabhängigkeit erwarteten Häufigkeiten $\tilde{h}_{ij}$ abweichen. Der χ^2-Koeffizient misst die Grösse dieser Diskrepanzen und

Beispiel 4.8: Berechnung von Prozentsatzdifferenz und Odds-Ratio (SAMS98)

	Geschlecht		
PC am Arbeitsplatz	männlich	weiblich	Total
ja	793	570	1363
nein	394	446	840
Total	1187	1016	2203

▷ Prozentsatzdifferenz:

$$d\% = \left(\frac{793}{793+394} - \frac{570}{570+446} \right) \cdot 100 = (0.668 - 0.561) \cdot 100 = 10.7$$

Die Prozentsatzdifferenz zwischen dem Anteil Männer, die einen Computer verwenden, und dem entsprechenden Anteil Frauen beträgt 10.7 Prozentpunkte.

▷ Odds-Ratio (Kreuzproduktverhältnis):

$$O(b_1,b_2|X=a_1) = \frac{793}{570} = 1.391 \qquad O(b_1,b_2|X=a_2) = \frac{394}{446} = 0.883$$

$$OR = \frac{1.391}{0.883} = \frac{793/570}{394/446} = \frac{793 \cdot 446}{394 \cdot 570} = 1.575$$

Die Felder in der Hauptdiagonale (männlich/Computer, weiblich/kein Computer) sind stärker besetzt als die Felder der Nebendiagonale (männlich/kein Computer, weiblich/Computer).

Beispiel 4.9: Erwartete Häufigkeiten und Chi²-Koeffizient (SAMS98)

	Geschlecht		
PC am Arbeitsplatz	männlich	weiblich	Total
ja	793	570	1363
nein	394	446	840
Total	1187	1016	2203

▷ Bei Unabhängigkeit erwartete Häufigkeiten:

$$\tilde{h}_{11} = \frac{1363 \cdot 1187}{2203} = 734.4 \qquad \tilde{h}_{12} = \frac{1363 \cdot 1016}{2203} = 628.6$$

$$\tilde{h}_{21} = \frac{840 \cdot 1187}{2203} = 452.6 \qquad \tilde{h}_{22} = \frac{840 \cdot 1016}{2203} = 387.4$$

▷ Berechnung des χ^2-Koeffizienten:

$$\chi^2 = \frac{(793-734.4)^2}{734.4} + \frac{(570-628.6)^2}{628.6} + \frac{(394-452.6)^2}{452.6} + \frac{(446-387.4)^2}{387.4} = 26.6$$

Beispiel 4.10: Berechnung des Chi²-Koeffizienten (SAMS98)

> ▷ Aus einer (3×2)-Tabelle:

	Geschlecht		
Erwerbsstatus	weiblich	männlich	Total
Vollzeit	466	1087	1553
Teilzeit	552	100	652
nicht erwerbstätig	592	231	823
Total	1610	1418	3028

$$\chi^2 = \frac{(466 - \frac{1553 \cdot 1610}{3028})^2}{\frac{1553 \cdot 1610}{3028}} + \frac{(1087 - \frac{1553 \cdot 1418}{3028})^2}{\frac{1553 \cdot 1418}{3028}} + \frac{(552 - \frac{652 \cdot 1610}{3028})^2}{\frac{652 \cdot 1610}{3028}}$$

$$+ \frac{(100 - \frac{652 \cdot 1418}{3028})^2}{\frac{652 \cdot 1418}{3028}} + \frac{(592 - \frac{823 \cdot 1610}{3028})^2}{\frac{823 \cdot 1610}{3028}} + \frac{(231 - \frac{823 \cdot 1418}{3028})^2}{\frac{823 \cdot 1418}{3028}} = 710.7$$

> ▷ Aus einer (3×3)-Tabelle:

	Bildung			
Einkommen	tief	mittel	hoch	Total
tief	262	496	160	918
mittel	125	837	361	1323
hoch	8	149	268	425
Total	395	1482	789	2666

$$\chi^2 = \frac{(262 - \frac{918 \cdot 395}{2666})^2}{\frac{918 \cdot 395}{2666}} + \frac{(496 - \frac{918 \cdot 1482}{2666})^2}{\frac{918 \cdot 1482}{2666}} + \frac{(160 - \frac{918 \cdot 789}{2666})^2}{\frac{918 \cdot 789}{2666}}$$

$$+ \frac{(125 - \frac{1323 \cdot 395}{2666})^2}{\frac{1323 \cdot 395}{2666}} + \frac{(837 - \frac{1323 \cdot 1482}{2666})^2}{\frac{1323 \cdot 1482}{2666}} + \frac{(361 - \frac{1323 \cdot 789}{2666})^2}{\frac{1323 \cdot 789}{2666}}$$

$$+ \frac{(8 - \frac{425 \cdot 395}{2666})^2}{\frac{425 \cdot 395}{2666}} + \frac{(149 - \frac{425 \cdot 1482}{2666})^2}{\frac{425 \cdot 1482}{2666}} + \frac{(268 - \frac{425 \cdot 789}{2666})^2}{\frac{425 \cdot 789}{2666}} = 446.2$$

beschreibt somit die Stärke des Zusammenhangs zwischen den beiden Merkmalen (bzw. das Ausmass der Abweichung von der Unabhängigkeit). Er ist definiert als

$$\chi^2 = \sum_{i=1}^{k} \sum_{j=1}^{m} \frac{(h_{ij} - \tilde{h}_{ij})^2}{\tilde{h}_{ij}} = \sum_{i=1}^{k} \sum_{j=1}^{m} \frac{(h_{ij} - \frac{h_{i.} h_{.j}}{n})^2}{\frac{h_{i.} h_{.j}}{n}} \quad \text{mit } \chi^2 \geq 0.$$

Im Zähler stehen dabei die quadrierten Differenzen zwischen den beobachteten Zellhäufigkeiten h_{ij} und den erwarteten Häufigkeiten $\tilde{h}_{ij}$. Der Nenner $\tilde{h}_{ij}$ dient der Normierung der Summanden (zur Berechnung von χ^2 vgl. Beispiel 4.9 und 4.10).

Liegen starke Diskrepanzen zwischen den beobachteten Häufigkeiten h_{ij} und den bei Unabhängigkeit erwarteten Häufigkeiten $\tilde{h}_{ij}$ vor, so wird der χ^2-Koeffizient gross, was auf einen Zusammenhang zwischen X und Y hinweist. Ist χ^2 hingegen klein, so besteht nur ein schwacher Zusammenhang zwischen den Merkmalen. Exakte empirische Unabhängigkeit, d. h. $\chi^2 = 0$, wird allerdings in der Regel nie erreicht, da die Zellbesetzungen in Stichproben Zufallsschwankungen unterworfen sind. Auch bei tatsächlicher Unabhängigkeit der Merkmale X und Y wird also χ^2 normalerweise einen Wert grösser null annehmen. Ab welchem χ^2-Wert angenommen werden kann, dass auch in der Grundgesamtheit tatsächlich ein nennenswerter Zusammenhang besteht, hängt unter anderem vom Stichprobenumfang n ab und kann mit inferenzstatistischen Methoden ermittelt werden (siehe Kapitel 5).

4.2.3 Chi²-basierte Zusammenhangsmasse

Der χ^2-Koeffizient ist als Mass für die Stärke eines Zusammenhangs zwischen zwei Variablen etwas unanschaulich, da er einerseits von der Fallzahl n und andererseits von der Grösse der aufgespannten Kontingenztabelle (Anzahl Zeilen k und Spalten m) abhängt. Für den Vergleich von Zusammenhängen bestehen daher verschiedene Normierungen des χ^2-Koeffizienten.

Der Kontingenzkoeffizient nach Pearson

Bei dem *Kontingenzkoeffizienten K* wird χ^2 wie folgt umgerechnet:

$$K = \sqrt{\frac{\chi^2}{n + \chi^2}} \quad \text{mit} \quad K \in [0, K_{max}], \quad K_{max} = \sqrt{\frac{I-1}{I}}, \quad I = \min\{k, m\}.$$

Dadurch wird jedoch nur das erste Problem (Abhängigkeit von n) gelöst, da K immer noch von der Anzahl Zeilen und Spalten anhängig ist. Kontingenzkoeffizienten sollten somit nur bei gleicher Tabellengrösse verglichen werden.

Beim *korrigierten Kontingenzkoeffizienten K** wird die Masszahl in einem weiteren Schritt zusätzlich auf den Wertebereich von 0 bis 1 normiert. Die Normierung ergibt sich als

$$K^* = \frac{K}{K_{max}} = \frac{K}{\sqrt{\frac{I-1}{I}}}, \quad K^* \in [0, 1].$$

Der korrigierte Kontingenkoeffizient kann somit unabhängig von Tabellengrösse und Fallzahl für vergleichende Analysen eigesetzt werden. Beispiel 4.11 illustriert die Berechnung von K und K^*.

Beispiel 4.11: Unkorrigierter und korrigierter Kontingenzkoeffizient

▷ Computerverwendung am Arbeitsplatz nach Geschlecht ((2 × 2)-Tabelle; Werte aus Beispiel 4.9):

$$K = \sqrt{\frac{26.6}{2203 + 26.6}} = 0.109, \quad K^* = \frac{K}{K_{max}} = \frac{\sqrt{\frac{26.6}{2203+26.6}}}{\sqrt{\frac{2-1}{2}}} = \frac{0.109}{0.707} = 0.154$$

▷ Erwerbsstatus und Geschlecht ((3 × 2)-Tabelle; Werte aus Beispiel 4.10):

$$K = \sqrt{\frac{710.7}{3028 + 710.7}} = 0.436, \quad K^* = \frac{K}{K_{max}} = \frac{\sqrt{\frac{710.7}{3028+710.7}}}{\sqrt{\frac{2-1}{2}}} = \frac{0.436}{0.707} = 0.617$$

▷ Bildung und Einkommen ((3 × 3)-Tabelle; Werte aus Beispiel 4.10):

$$K = \sqrt{\frac{446.2}{2666 + 446.2}} = 0.379, \quad K^* = \frac{K}{K_{max}} = \frac{\sqrt{\frac{446.2}{2666+446.2}}}{\sqrt{\frac{3-1}{3}}} = \frac{0.379}{0.816} = 0.464$$

Beispiel 4.12: Berechnung des Phi-Koeffizienten

▷ Computerverwendung am Arbeitsplatz nach Geschlecht (Werte aus Beispiel 4.9):

$$\phi = \sqrt{\frac{26.6}{2203}} = 0.110$$

Es existiert ein (schwacher) Zusammenhang zwischen Geschlecht und Computerverwendung.

▷ Persönliches politisches Interesse und Diskussion politischer Themen mit Freunden (SAMS98):

	Interesse		
Diskussion	schwach	stark	Total
selten	1157	81	1238
oft	1046	735	1781
Total	2203	816	3019

$$\phi = \frac{1157 \cdot 735 - 81 \cdot 1046}{\sqrt{1238 \cdot 1781 \cdot 2203 \cdot 816}} = 0.385$$

Da die beiden Variablen ordinales Skalenniveau besitzen, lässt sich das Vorzeichen des Koeffizienten interpretieren. Es besteht ein deutlich *positiver* (gleichsinniger) Zusammenhang zwischen dem politischen Interesse und der Diskutierhäufigkeit politischer Themen (Personen mit stärkerem politischen Interesse diskutieren tendenziell auch häufiger über Politik; der Zusammenhang ist natürlich relativ trivial).

Der Phi-Koeffizient

Weisen die beiden Merkmale X und Y nur je zwei Ausprägungen auf, liegt also eine (2×2)-Tabelle

$$
\begin{array}{cc|cc|c}
 & & \multicolumn{2}{c}{Y} & \\
 & & b_1 & b_2 & \\
\hline
X & a_1 & h_{11} & h_{12} & h_{1\cdot} \\
  & a_2 & h_{21} & h_{22} & h_{2\cdot} \\
\hline
 & & h_{\cdot 1} & h_{\cdot 2} & n
\end{array}
$$

vor, so ist $\chi^2_{\max} = n$. Es liegt daher nahe, den χ^2-Koeffizienten mit n zum ϕ-Koeffizienten zu normieren, also

$$
\phi = \sqrt{\frac{\chi^2}{n}} \quad \text{mit} \quad \phi \in [0,1].
$$

Der ϕ-Koeffizient ist eine Alternative zu der oben besprochenen Prozentsatzdifferenz und der Odds-Ratio. Es gilt:

$\phi \approx 0$ bei statistischer Unabhängigkeit,

$\phi = 1$ bei perfekter Abhängigkeit.

Der χ^2-Koeffizient kann bei (2×2)-Tabellen nach einigen Umformungen auch als

$$
\chi^2 = \frac{n(h_{11}h_{22} - h_{12}h_{21})^2}{h_{1\cdot}h_{2\cdot}h_{\cdot 1}h_{\cdot 2}}
$$

berechnet werden. Daraus lässt sich eine alternative Berechnungsformel für den ϕ-Koeffizienten ableiten (Standardformel in Computerprogrammen). Diese ist gegeben als

$$
\phi = \sqrt{\frac{\chi^2}{n}} = \sqrt{\frac{(h_{11}h_{22} - h_{12}h_{21})^2}{h_{1\cdot}h_{2\cdot}h_{\cdot 1}h_{\cdot 2}}} = \frac{h_{11}h_{22} - h_{12}h_{21}}{\sqrt{h_{1\cdot}h_{2\cdot}h_{\cdot 1}h_{\cdot 2}}}
$$

und wird in Beispiel 4.12 angewendet. Der ϕ-Koeffizient, der auch *Punkt-Korrelations-Koeffizient* genannt wird,[1] hat nach dieser Berechnungsart die Eigenschaft, dass er auch negative Werte annehmen kann ($\phi \in [-1,1]$). Es gilt

$0 < \phi \leq 1$ bei positiver Punkt-Korrelation (gleichsinniger Zusammenhang),

$\phi = 0$ bei Null-Korrelation (kein Zusammenhang) und

$-1 \leq \phi < 0$ bei negativer Punkt-Korrelation (gegensinniger Zusammenhang).

Das Vorzeichen des Koeffizienten hat allerdings erst ab Ordinalskalenniveau inhaltliche Bedeutung.

---

[1]Die Bezeichung »Punkt-Korrelations-Koeffizient« rührt daher, dass der ψ-Koeffizient gerade gleich dem linearen Korrelationskoeffizienten zwischen zwei dichotomen Merkmalen ist (vergleiche auch Seite 90).

Beispiel 4.13:   Berechnung von Cramér's *V*

> ▷ Erwerbsstatus und Geschlecht ((3 × 2)-Tabelle; Werte aus Beispiel 4.10):
>
> $$V = \sqrt{\frac{710.7}{3028 \cdot (2-1)}} = 0.484$$
>
> ▷ Bildung und Einkommen ((3 × 3)-Tabelle; Werte aus Beispiel 4.10):
>
> $$V = \sqrt{\frac{446.2}{2666 \cdot (3-1)}} = 0.289$$

Cramér's *V*

Bei Tabellen, die mehr als vier Felder besitzen, kann ϕ grösser eins werden, und ist als Zusammenhangsmass nicht mehr geeignet. Eine Verallgemeinerung des ϕ-Koeffizienten, die diesen Mangel behebt und sich somit ähnlich wie der korrigierte Kontingenzkoeffizient K^* für dem Vergleich von Zusammenhängen in verschieden grossen Kontingenztabellen eignet, ist der Kontingenzkoeffizient *V* von Cramér:

$$V = \sqrt{\frac{\chi^2}{n(I-1)}} \quad \text{mit} \quad I = \min\{k,m\}, \quad V \in [0,1],$$

wobei k und m für die Anzahl Zeilen und Spalten der Kontingenztabelle stehen (zur Berechnung siehe Beispiel 4.13).

Eigenschaften von Chi²-basierten Massen

Die drei Masse K, K^* und V messen den Grad der Abweichung von der statistischen Unabhängigkeit, und somit die Stärke eines Zusammenhangs zwischen zwei Merkmalen. Eine Aussage über die Richtung des Zusammenhangs (positiv/negativ) kann jedoch nicht getroffen werden, weil lediglich Informationen auf Nominalskalenniveau berücksichtigt werden. Eine Folge davon ist, dass die einzelnen Ausprägungen beliebig in ihrer Reihenfolge vertauscht werden können, ohne dass die Masse beeinflusst werden (d. h. die Masse sind *invariant* gegenüber eineindeutigen Transformationen der Merkmale). Die Masse sind ebenfalls invariant gegenüber der Vertauschung der Rollen von X und Y (d. h. die Masse sind symmetrisch: $X \to Y$ führt zum gleichen Ergebnis wie $Y \to X$). Eine anschauliche inhaltliche Interpretation der absoluten Werte ist bei den normierten χ^2-Massen mit Ausnahme der Extremwerte 0 und 1 leider nicht unmittelbar möglich. Die Masse können aber gemäss den folgenden Richtlinien gut zur vergleichenden Analyse verschiedener Zusammenhänge eingesetzt werden (z. B. Vergleich der Stärke eines Zusammenhangs für verschiedene Subpopulationen):

▷ χ^2 bei gleich grossen Tabellen und ähnlicher Fallzahl n,

$\triangleright$ K bei gleich grossen Tabellen unabhängig von n,

$\triangleright$ K^* und V bei unterschiedlich grossen Tabellen unabhängig von n und

$\triangleright$ ϕ bei Vier-Felder-Tabellen unabhängig von n.

Der χ^2-Koeffizient ist überdies eine wichtige Masszahl für die inferenzstatistische Prüfung der Existenz eines Zusammenhangs in der Grundgesamtheit (Kapitel 5).

4.2.4 Das Modell der proportionalen Fehlerreduktion

Beim PRE-Modell (PRE = Proportional Reduction of Error) bzw. dem Modell der prädikativen Assoziation soll angegeben werden, wie stark sich die Vorhersage einer Variable X bei Kenntnis der Werte einer Variable Y verbessern lässt. Als Massstab dient dabei das Ausmass fehlerhafter Vorhersagen unter verschiedenen Konditionen. Es werden dazu zwei Fehlertypen definiert:

E_1: Vorhersagefehler bei Kenntnis der eindimensionalen Häufigkeitsverteilung bzw. der Randverteilung von X

E_2: Vorhersagefehler bei Kenntnis der bedingten Verteilungen von X für $Y = b_j$, $j = 1, \ldots, m$

PRE-Masse (auch: Prädiktionsmasse) messen nun die prozentuale Verkleinerung des Vorhersagefehlers bei Kenntnis der bedingten Verteilungen von X, also

$$PRE = \frac{E_1 - E_2}{E_1}.$$

Sie stellen somit eine echte Alternative zu den χ^2-basierten Massen dar, da auch die Werte zwischen den Extremen 0 und 1 unmittelbar und sehr anschaulich interpretiert werden können. Die Vorhersageregeln und die Vorhersagefehler lassen sich allerdings unterschiedlich definieren (u. a. auch in Abhängigkeit des Skalenniveaus), was zu verschiedenen PRE-Massen führt.

Guttman's Lambda

Ein Prädiktionsmass für nominalskalierte Daten ist das Mass λ nach Guttman, welches sehr einfache Vorhersageregeln verwendet (vgl. auch Beispiel 4.14):

$\triangleright$ Vorhersageregel von X ohne Kenntnis von Y: Für alle Fälle wird der Modus von X vorhergesagt und die Fehler E_1 ergeben sich als die Anzahl von der Regel abweichender Fälle, also

$$E_1 = n - \max_i(h_{i\cdot})$$

wobei $\max_i(h_{i\cdot})$ der Häufigkeit des Modus von X entspricht.

$\triangleright$ Vorhersageregel mit Kenntnis von Y: Für die Vorhersage werden die konditionalen Modalwerte (Modus von X unter der Bedingung $Y = b_j$) verwendet. Die Fehler ergeben sich dann als

$$E_2 = \sum_{j=1}^{m} \left(h_{.j} - \max_i(h_{ij}) \right) = n - \sum_{j=1}^{m} \max_i(h_{ij}),$$

wobei $h_{.j}$ den Randhäufigkeiten von Y und $\max_i(h_{ij})$ jeweils der grössten Häufigkeit innerhalb der bedingten Verteilungen von X für $Y = b_j$ entspricht.

Gemäss der PRE-Regel $(E_1 - E_2)/E_1$ ist λ aus Zeilensichtweise definiert als:

$$\lambda_X = \frac{\left(n - \max_i(h_{i.})\right) - \left(n - \sum_{j=1}^{m} \max_i(h_{ij})\right)}{n - \max_i(h_{i.})} = \frac{\sum_{j=1}^{m} \max_i(h_{ij}) - \max_i(h_{i.})}{n - \max_i(h_{i.})}.$$

Analog ergibt sich λ aus Spaltensichtweise als

$$\lambda_Y = \frac{\sum_{i=1}^{k} \max_j(h_{ij}) - \max_j(h_{.j})}{n - \max_j(h_{.j})}.$$

Ein gepooltes symmetrisches Mass ist definiert als

$$\lambda_{XY} = \frac{\sum_{j=1}^{m} \max_i(h_{ij}) + \sum_{i=1}^{k} \max_j(h_{ij}) - \max_i(h_{i.}) - \max_j(h_{.j})}{2n - \max_i(h_{i.}) - \max_j(h_{.j})}.$$

Goodman und Kruskal's Tau

Eine Erweiterung von Guttman's λ stellt das PRE-Mass τ nach Goodman und Kruskal dar. Bei dem Mass wird die Vorhersage von X mit Hilfe von Wahrscheinlichkeiten an die Verteilung von X gekoppelt, d. h. die relativen Randhäufigkeiten $f_{i.} = h_{i.}/n$ von X bzw. die bedingten Häufigkeiten $f_{i|j} = f_{ij}/f_{.j} = h_{ij}/h_{.j}$ von X für $Y = b_j$ werden zur Vorhersage verwendet.

▷ Vorhersageregel von X ohne Kenntnis von Y: Kategorie a_i wird mit der empirischen Wahrscheinlichkeit $p_{i.} = f_{i.}$ vorhergesagt. Die Wahrscheinlichkeiten für falsche Vorhersagen betragen dann für die einzelnen Kategorien von X jeweils $p_{i.}(1 - p_{i.}) = f_{i.}(1 - f_{i.})$. Daraus abgeleitet ergibt sich die totale Vorhersagefehler-Wahrscheinlichkeit

$$E_1 = 1 - \sum_{i=1}^{k} f_{i.}^2,$$

die dem Herfindahl-Streumass von X entspricht (vgl. Abschnitt 3.2.2).

▷ Vorhersageregel mit Kenntnis von Y: Zur Vorhersage von X werden die bedingten empirischen Wahrscheinlichkeiten $p_{ij}/p_{.j} = f_{ij}/f_{.j}$ verwendet und die Vorhersagefehler-Wahrscheinlichkeit beträgt

$$E_2 = 1 - \sum_{i=1}^{k} \sum_{j=1}^{m} \frac{f_{ij}^2}{f_{.j}}.$$

Beispiel 4.14: Berechnung von Guttman's Lambda und Goodman und Kruskal's Tau (SAMS98)

Erwerbsstatus	Geschlecht		Total
	weiblich	männlich	
Vollzeit	466	1087	1553
Teilzeit	552	100	652
nicht erwerbstätig	592	231	823
Total	1610	1418	3028

▷ Guttman's λ:

$$\lambda_X = \frac{(592 + 1087) - 1553}{3028 - 1553} = 0.085$$

$$\lambda_Y = \frac{(1087 + 552 + 592) - 1610}{3028 - 1610} = 0.438$$

$$\lambda_{XY} = \frac{(592 + 1087) + (1087 + 552 + 592) - 1553 - 1610}{2 \cdot 3028 - 1553 - 1610} = 0.258$$

Bei Kenntnis des Geschlechts verbessert sich der Vorhersagefehler für den Erwerbsstatus um 8.5%. Bei Kenntnis des Erwerbsstatus verbessert sich der Vorhersagefehler des Geschlechts um 43.8%. Die gepoolte Vorhersageverbesserung beträgt 25.8%.

▷ Goodman und Kruskal's τ:

$$\tau_X = \frac{\frac{1}{3028}\left(\frac{466^2}{1610} + \frac{1087^2}{1418} + \cdots + \frac{592^2}{1610} + \frac{231^2}{1418}\right) - \left(\frac{1553^2}{3028^2} + \frac{652^2}{3028^2} + \frac{823^2}{3028^2}\right)}{1 - \left(\frac{1553^2}{3028^2} + \frac{652^2}{3028^2} + \frac{823^2}{3028^2}\right)} = 0.139$$

$$\tau_Y = \frac{\frac{1}{3028}\left(\frac{466^2}{1553} + \frac{1087^2}{1553} + \cdots + \frac{592^2}{823} + \frac{231^2}{823}\right) - \left(\frac{1610^2}{3028^2} + \frac{1418^2}{3028^2}\right)}{1 - \left(\frac{1610^2}{3028^2} + \frac{1418^2}{3028^2}\right)} = 0.235$$

$$\tau_{XY} = \frac{\frac{1}{3028}\left(\frac{466^2}{1610} + \cdots + \frac{466^2}{1553} + \cdots\right) - \left(\frac{1553^2}{3028^2} + \cdots\right) - \left(\frac{1610^2}{3028^2} + \frac{1418^2}{3028^2}\right)}{2 - \left(\frac{1553^2}{3028^2} + \cdots\right) - \left(\frac{1610^2}{3028^2} + \frac{1418^2}{3028^2}\right)} = 0.182$$

Die prozentualen Verbesserungen der Fehler sind 13.9% für die Vorhersage des Erwerbsstatus und 23.5% für die Vorhersage des Geschlechts. Die gepoolte Verbesserung der Vorhersagefehler beträgt 18.2%.

Gemäss der PRE-Regel $(E_1 - E_2)/E_1$ ergibt sich τ aus Zeilen- bzw. aus Spalten-sichtweise als

$$\tau_X = \frac{\sum_{i=1}^{k} \sum_{j=1}^{m} \frac{f_{ij}^2}{f_{\cdot j}} - \sum_{i=1}^{k} f_{i\cdot}^2}{1 - \sum_{i=1}^{k} f_{i\cdot}^2} \quad \text{bzw.} \quad \tau_Y = \frac{\sum_{i=1}^{k} \sum_{j=1}^{m} \frac{f_{ij}^2}{f_{i\cdot}} - \sum_{j=1}^{m} f_{\cdot j}^2}{1 - \sum_{j=1}^{m} f_{\cdot j}^2}.$$

Das gepoolte symmetrische Mass τ_{XY} ist definiert als

$$\tau_{XY} = \frac{\sum_{i=1}^{k} \sum_{j=1}^{m} \frac{f_{ij}^2}{f_{\cdot j}} + \sum_{i=1}^{k} \sum_{j=1}^{m} \frac{f_{ij}^2}{f_{i\cdot}} - \sum_{i=1}^{k} f_{i\cdot}^2 - \sum_{j=1}^{m} f_{\cdot j}^2}{2 - \sum_{i=1}^{k} f_{i\cdot}^2 - \sum_{j=1}^{m} f_{\cdot j}^2}.$$

Beispiel 4.14 veranschaulicht die Berechnung (Hinweis: $f_{ij}^2/f_{\cdot j} = h_{ij}^2/nh_{\cdot j}$).

Der Unsicherheitskoeffizient

Ein weiteres interessantes Konzept orientiert sich an der Entropie der Verteilungen (vgl. Rinne 1997: 80f.; Agresti 1990: 25). Die Entropie der Randverteilungen von X bzw. Y ist gegeben als

$$H(X) = -\sum_{i=1}^{k} f_{i\cdot} \operatorname{ld} f_{i\cdot} \quad \text{bzw.} \quad H(Y) = -\sum_{j=1}^{m} f_{\cdot j} \operatorname{ld} f_{\cdot j}$$

(vergleiche auch Seite 50) und die Entropie der gemeinsamen Verteilung von X und Y beträgt

$$H(X,Y) = -\sum_{i=1}^{k} \sum_{j=1}^{m} f_{ij} \operatorname{ld} f_{ij}.$$

Definieren lässt sich zudem die *Transinformation*, also die Differenz zwischen der Entropie der Randverteilungen und der Entropie der gemeinsamen Verteilung als

$$T(X,Y) = H(X) + H(Y) - H(X,Y) = -\sum_{i=1}^{k} f_{i\cdot} \operatorname{ld} f_{i\cdot} - \sum_{j=1}^{m} f_{\cdot j} \operatorname{ld} f_{\cdot j} + \sum_{i=1}^{k} \sum_{j=1}^{m} f_{ij} \operatorname{ld} f_{ij}$$

$$= \sum_{i=1}^{k} \sum_{j=1}^{m} f_{ij} \operatorname{ld} \left(\frac{f_{ij}}{f_{i\cdot} f_{\cdot j}} \right).$$

Die *normierte Transinformation* bzw. der *Unsicherheitskoeffizient* berechnet sich dann als

$$NT_X = \frac{T(X,Y)}{H(X)} \quad \text{und} \quad NT_Y = \frac{T(X,Y)}{H(Y)}.$$

Eine symmetrische Variante des Koeffizienten erhält man durch

$$NT_{XY} = \frac{2 \cdot T(X,Y)}{H(X)H(Y)}.$$

NT bewegt sich im Bereich von 0 bis 1, wobei grössere Werte auf eine stärkere Assoziation der beiden Merkmale hinweisen. Der Unsicherheitskoeffizient kann im Sinne des PRE-Modells interpretiert werden: Er spiegelt die proportionale Reduktion der nominalen Variation (Entropie) bzw. der Unsicherheit bei der Vorhersage von X unter Berücksichtigung von Y wieder.[2] Der Unsicherheitskoeffizient wird auch als *Likelihood-Ratio-Index* bezeichnet und kann alternativ über die Devianz hergeleitet werden. Er misst somit gleichzeitig die relative Reduktion der Devianz (vgl. Kühnel und Krebs 2001: 362ff.). Für die Daten in Beispiel 4.14 betragen die Unsicherheitskoeffizienten $N_X = 0.121$, $N_Y = 0.180$ und $N_{XY} = 0.145$. Bei Kenntnis des Geschlechts verringert sich die Vorhersageunsicherheit des Erwerbsstatus also um 12.1%, im umgekehrten Fall beträgt die Verbesserung 18% und die gepoolte Verringerung der Vorhersageunsicherheit beträgt 14.5%.

4.2.5 Weitere Masse

Neben den besprochenen auf dem χ^2-Koeffizienten basierenden Massen (Kontingenzkoeffizienten K und K^*, ϕ-Koeffizient und Cramér's V) wird zuweilen noch das Mass»Tschuprow's T« genannt (vgl. etwa Rinne 1997: 78; Benninghaus 1998b: 212; Hartung et al. 1999: 451). Es unterscheidet sich von den anderen Massen nicht grundlegend, wird aber nur selten verwendet (u. a. weil es für asymmetrische Tabellen den Maximalwert 1 nicht erreichen kann).

Als Alternative zu den behandelten Koeffizienten für (2×2)-Tabellen (ϕ-Koeffizient, Prozentsatzdifferenz, Odds-Ratio) ist zudem Yule's Q zu nennen, das eine gewisse Verwandtschaft mit der Odds-Ratio aufweist. Es wird dabei die Differenz der Kreuzprodukte durch die Summe der Kreuzprodukte geteilt, also

$$Q = \frac{h_{11}h_{22} - h_{12}h_{21}}{h_{11}h_{22} + h_{12}h_{21}}.$$

Es handelt sich dabei um einen Spezialfall von Goodman und Kruskal's γ, einem Zusammenhangsmass für ordinale Daten (siehe unten). Ein eng mit Yule's Q verwandtes Mass ist zudem Yule's Y (Verbundenheitskoeffizient von Yule), bei dem aus den Kreuzprodukten jeweils noch die Quadratwurzel gezogen wird (Rinne 1997: 83; Hartung et al. 1999: 444). Weitere Verfahren zur Analyse von kategorialen Daten werden vor allem im Rahmen der log-linearen Modelle (vgl. z. B. Andreß et al. 1997) und der Korrespondenzanalyse geboten (z. B. Blasius 2001).

---

[2] Sei $E_1 = H(X)$ (Vorhersageunsicherheit ohne Kenntnis von Y) und $E_2 = H(X,Y) - H(Y)$ (Vorhersageunsicherheit bei Kenntnis von Y), so gilt $NT_X = (E_1 - E_2)/E_1$, wie man leicht erkennen kann. Dies lässt sich wie folgt erläutern: Die Randverteilung von X weist eine bestimmte nominale Streuung $H(X)$ auf. Sind die Merkmale X und Y unabhängig, so ist die bedingte Verteilung von X gleich der Randverteilung und die Entropie H bleibt gleich. Besteht aber eine Abhängigkeit, so unterscheiden sich die bedingten Verteilungen. Die Randverteilung wird sozusagen in zwei unterschiedliche und zwangsweise stärker auf einzelne Ausprägungen konzentrierte Verteilungen aufgeteilt, was die Vorhersagesicherheit erhöht.

4.3 Zusammenhangsmasse für ordinale Daten

Bei ordinalskalierten Variablen kann die Richtung eines Zusammenhangs interpretiert werden. Die Koeffizienten werden deshalb normalerweise auf den Wertebereich $[-1, 1]$ normiert, wobei positive Werte auf einen positiven Zusammenhang (grössere X gehen mit grösseren Y einher) und negative Werte auf einen negativen Zusammenhang hinweisen (grössere X gehen mit kleineren Y einher). Eine Reihe von ordinalen Zusammenhangsmassen – die *Konkordanzmasse* – beruhen auf dem Prinzip des Vergleichs von Wertepaaren. Es werden dabei die Messwerte (x_i, y_i) von X und Y paarweise zwischen allen Untersuchungseinheiten U_i und U_j, $i \neq j$, verglichen und bezüglich ihrer Beziehung kategorisiert. Es werden folgende Arten von Paaren unterschieden (vgl. auch Beispiel 4.15):

▷ Konkordante Paare

Alle Paare (U_i, U_j), $i \neq j$, deren Werte in konkordantem (gleichsinnigem, positivem) Verhältnis stehen (beide Werte der einen Untersuchungseinheit sind jeweils grösser als die Werte der anderen). Konkordante Paare liegen also vor, wenn $x_i > x_j$ und $y_i > y_j$ oder $x_i < x_j$ und $y_i < y_j$. Die Häufigkeit des Auftretens konkordanter Paare wird mit C bezeichnet.

▷ Diskordante Paare

Alle Paare (U_i, U_j), $i \neq j$, deren Werte in diskordantem (gegensinnigem, negativem) Verhältnis stehen (ein Wert von U_i ist grösser als der entsprechende Wert von U_j, der andere Wert von U_i ist kleiner). Ein diskordantes Paar liegt vor, wenn $x_i > x_j$ und $y_i < y_j$ oder $x_i < x_j$ und $y_i > y_j$. Die Anzahl diskordanter Paare wird mit D symbolisiert.

▷ Paare mit Bindungen in X

Die Anzahl Paare mit Bindungen (ties) in X, also mit gleichen X-Werten und unterschiedlichen Y-Werten ($x_i = x_j$ und $y_i \neq y_j$), wird mit T_X bezeichnet.

▷ Paare mit Bindungen in Y

Die Anzahl Paare mit Bindungen in Y, also mit gleichen Y-Werten und unterschiedlichen X-Werten ($x_i \neq x_j$ und $y_i = y_j$), wird mit T_Y bezeichnet.

▷ Paare mit Bindungen in X und Y

Die Anzahl Paare mit Bindungen in X *und* Y, also mit gleichen X- und Y-Werten ($x_i = x_j$ und $y_i = y_j$), wird mit T_{XY} symbolisiert.[3]

Die Gesamtzahl an Paarvergleichen bezüglich der Merkmale X und Y in einer Stichprobe von Umfang n ist gegeben als

$$\binom{n}{2} = \frac{n(n-1)}{2} = C + D + T_X + T_Y + T_{XY}.$$

---

[3]Die Grössen T_X und T_Y werden alternativ oft so definiert, dass sie T_{XY} umfassen. Aus Gründen der Deutlichkeit wurde hier jedoch eine disjunkte Kategorisierung der Paarvergleiche gewählt.

Beispiel 4.15: Paarvergleiche

$$
\begin{array}{c}
Y \\
\begin{array}{cc} 0 & 1 \end{array} \\
X\ \begin{array}{c} 0 \\ 1 \end{array}
\begin{array}{|cc|c}
1 & 3 & 4 \\
2 & 2 & 4 \\
\hline
3 & 5 & 8
\end{array}
\end{array}
$$

Konkordante Paare:
$$C = 1 \cdot 2 = 2$$

Diskordante Paare:
$$D = 3 \cdot 2 = 6$$

Bindungen in X:
$$T_X = 1 \cdot 3 + 2 \cdot 2 = 7$$

Bindungen in Y:
$$T_Y = 2 \cdot 1 + 2 \cdot 3 = 8$$

Bindungen in X und Y:
$$T_{XY} = 0 + 3 + 1 + 1 = 5$$

Anzahl mögliche Paarvergleiche:
$$\tbinom{n}{2} = n(n-1)/2 = 8(8-1)/2 = 28$$

Konkordanzmasse verwenden nun i. d. R. die Differenz der Anzahl konkordanter und diskordanter Paare ($C - D$) als zentrale Grösse, unterscheiden sich aber in der Normierung.

4.3.1 Kendall's Tau$_a$ und Tau$_b$

Bei dem Mass τ_a nach Kendall wird die Differenz $C - D$ ganz einfach durch die Gesamtzahl an möglichen Paarvergleichen geteilt, also

$$
\tau_a = \frac{C - D}{\frac{n(n-1)}{2}} \quad \text{mit } \tau_a \in [-1, 1].
$$

Kendall's τ_a ist gleich 1, wenn lediglich konkordante Paare vorliegen (perfekt positiv-monotoner Zusammenhang), und gleich -1, wenn lediglich diskordante Paare vorliegen (perfekt negativ-monotoner Zusammenhang). Man erkennt jedoch leicht, dass τ_a seine Maximalwerte ungerechtfertigterweise nicht mehr erreichen kann, wenn Bindungen in X und Y vorliegen ($T_{XY} > 0$).[4] Ein besseres Konkordanzmass ist daher Kendall's τ_b bei dem Paare mit Bindungen in X *und* Y von der Berechnung ausgeschlossen werden. Es ist definiert als

$$
\tau_b = \frac{C - D}{\sqrt{(C + D + T_X)(C + D + T_Y)}} \quad \text{mit } \tau_b \in [-1, 1].[5]
$$

---

[4]Sind in einer Tabelle lediglich die Zellen einer Diagonale besetzt, so kann man unabhängig von den Häufigkeiten in diesen Zellen von einem perfekten Zusammenhang sprechen. Kendall's τ_a zeigt jedoch nur dann einen perfekten Zusammenhang an, wenn diese Zellen höchstens einmal besetzt sind.

[5]Bei asymmetrischen Tabellen (unterschiedliche Anzahl Zeilen und Spalten) kann allerdings auch τ_b die Werte 1 und –1 nicht erreichen. Für diesen Fall wird Kendall's τ_c vorgeschlagen (vgl. Benninghaus 1998b: 245ff.; Engel et al. 1995: 85ff.; Kendall and Gibbons 1990: 51f.), welches jedoch nur selten zur Anwendung kommt.

Beispiel 4.16: Berechnung der Konkordanzmasse Tau_b und Gamma (SAMS98)

		Bildung		
Einkommen	tief	mittel	hoch	Total
tief	262	496	160	918
mittel	125	837	361	1323
hoch	8	149	268	425
Total	395	1482	789	2666

$$C = 262 \cdot 1615 + 496 \cdot 629 + 125 \cdot 417 + 837 \cdot 268 = 1011555$$

$$D = 160 \cdot 1119 + 496 \cdot 133 + 361 \cdot 157 + 837 \cdot 8 = 308381$$

$$T_X = 262 \cdot 656 + 496 \cdot 160 + 125 \cdot 1198 + 837 \cdot 361 + 8 \cdot 417 + 149 \cdot 268 = 746407$$

$$T_Y = 262 \cdot 133 + 125 \cdot 8 + 496 \cdot 986 + 837 \cdot 149 + 160 \cdot 629 + 361 \cdot 268 = 847003$$

$$\tau_b = \frac{1011555 - 308381}{\sqrt{(1011555 + 308381 + 746407)(1011555 + 308381 + 847003)}} = 0.332$$

$$\gamma = \frac{1011555 - 308381}{1011555 + 308381} = 0.533$$

Es gilt:

$0 < \tau_b \leq 1$ bei positivem (strikt) monotonem Zusammenhang,

$\tau_b \approx 0$,   falls kein Zusammenhang vorliegt, und

$-1 \leq \tau_b < 0$ bei negativem (strikt) monotonem Zusammenhang.

4.3.2 Goodman und Kruskal's Gamma

Ein Mass, welches Bindungen ganz vernachlässigt, ist Goodman und Kruskal's γ. Es wird lediglich das Verhältnis zwischen der Differenz konkordanter und diskordanter Paare zu ihrer Summe gebildet:

$$\gamma = \frac{C-D}{C+D} \quad \text{mit } \gamma \in [-1, 1].$$

Goodman und Kruskal's γ ist also unabhängig von Grösse und Form der Kontingenztabelle sowie unabhängig vom Auftreten von Bindungen auf den Bereich −1 bis 1 normiert. Es gilt:

$0 < \gamma \leq 1$ bei positivem (schwach) monotonem Zusammenhang,

$\gamma \approx 0$,   falls kein Zusammenhang vorliegt, und

$-1 \leq \gamma < 0$ bei negativem (schwach) monotonem Zusammenhang.

Beispiel 4.17: Vergleich von Tau$_b$ und Gamma (nach Benninghaus 1998a: 163f.)

$$C = 20(3 + 2 + 1) + 30(3 + 2 + 1)$$
$$+ 25(3 + 2 + 1) = 450$$

$$D = 0$$

$$T_X = 25(3 + 2 + 1) + 3(2 + 1) + 2(1) = 161$$

$$T_Y = 20(30 + 25 + 25) + 30(25 + 25)$$
$$+ 25(25) = 3725$$

	b_1	b_2	b_3	b_4	
a_1	20				20
a_2	30				30
a_3	25				25
a_4	25	3	2	1	31
	100	3	2	1	106

(mit Y als Spaltenvariable, X als Zeilenvariable)

$$\tau_b = \frac{450 - 0}{\sqrt{(450 + 0 + 161)(450 + 0 + 3725)}} = 0.28$$

$$\gamma = \frac{450 - 0}{450 + 0} = 1.00$$

Hinweis: Allgemein gilt $|\tau_a| \leq |\tau_b| \leq |\gamma|$, wobei $\tau_a = \tau_b = \gamma$, wenn keine Bindungen vorliegen. Beispiel 4.16 veranschaulicht die Berechnung von τ_b und γ.

Der Unterschied zwischen τ_b und γ liegt hauptsächlich darin, dass den beiden Massen eine unterschiedliche Definition des Konzeptes »Zusammenhang« zu Grunde liegt. Während bei τ_b für einen perfekten Zusammenhang *strikte* Monotonie der Rangfolge der Messwerte gefordert wird, verlangt γ nur *schwache* Monotonie. Strikte Monotonie bedeutet, dass Variable Y für einen perfekten Zusammenhang zunehmen (bzw. abnehmen) *muss*, wenn sich Variable X erhöht. Bei schwacher Monotonie genügt es, wenn bei Erhöhung von X die Variable Y nicht abnimmt (bzw. nicht zunimmt). Goodman und Kruskal's γ nimmt also aufgrund des schwächeren Zusammenhangskriteriums eher hohe Werte an. Zudem kann das Mass auch in Situationen, wo man kaum auf einen starken Zusammenhang schliessen würde, sehr deutliche Resultate liefern (vergleiche dazu Beispiel 4.17) und es reagiert relativ sensibel auf die Zusammenfassung von Kategorien (künstliche Reduzierung der Tabellengrösse). Aus diesen Gründen wird i. d. R. Kendall's τ_b bevorzugt.

4.3.3 Weitere Masse

Neben dem in Fussnote 5 erwähnten Konkordanzmass τ_c wird in der Literatur noch das asymmetrische Konkordanzmass d nach Somers vorgeschlagen (z. B. Benninghaus 1998a: 149ff.). Die Formeln sind

$$d_X = \frac{C - D}{C + D + T_X} \quad \text{für } Y \to X, \quad d_Y = \frac{C - D}{C + D + T_Y} \quad \text{für } X \to Y \text{ und}$$

$$d_{XY} = \frac{C - D}{C + D + \frac{1}{2}(T_X + T_Y)} \quad \text{als symmetrische Variante.}$$

Das wichtigste weitere Zusammenhangsmass für ordinalskalierte Merkmale ist die Rangkorrelation nach Spearman, die in Abschnitt 4.4.3 behandelt wird.

4.4 Zusammenhangsmasse für metrische Daten

Die in den letzten Abschnitten besprochenen Instrumente zur Beschreibung von bivariaten Beziehungen setzen nur nominales oder ordinales Skalenniveau voraus. Liegen höherskalierte Daten vor, so ist es sinnvoll, auf alternative Masse zurückzugreifen, welche die durch die Daten bereitgestellte Information besser ausschöpfen.

4.4.1 Streudiagramme

Merkmale mit kardinalem Skalenniveau sind oft zusätzlich *stetig* oder zumindest *quasi-stetig* (sehr viele relativ fein abgestufte Ausprägungen), was die Verwendung von Kontingenztabellen unangebracht erscheinen lässt. Um Zusammenhänge zwischen quantitativen Merkmalen darzustellen, wird deshalb häufig ein *Streudiagramm* (Scatterplot) verwendet. Die Messwerte (x_i, y_i) der Merkmale X und Y werden dabei in einem (x, y)-Koordinatensystem als Punkte abgetragen. An der Lage der Punkte im Koordinatensystem lässt sich die Existenz, Richtung und Form eines möglichen Zusammenhangs ablesen. Allerdings kann so nur ein erster, allgemeiner Eindruck des Zusammenhangs gewonnen werden. Ein zusätzlicher Nutzen von Streudiagrammen liegt jedoch in der Identifikation von Extremwerten (sog. Ausreisser).

In Beispiel 4.18 ist der Zusammenhang zwischen der allgemeinen Leistungsorientierung in einem Land und dem Volkseinkommen des Landes in einem Streudiagramm abgebildet. Es ist ein deutlicher positiver Zusammenhang zwischen den beiden Variablen erkennbar, zumindest wenn man den Ausreisser Japan aus der Grafik eliminiert.

Beispiel 4.19 zeigt verschiedene Streudiagramme, die mit Individualdaten erstellt wurden.[6] Erläuterungen:

▷ Lebensalter und logarithmiertes monatliches Netto-Erwerbseinkommen: Es lässt sich keine eindeutige Tendenz erkennen. In einer ersten Phase bis ca. 40 Jahre kann zwar von einem positiven Zusammenhang zwischen Alter und persönlichem Einkommen gesprochen werden (»aufsteigende« Punktewolke), in dem Abschnitt über 45 Jahre scheint er jedoch zu verschwinden.

▷ Wochenarbeitsstunden und monatliches Netto-Erwerbseinkommen: Die Punktewolke zeigt einen deutlich positiven Zusammenhang (mehr Arbeitsstunden gehen mit mehr

---

[6]Weil die Fallzahlen relativ hoch sind und viele Punkte übereinander zu liegen kämen, wurden die Streudiagramme leicht »verwackelt«. Das heisst, die einzelnen Punkte wurden nach Zufallsprinzip leicht von ihrer ursprünglichen Position verschoben.

Beispiel 4.18:   Leistungsorientierung und Volkseinkommen (ISSP97)

Land	LO	BIP
Schweden	66.2	19030
Deutschland	56.9	21300
Schweiz	55.4	26320
USA	53.4	28740
Slovenien	53.3	12520
Norwegen	49.7	23940
Tschech. Rep.	49.1	11380
Dänemark	45.8	22740
England	43.4	20520
Israel	43.3	16960
Frankreich	42.0	21860
Portugal	41.2	13840
Italien	37.5	20060
Polen	36.6	6380
Ungarn	35.2	7000
Spanien	24.0	15720
Japan	18.6	23400

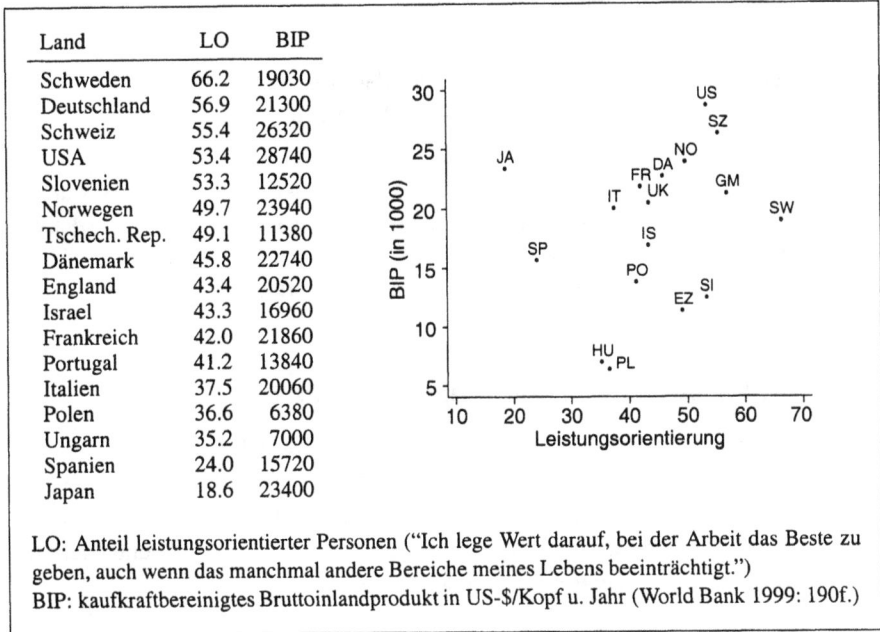

LO: Anteil leistungsorientierter Personen ("Ich lege Wert darauf, bei der Arbeit das Beste zu geben, auch wenn das manchmal andere Bereiche meines Lebens beeinträchtigt.")
BIP: kaufkraftbereinigtes Bruttoinlandprodukt in US-$/Kopf u. Jahr (World Bank 1999: 190f.)

Beispiel 4.19:   Streudiagramme (SAMS98)

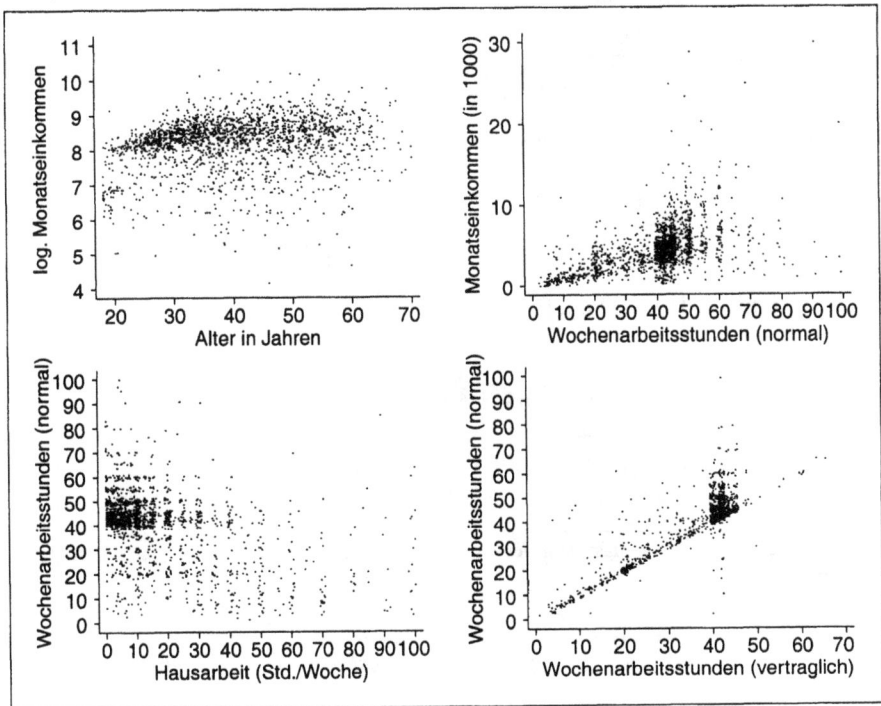

Einkommen einher). Allerdings nimmt mit zunehmenden Arbeitsstunden auch die Varianz der erzielten Einkommen stark zu.

▷ Wochenarbeitsstunden im Erwerbsleben und im Haushalt: Es besteht ein relativ deutlicher negativer Zusammenhang. Personen, die viele Wochenarbeitsstunden leisten, verbringen entsprechend weniger Zeit mit Haushaltsarbeiten. Allerdings ist auch hier eine grosse Streuung zu vermerken.

▷ Vertraglich vereinbarte und normalerweise tatsächlich geleistete Wochenarbeitsstunden: Die Abbildung zeigt einen nahezu perfekten linearen Zusammenhang zwischen den beiden Merkmalen. Es gibt nur wenige starke Abweichungen (allerdings weisen die Abweichungen darauf hin, dass eher ein wenig mehr als vertraglich vereinbart gearbeitet wird; Abweichungen nach unten sind sehr selten).

4.4.2   Korrelationskoeffizient nach Bravais und Pearson

Um einen Zusammenhang zwischen zwei metrischen Variablen nummerisch zu beschreiben, wird in der Regel der empirische Korrelationskoeffizient r nach Bravais und Pearson (auch linearer Korrelationskoeffizient, Produkt-Moment-Korrelationskoeffizient oder kurz: Pearson's r) verwendet. Dieser misst die Stärke und Richtung des *linearen* Zusammenhangs zwischen den Variablen.

Berechnung

Pearson's r ist für die beiden Merkmale X und Y definiert als

$$r = r_{XY} = \frac{\sum_{i=1}^{n}(x_i - \bar{x})(y_i - \bar{y})}{\sqrt{\sum_{i=1}^{n}(x_i - \bar{x})^2 \sum_{i=1}^{n}(y_i - \bar{y})^2}} = \frac{s_{XY}}{s_X s_Y} \quad \text{mit } r \in [-1, 1].^{7}$$

Der Nenner der Formel bzw. das Produkt aus den Standardabweichungen

$$s_X = \sqrt{\frac{1}{n-1}\sum_{i=1}^{n}(x_i - \bar{x})^2} \quad \text{und} \quad s_Y = \sqrt{\frac{1}{n-1}\sum_{i=1}^{n}(y_i - \bar{y})^2}$$

hat nur normierende Funktion. Der massgebende Teil ist die *Kovarianz*

$$s_{XY} = \frac{1}{n-1}\sum_{i=1}^{n}(x_i - \bar{x})(y_i - \bar{y})$$

im Zähler der Formel. Für die Bestimmung der Kovarianz werden die Produkte der Abweichungen der Beobachtungswerte der Paare (x_i, y_i) zu den Mittelwerten von

---

[7]Der Koeffizient kann gemäss dem Verschiebungssatz (vgl. Abschnitt 3.2.2) auch wie folgt berechnet werden:

$$r = \frac{\sum_{i=1}^{n} x_i y_i - n\bar{x}\bar{y}}{\sqrt{\left(\sum_{i=1}^{n} x_i^2 - n\bar{x}^2\right)\left(\sum_{i=1}^{n} y_i^2 - n\bar{y}^2\right)}} = \frac{n\sum x_i y_i - \sum x_i \sum y_i}{\sqrt{\left(n\sum x_i^2 - (\sum x_i)^2\right)\left(n\sum y_i^2 - (\sum y_i)^2\right)}}.$$

Diagramm 4.1: Abweichungen der Messwerte zu den Mittelwerten von X und Y (nach Fahrmeir et al. 2001: 137)

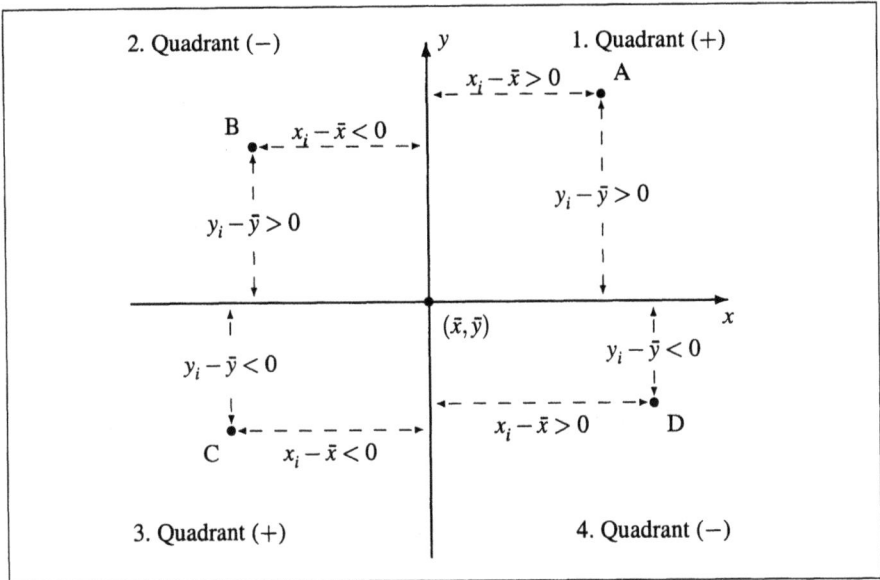

X und Y berechnet und aufsummiert. Diagramm 4.1 enthält eine grafische Veranschaulichung dieses Verfahrens. Dargestellt sind vier Punkte A, B, C und D, die zu den vier möglichen Zusammenstellungen der Vorzeichen der Abweichungen führen (man beachte, dass es sich um ein *zentriertes* Koordinatensystem handelt, die Achsen also gerade über den Mittelwerten von X und Y liegen). Bei Punkt A und Punkt C (1. und 3. Quadrant) liegen je zwei Abweichungen mit gleichem Vorzeichen vor, so dass die Produkte der Abweichungen für diese Punkte positiv sind. Bei Punkt B und D hingegen (2. und 4. Quadrant) sind die Vorzeichen der Abweichungen jeweils unterschiedlich, was zu negativen Abweichungsprodukten führt. Überwiegt nun insgesamt die Summe an positiven Abweichungsprodukten, so ist die Kovarianz und somit der Korrelationskoeffizient r positiv. Überwiegt aber die Summe der negativen Abweichungsprodukte, so besteht ein negativer Zusammenhang.

Beispiel 4.20 zeigt die Scatterplots der Variablenpaare a) Wochenarbeitsstunden in Beruf und Haushalt (links) sowie b) vertragliche und gewöhnlich tatsächlich geleistete Arbeitsstunden (rechts). In die Streudiagramme sind zusätzlich zu den Datenpunkten jeweils die Mittelwerte $\bar{x}$ und $\bar{y}$ eingetragen. Interpretation:

(a) Der 2. Quadrant weist eine sehr hohe Konzentration an Punkten auf, während im 4. Quadranten ebenfalls sehr viele Punkte liegen (allerdings weit gestreut). Daraus lässt sich vermuten, dass ein negativer Zusammenhang besteht.

(b) Es finden sich praktisch nur Punkte im 1. und 3. Quadranten, die zudem fast auf einer Geraden liegen, was auf einen sehr starken, positiven Zusammenhang zwischen den

Beispiel 4.20:   Scatterplots mit Mittelwerten

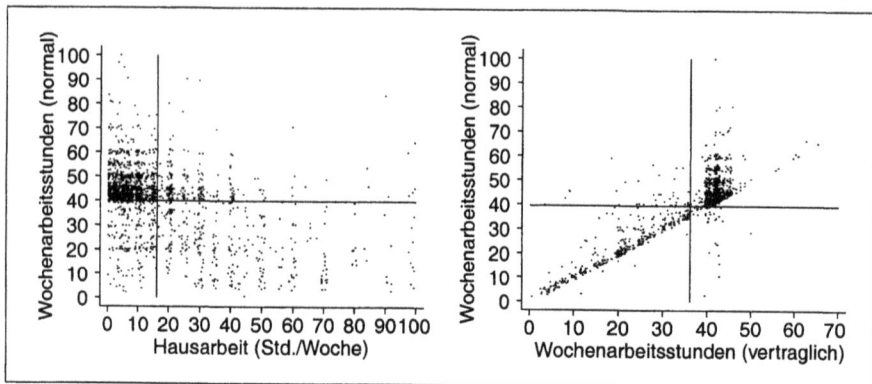

vertraglich vereinbarten und normalerweise tatsächlich geleisteten Arbeitsstunden hinweist.

Beispiel 4.21 veranschaulicht die Berechnung von r. Beispiel 4.22 zeigt die Korrelationskoeffizienten für die Scatterplots aus den Beispielen 4.18 und 4.19.

Interpretation

Durch den Nenner $s_X s_Y$ wird r so normiert, dass der Koeffizient maximal den Wert 1 und minimal den Wert –1 annimmt. Es gilt:

$r = 1$ bei perfekter positiver Korrelation (die Werte (x_i, y_i) liegen *auf* einer Geraden mit positiver Steigung),

$0 < r \leq 1$ bei positiver Korrelation (gleichsinnig linearer Zusammenhang; die Werte (x_i, y_i) liegen um eine Gerade mit positiver Steigung),

$r = 0$ bei Null-Korrelation (kein linearer Zusammenhang),

$-1 \leq r < 0$ bei negativer Korrelation (gegensinnig linearer Zusammenhang; die Werte (x_i, y_i) liegen um eine Gerade mit negativer Steigung) und

$r = -1$ bei perfekter negativer Korrelation (die Werte (x_i, y_i) liegen *auf* einer Geraden mit negativer Steigung).

Je genauer die Punkte (x_i, y_i) eine steigende (bzw. fallende) Gerade beschreiben, desto grösser ist der Zusammenhang, der von r angezeigt wird. Über den genauen Betrag der Steigung sagt das Mass nichts aus (und ist daher robust gegen positiv lineare Transformationen der Merkmale X und Y).[8]

Der lineare Korrelationskoeffizient lässt sich inhaltlich relativ gut interpretieren. Sein Quadrat entspricht nämlich gerade dem Anteil der Varianz der einen Variable,

---

[8]Die Steigung der Gerade kann mittels linearer Regression ermittelt werden (siehe Kapitel 6).

Beispiel 4.21: Die Berechnung des Bravais-Pearson-Korrelationskoeffizienten

Rohdaten

i	1	2	3	4	5	6	Σ
x_i	1	1	2	3	3	4	14
y_i	4	3	3	2	1	3	16

▷ Berechnung nach der Standardformel:

$$r = \frac{(1-\frac{14}{6})(4-\frac{16}{6}) + (1-\frac{14}{6})(3-\frac{16}{6}) + \ldots + (4-\frac{14}{6})(3-\frac{16}{6})}{\sqrt{\left((1-\frac{14}{6})^2 + \ldots + (4-\frac{14}{6})^2\right)\left((4-\frac{16}{6})^2 + \ldots + (3-\frac{16}{6})^2\right)}} = -0.533$$

▷ Berechnung nach vereinfachter Methode (vgl. Fussnote 7):

$$r = \frac{6(1\cdot4 + 1\cdot3 + \ldots + 4\cdot3) - 14\cdot16}{\sqrt{(6(1^2 + \ldots + 4^2) - 14^2)(6(4^2 + \ldots + 3^2) - 16^2)}} = -0.533$$

Beispiel 4.22: Korrelationskoeffizienten für die Scatterplots aus den Beispielen 4.18 und 4.19

▷ Leistungsorientierung und Volkseinkommen (in 1000): schwach positiver Zusammenhang

$$r = \frac{s_{XY}}{s_X s_Y} = \frac{18.667}{11.878\cdot6.425} = 0.245$$

Wenn allerdings die Daten für Japan entfernt werden, ergibt sich ein viel stärkerer Zusammenhang:

$$r = \frac{s_{XY}}{s_X s_Y} = \frac{29.099}{10.199\cdot6.497} = 0.439$$

▷ Altersjahre und logarithmiertes Erwerbseinkommen: schwach positiver Zusammenhang

$$r = \frac{s_{XY}}{s_X s_Y} = \frac{1.552}{11.463\cdot0.745} = 0.182$$

▷ Arbeitswochenstunden und Erwerbseinkommen (in 1000): moderater positiver Zusammenhang

$$r = \frac{s_{XY}}{s_X s_Y} = \frac{19.586}{13.996\cdot2.825} = 0.495$$

▷ Arbeitswochenstunden und Haushaltarbeit: moderat negativer Zusammenhang

$$r = \frac{s_{XY}}{s_X s_Y} = \frac{-109.746}{13.897\cdot18.211} = -0.434$$

▷ Vertragliche und geleistete Arbeitswochenstunden: hohe positive Korrelation

$$r = \frac{s_{XY}}{s_X s_Y} = \frac{114.908}{10.586\cdot12.502} = 0.868$$

Diagramm 4.2: Zusammenhangsformen und Korrelation

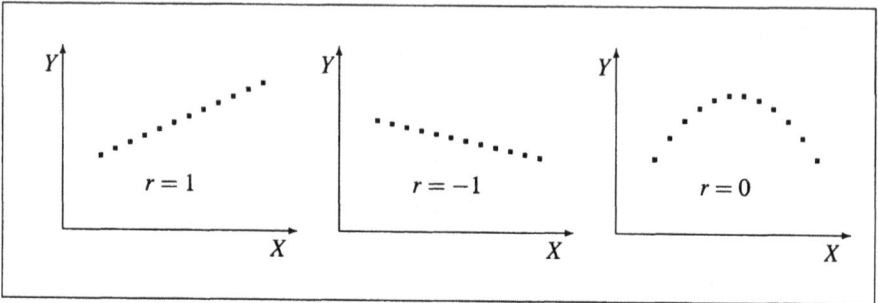

der unter Annahme einer linearen Beziehung durch die andere Variable erklärt werden kann (vgl. dazu auch Abschnitt 6.1.3 im Kapitel zur linearen Regression). Der Koeffizient ist somit der Interpretation als PRE-Mass (Proportional Reduction of Error) zugänglich (vgl. dazu ausführlich Benninghaus 1998a: 203ff.; Benninghaus 1998b: 232ff.). Eine andere Interpretation bezieht sich direkt auf das lineare Abhängigkeitsmodell, das dem Koeffizienten zu Grunde liegt: Der Koeffizient drückt die in Standardabweichungen gemessene Veränderung des gemäss der linearen Beziehung erwarteten Wertes der einen Variable bei Veränderung der anderen Variable um eine Standardabweichung aus (und entspricht somit der Steigung der Regressionsgeraden zwischen den z-standardisierten Werten der beiden Variablen). Liegen also zwei Werte x_i und x_j vor, die sich genau um eine Standardabweichung s_X unterscheiden, also $x_j = x_i + s_X$, so gilt $\hat{y}_j = \hat{y}_i + r \cdot s_Y$ (mit $\hat{y}$ werden die gemäss der linearen Beziehung erwarteten Y-Werte bezeichnet; es handelt sich dabei um eine symmetrische Beziehung, d. h. die Rollen von X und Y können vertauscht werden, ohne dass sich die Interpretation ändert).

Besondere Probleme ergeben sich bei dem Bravais-Pearson-Koeffizienten allerdings dann, wenn die Linearitätsannahme verletzt ist. Es ist z. B. möglich, dass trotz $r = 0$ ein sehr deutlicher, jedoch nicht-linearer Zusammenhang vorliegt (siehe Diagramm 4.2; dies gilt übrigens in ähnlicher Weise für die Zusammenhangsmasse für ordinalskalierte Merkmale). Mit Streudiagrammen kann die Erfüllung der Linearitätsannahme i. d. R. gut überprüft werden.

Spezialfall 1: Punkt-Korrelations-Koeffizient

Der Bravais-Pearson-Korrelationskoeffizient kann für nominalskalierte Daten verwendet werden, wenn beide betrachteten Variablen lediglich je zwei Ausprägungen besitzen (dichotome oder binäre Variablen) und somit eine (2×2)-Tabelle vorliegt. Der Korrelationskoeffizient r lässt sich in diesem Fall vereinfachen zu

$$r = \frac{h_{11}h_{22} - h_{12}h_{21}}{\sqrt{h_{1.}h_{2.}h_{.1}h_{.2}}},$$

was genau dem ϕ-Koeffizienten entspricht (siehe Abschnitt 4.2.3).

Spezialfall 2: Punkt-biseriale Korrelation

Der Zusammenhang zwischen einer binären Variable X und einer metrischen Variable Y kann mit dem punkt-biserialen Korrelationskoeffizienten

$$r_{pb} = \frac{\bar{y}_1 - \bar{y}_0}{s_Y} \sqrt{\frac{n_1 n_0}{n^2}}$$

ausgedrückt werden, wobei $\bar{y}_1$ und $\bar{y}_0$ den konditionalen Mittelwerten von Y für $X = 1$ und $X = 0$ sowie n_1 und n_0 den Gruppenhäufigkeiten $h(X = 1)$ und $h(X = 0)$ entsprechen. Der punkt-biseriale Korrelationskoeffizient ist gerade gleich dem Bravais-Pearson-Korrelationskoeffizienten zwischen einer dichotomen und einer metrischen Variable, sofern zur Berechnung der punkt-biserialen Korrelation die empirische Standardabweichung von Y verwendet wird (n anstatt $n - 1$ im Nenner von s_Y).

Korrelationsmatrizen

Korrelationskoeffizienten für eine Menge von Variablen werden aus Gründen der Übersichtlichkeit häufig in Form einer Korrelationsmatrix dargestellt, d. h. die Korrelationskoeffizienten aller möglichen bivariaten Kombination der Variablen $X_1, \ldots, X_p$ werden in eine ($p \times p$)-Tabelle eingetragen. Mit Hilfe einer solchen Matrix kann man sich schnell einen Überblick über eine Vielzahl bivariater Zusammenhänge verschaffen (vgl. Beispiel 4.23). Eine Korrelationsmatrix kann im Prinzip wie eine Entfernungstabelle in einem geographischen Atlas gelesen werden, ausser dass die Korrelationskoeffizienten eher die »Nähe« zweier Variablen und nicht die »Distanz« ausdrücken. Korrelationsmatrizen bilden auch den Ausgangspunkt für einige fortgeschrittenere multivariate Analyseverfahren. So etwa für die Faktorenanalyse (vgl. z. B. Backhaus et al. 2000, Bortz 1999, Hartung und Elpelt 1999) und die Multidimensionale Skalierung (vgl. z. B. Borg und Groenen 1997, Borg und Staufenbiel 1997, Hartung und Elpelt 1999, Kruskal und Wish 1984).

Partielle Korrelation

Die partielle Korrelation wird verwendet, wenn man am Nettozusammenhang zwischen zwei Merkmalen X und Y unter Kontrolle einer weiteren Variable Z interessiert ist. Besteht etwa Zusammenhang zwischen X und Y lediglich, weil beide Variablen durch eine dritte Variable Z beeinflusst werden (Scheinkorrelation), so lässt sich das mit Hilfe der partiellen Korrelation aufdecken (umgekehrt können auch unterdrückte Korrelationen, also Fälle, in denen die Korrelation durch ein drittes Merkmal gestört wird, aufgedeckt werden). Die partielle Korrelation erster Ordnung wird berechnet als

$$r_{XY|Z} = \frac{r_{XY} - r_{XZ} r_{YZ}}{\sqrt{1 - r_{XZ}^2}\sqrt{1 - r_{YZ}^2}},$$

Beispiel 4.23:   Korrelationsmatrix und partielle Korrelation (GSOEP97)

Untersucht werden sollen die Zusammenhänge der Zufriedenheit mit dem Haushaltseinkommen (Variable Y) und der persönlichen Wohnsituation (Variable Z) mit der Zufriedenheit mit dem eigenen Lebensstandard insgesamt (Variable X). Man erhält die folgende Korrelationsmatrix:[a]

$$
\begin{array}{cccc}
 & X & Y & Z \\
X & 1.000 & & \\
Y & 0.702 & 1.000 & \\
Z & 0.537 & 0.473 & 1.000
\end{array}
$$

Man erkennt, dass das Haushaltseinkommen und die Wohnsituation einen relativ deutlichen Zusammenhang zur Zufriedenheit mit dem Lebensstandard aufweisen, aber auch untereinander relativ stark korreliert sind. Die partiellen Korrelationen zwischen den Variablen betragen:

$$
r_{XY|Z} = \frac{0.702 - 0.537 \cdot 0.473}{\sqrt{1 - 0.537^2}\sqrt{1 - 0.473^2}} = 0.603
$$

$$
r_{XZ|Y} = \frac{0.537 - 0.702 \cdot 0.473}{\sqrt{1 - 0.702^2}\sqrt{1 - 0.473^2}} = 0.326
$$

Der Zusammenhang zwischen der Zufriedenheit mit der Wohnsituation und der Zufriedenheit mit dem Lebensstandard wird also durch die Kontrolle der Zufriedenheit mit dem Einkommen stark vermindert, während im umgekehrten Fall nur eine schwache Verringerung besteht.

---

[a]Anzumerken ist, dass es sich bei den drei Variablen eigentlich um ordinalskalierte Merkmale (Werte von 1 bis 10) handelt, und die lineare Korrelation genau genommen nicht das angemessene Zusammenhangsmass ist. Die Unterschiede der Koeffizienten zu den Werten ordinaler Zusammenhangsmasse sind aber mit Ausnahme von τ_b, wo durchwegs kleinere Werte erreicht werden, äusserst gering, wie die nachfolgenden Tabellen zeigen:

Goodman und Kruskal's γ			Kendall's τ_b			Spearman's r_S		
	X	Y	Z		X	Y	Z		X	Y	Z

	X	Y	Z		X	Y	Z		X	Y	Z
X	1.000			X	1.000			X	1.000		
Y	0.683	1.000		Y	0.592	1.000		Y	0.697	1.000	
Z	0.528	0.452	1.000	Z	0.447	0.387	1.000	Z	0.541	0.475	1.000

wobei r_{XY}, r_{XZ} und r_{YZ} den Korrelationen zwischen X und Y, X und Z sowie Y und Z entsprechen (vgl. Beispiel 4.23). Die partiellen Korrelationen zweiter und höherer Ordnung werden mit Hilfe von Rekursionsformeln berechnet. Liegen also z. B. die Variablen X_1, X_2, X_3 und X_4 vor, so berechnet sich die partielle Korrelation zweiter Ordnung zwischen X_1 und X_2 als

$$
r_{12|34} = \frac{r_{12|3} - r_{14|3}r_{24|3}}{\sqrt{1 - r_{14|3}^2}\sqrt{1 - r_{24|3}^2}},
$$

wobei es sich bei $r_{12|3}$ etc. um partielle Korrelationen erster Ordnung handelt. Allgemein ergibt sich die partielle Korrelation der Ordnung $p-2$ zwischen den Variablen X_1 und X_2 mit den Kontrollmerkmalen $X_3, \ldots, X_p$ als

$$r_{12|3,\ldots,p} = \frac{r_{12|3,\ldots,p-1} - r_{1p|3,\ldots,p-1} r_{2p|3,\ldots,p-1}}{\sqrt{1 - r_{1p|3,\ldots,p-1}^2}\sqrt{1 - r_{2p|3,\ldots,p-1}^2}}.$$

Das Konzept der partiellen Korrelation ist eng verwandt mit der multiplen linearen Regression.

4.4.3 Rangkorrelationskoeffizient nach Spearman

Eine einfache Ableitung des linearen Korrelationskoeffizienten erhält man, wenn anstatt der ursprünglichen X- und Y-Werte deren *Ränge* zur Berechnung der Korrelation verwendet werden.

Erstellung von Rangdaten

Den Beobachtungswerten $x_1, \ldots, x_n$ und $y_1, \ldots, y_n$ werden Ränge entsprechend ihrer Position in den geordneten Urlisten

$$x_{(1)} \le \ldots \le x_{(n)} \quad \text{und} \quad y_{(1)} \le \ldots \le y_{(n)}$$

zugewiesen, also

$$rg(x_{(i)}) = i \quad \text{und} \quad rg(y_{(i)}) = i.$$

Bei Vorliegen von Bindungen (identische Werte) wird dabei das arithmetische Mittel der in Frage kommenden Ränge zugeteilt. Aus einer Urliste »9, 11, 3, 11, 22, 17« wird also zum Beispiel die Rangliste »2, 3.5, 1, 3.5, 6, 5« abgeleitet.

Berechnung der Rangkorrelation

Die Rangkorrelation r_S nach Spearman (auch: Spearman's ρ) ist gleich dem linearen Korrelationskoeffizienten aus den Rangdaten

$$rg(x_1), \ldots, rg(x_n) \quad \text{und} \quad rg(y_1), \ldots, rg(y_n),$$

also

$$r_S = \frac{\sum_{i=1}^n (rg(x_i) - \overline{rg}_X)(rg(y_i) - \overline{rg}_Y)}{\sqrt{\sum_{i=1}^n (rg(x_i) - \overline{rg}_X)^2 \sum_{i=1}^n (rg(y_i) - \overline{rg}_Y)^2}} = \frac{s_{rg_X rg_Y}}{s_{rg_X} s_{rg_Y}} \quad \text{mit } r_S \in [-1, 1].$$

Durch Umformen (Verschiebungssatz) und Einsetzen der Mittelwerte der Ränge gemäss

$$\overline{rg}_X = \frac{1}{n}\sum_{i=1}^n rg(x_i) = \overline{rg}_Y = \frac{1}{n}\sum_{i=1}^n rg(y_i) = \frac{1}{n}\sum_{i=1}^n i = \frac{n+1}{2}$$

erhält man die etwas vereinfachte Berechungsformel[9]

$$r_S = \frac{\sum_{i=1}^{n} rg(x_i)rg(y_i) - n(\frac{n+1}{2})^2}{\sqrt{\left(\sum_{i=1}^{n} rg(x_i)^2 - n(\frac{n+1}{2})^2\right)\left(\sum_{i=1}^{n} rg(y_i)^2 - n(\frac{n+1}{2})^2\right)}}.$$

Beispiel 4.24 illustriert die Berechnung. Für die Interpretation des Rangkorrelationskoeffizienten nach Spearman gilt:

$r_S = 1$ bei perfekter positiver Rangkorrelation (die Ränge $(rg(x_i), rg(y_i))$ liegen *auf* einer Geraden mit positiver Steigung, d. h. es liegen – wie in Diagramm 4.3 veranschaulicht – streng monoton wachsende Wertepaare vor),

$0 < r_S \leq 1$ bei positiver Rangkorrelation (gleichsinnig monotoner Zusammenhang; die Ränge $(rg(x_i), rg(y_i))$ liegen um eine Gerade mit positiver Steigung),

$r_S = 0,$ wenn keine Rangkorrelation vorliegt,

$-1 \leq r_S < 0$ bei negativer Rangkorrelation (gegensinnig monotoner Zusammenhang; die Ränge $(rg(x_i), rg(y_i))$ liegen um eine Gerade mit negativer Steigung) und

$r_S = -1$ bei perfekter negativer Rangkorrelation (die Ränge $(rg(x_i), rg(y_i))$ liegen *auf* einer Geraden mit negativer Steigung).

Da Spearman's r_S nur die Ränge der Messwerte verwendet, kann er – anders als Pearsons r – auch für ordinalskalierte Merkmale sinnvoll interpretiert werden. Zu beachten ist aber, dass dem Mass eine »versteckte« Linearitätsannahme innewohnt, weil die Werte der Ranglisten als intervallskaliert aufgefasst werden. Sind also die Messwerte selbst schon Ränge (z. B. Ränge bei einem Sportwettbewerb) so führen die Rangkorrelation nach Spearman und der lineare Korrelationskoeffizient zu identischem Ergebnis.

4.4.4 Weitere Masse

Als weiteres Mass für den Zusammenhang zwischen metrischen Variablen ist der Korrelationskoeffizient nach Fechner zu nennen. Bei der Fechnerschen Korrelation wird ähnlich wie bei der Kovarianz die Lage der Beobachtungswerte in den vier Bereichen des zentrierten Koordinatensystems (vgl. Diagramm 4.1) berücksichtigt. Anders als bei der Kovarianz spielt allerdings nur die anteilsmässige Verteilung der

---

[9]Für den seltenen Fall, dass in den Daten keine Bindungen vorliegen, kann der Rangkorrelationskoeffizient auch nach

$$r_S = 1 - \frac{6 \cdot \sum_{i=1}^{n} d_i^2}{n(n^2 - 1)}$$

berechnet werden, wobei d_i die Rangdifferenzen $rg(x_i) - rg(y_i)$ symbolisiert.

Beispiel 4.24:   Die Berechnung des Rangkorrelationskoeffizienten nach Spearman

$\triangleright$ Aus Beispieldaten:	x_i	1	1.5	2	2	3
	y_i	1	0.5	1.5	2	3
	$rg(x_i)$	1	2	3.5	3.5	5
	$rg(y_i)$	2	1	3	4	5

$$r_S = \frac{(1 \cdot 2 + 2 \cdot 1 + 3.5 \cdot 3 + 3.5 \cdot 4 + 5 \cdot 5) - 5(\frac{5+1}{2})^2}{\sqrt{((1^2 + 2^2 + \cdots + 5^2) - 5(\frac{5+1}{2})^2)((2^2 + 1^2 + \cdots + 5^2) - 5(\frac{5+1}{2})^2)}} = 0.872$$

$\triangleright$ Leistungsorientierung und Volkseinkommen (Daten aus Beispiel 4.18): Die Rangkorrelation beträgt $r_S = 0.365$, was einiges höher ist als der lineare Korrelationskoeffizient von $r = 0.245$ (Beispiel 4.22). Nach Entfernung des Ausreissers Japan erhöht sich der Koeffizient um 44% auf $r_S = 0.527$. Er reagiert somit etwas weniger sensibel auf diese Datenmanipulation als der lineare Korrelationskoeffizient, wo eine Steigerung um fast 80% auf $r = 0.439$ zu verzeichnen war.

Diagramm 4.3:   Streng monoton ansteigende Daten (nach Fahrmeir et al. 2001: 143)

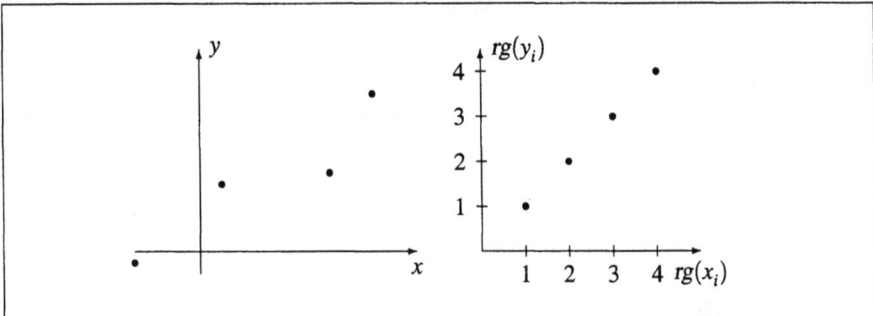

Punkte über die Quadranten eine Rolle und die genaue Positionen eines Wertes innerhalb eines Quadranten bleibt unberücksichtigt. So erreicht der Fechnersche Korrelationskoeffizient seine Extremwerte von 1 und -1 schon dann, wenn jeweils nur diagonal gegenüberliegende Quadranten besetzt sind (ein perfekter positiver Zusammenhang wird also angezeigt, wenn alle Beobachtungspunkte im 1. und 3. Quadranten liegen, ein perfekter negativer Zusammenhang, wenn die Punkte ausschliesslich auf den 2. und 4. Quadranten verteilt sind). Der Fechnerschen Korrelation liegt somit zwar ein bedeutend schwächeres Zusammenhangskriterium zu Grunde als der linearen Korrelation, dafür ist sie aber äusserst resistent gegenüber Ausreissern. Zur genauen Berechnung des Koeffizienten siehe z. B. Rinne (1997: 95f.), Hartung et al. (1999: 78f.) oder Polasek (1994: 217f.).

4.5 Zusammenhangsmasse für gemischtes Skalenniveau

Die Zusammenhangsanalyse bei Vorliegen von Merkmalen unterschiedlicher Skalenniveaus richtet sich im Allgemeinen nach dem Niveau des tiefer skalierten Merkmals. So sind z. B. bei Vorliegen einer nominalskalierten und einer metrischen Variable grundsätzlich nur Zusammenhangsmasse für nominalskalierte Daten zulässig, nicht aber etwa ein linearer Korrelationskoeffizient. Der Nachteil hierbei besteht darin, dass die durch die Daten repräsentierte Information nicht bestmöglich ausgeschöpft wird: Beim höher skalierten Merkmal wird sozusagen Information »verschenkt«. Einige spezielle Masse für gemischtes Skalenniveau vermögen diesen Nachteil jedoch zu beheben. Die meisten dieser Masse beziehen sich auf den Fall mit einerseits einer kategorialen und andererseits einer ordinalskalierten oder metrischen Variable.

Punkt- und rang-biseriale Korrelation

Besitzt die kategoriale Variable nur zwei Ausprägungen (dichotom), so kann als Zusammenhangsmass der punkt- bzw. rang-biseriale Korrelationskoeffizient berechnet werden je nach dem, ob die zweite Variable metrisch oder ordinalskaliert ist. Wie auf Seite 91 erläutert, ist für die punkt-biseriale Korrelation die Mittelwertsdifferenz zwischen den beiden durch die dichotome Variable definierten Gruppen die massgebende Grösse. Die rang-biseriale Korrelation folgt einer ähnlichen Logik, ausser dass hier die Differenz der mittleren Ränge betrachtet wird. Seien

$$\overline{rg}_0 = \frac{1}{n_0} \sum_{x_i=0} rg(y_i) \quad \text{bzw.} \quad \overline{rg}_1 = \frac{1}{n_1} \sum_{x_i=1} rg(y_i)$$

die mittleren Ränge der ordinalskalierten Variable Y für die beiden Gruppen der binären Variable X, wobei n_0 und n_1 den Gruppengrössen entsprechen. Der rang-biseriale Korrelationskoeffizient ist dann gegeben als

$$r_{rb} = \frac{2}{n}(\overline{rg}_1 - \overline{rg}_0).$$

Angemerkt werden muss hier, dass die rang-biseriale Korrelation nicht gleich dem Rangkorrelationskoeffizienten nach Spearman ist und auch nicht der linearen Korrelation zwischen X und $rg(Y)$ entspricht.

Eta und Eta²

Liegen ein kategoriales Merkmal mit mehr als zwei Ausprägungen und eine metrische Variable vor, so bietet sich die Berechnung des anschaulichen Masses η bzw. η^2 an. Ähnlich wie beim linearen Korrelationskoeffizienten misst η^2 den Anteil Varianz einer Variable X, der mit Hilfe einer Variable Y erklärt werden kann, und lässt sich somit als PRE-Mass interpretieren. Wie schon auf Seite 46 dargestellt, kann die Streuung einer metrischen Variable X nach Gruppen, die z. B. durch die Ausprägungen b_j, $j = 1, \ldots, k$, eines kategorialen Merkmals Y definiert werden, in zwei Komponenten zerlegt werden:

$$\sum_{j=1}^{k}\sum_{i=1}^{n_j}(x_{ij} - \bar{x})^2 = \sum_{j=1}^{k} n_j(\bar{x}_j - \bar{x})^2 + \sum_{j=1}^{k}\sum_{i=1}^{n_j}(x_{ij} - \bar{x}_j)^2$$

	Streuung *zwischen*	Streuung *innerhalb*
Gesamtvariation =	den Gruppen	+ der Gruppen (nicht
	(erklärte Variation)	erklärte Variation)

Es werden also für alle k Gruppen die Mittelwerte von X gebildet und die Streuung aufgeteilt in einerseits die Summe der quadrierten Abweichungen zwischen den Gruppenmittelwerten $\bar{x}_j$ und dem Gesamtmittelwert $\bar{x}$ (Variation zwischen den Gruppen) und andererseits die Summe der quadrierten Abweichungen zwischen den Beobachtungswerten x_{ij} und den zugehörigen Gruppenmittelwerten $\bar{x}_j$ (Variation innerhalb der Gruppen). Der erste Teil der zerlegten Variation entspricht somit der durch die Gruppenbildung erklärten Streuung, der zweite Teil der Rest- bzw. nicht erklärten Streuung. Das Mass η^2 ist nun definiert als der Anteil der durch die Gruppenbildung aufgrund der Kategorien von Y erklärbaren Varianz von X. Das Zusammenhangsmass η entspricht der Wurzel aus η^2, also

$$\eta^2 = \frac{\text{erklärte Variation}}{\text{Gesamtvariation}} = \frac{\sum_{j=1}^{k} n_j(\bar{x}_j - \bar{x})^2}{\sum_{j=1}^{k}\sum_{i=1}^{n_j}(x_{ij} - \bar{x})^2}, \quad \eta = \sqrt{\eta^2}, \quad \eta^2, \eta \in [0, 1].$$

Das Mass η ist somit relativ eng verwandt mit dem linearen Korrelationskoeffizienten r (bei dichotomem Y ist η gleich r) und der linearen Regressionsanalyse (η^2 kann als Spezialfall des Bestimmtheitsmasses der linearen Regression betrachtet werden). Zudem illustriert das Mass sehr schön den Grundgedanken der Varianzanalyse (eine Einführung in die Varianzanalyse geben z. B. Backhaus et al. 2000, Hartung et al. 1999, Fahrmeir et al. 2001 und viele andere).

4.6   Eigenschaften von Zusammenhangsmassen

Massstabsunabhängigkeit

Die besprochenen Zusammenhangsmasse sind invariant gegenüber gewissen Transformationen der Originaldaten. Werden die Merkmale X und Y den linearen Transformationen

$$\xi = a_X X + b_X, \quad a_X \neq 0,$$

und

$$\upsilon = a_Y Y + b_Y, \quad a_Y \neq 0,$$

unterzogen, so gilt für den Bravais-Pearson-Korrelationskoeffizienten zwischen ξ und υ

$$r_{\xi\upsilon} = \frac{a_X a_Y}{|a_X||a_Y|} r_{XY}.$$

Das heisst, der Pearson-Bravais-Korrelationskoeffizient ist invariant gegenüber *linearen Transformationen*, wobei das Vorzeichen wechselt, wenn es sich bei einer der Transformationen um eine negativ lineare handelt ($a_X a_Y < 0$). Dies wird als die *Massstabsunabhängigkeit* des Koeffizienten bezeichnet.

Die Zusammenhangsmasse für ordinalskalierte Merkmale (Spearman's r_S, Kendall's τ_b, Goodman und Kruskal's γ) hingegen sind invariant gegenüber allen *streng monotonen Transformationen* (Transformationen, welche die Rangordnung der Werte erhalten). Allerdings ändert sich auch hier das Vorzeichen, wenn eine Transformation *monoton wachsend* und die andere *monoton fallend* ist.

Die Assoziationsmasse für nominalskalierte Merkmale schliesslich sind invariant gegenüber allen bijektiven Transformationen der Variablen. Bei den gemischten Zusammenhangsmassen sind die Transformationsmöglichkeiten für die beiden verwendeten Variablen unterschiedlich, richten sich aber nach den allgemeinen Transformationsregeln für die verschiedenen Skalenniveaus (vgl. Abschnitt 2.3).

Richtung eines Zusammenhangs

Die meisten behandelten Koeffizienten sind symmetrischer Natur, d. h. sie sind invariant gegenüber der Vertauschung der Rollen von X und Y und es gilt

$$\kappa_{XY} = \kappa_{YX}.$$

Aus dieser Eigenschaft folgt, dass die Koeffizienten nichts über die Richtung eines Zusammenhangs im Sinne eines Abhängigkeitsverhältnisses (Kausalzusammenhang) aussagen. Abhängige und unabhängige Variable bleiben meistens unbestimmt. Die Koeffizienten messen einzig die *Stärke* bzw. Deutlichkeit eines statistischen Zusammenhangs. Es handelt sich also in erster Linie um deskriptive Masse zur *Beschreibung* von Zusammenhängen und nicht um Masse, die der *Erklärung* von Kausalitäten dienen.

Kapitel 5

Inferenzstatistik

Die Inferenzstatistik beschäftigt sich hauptsächlich mit der Thematik des Schliessens von Eigenschaften einer Stichprobe auf entsprechende Charakteristika der Grundgesamtheit. Oft ist die Untersuchung einer gesamten Population nicht angebracht, weil beispielsweise eine Vollerhebung aus finanziellen und/oder technischen Gründen nicht möglich ist, die Untersuchung einer Teilgesamtheit schneller und effizienter durchführbar ist, oder weil die Erhebung den Untersuchungsgegenstand verändern oder gar zerstören kann (Zerreissprobe in einem Fabrikationsbetrieb; auch in sozialwissenschaftlichen Untersuchungen ist oft eine Beeinflussung des Untersuchungsgegenstandes zu erwarten, etwa wenn durch eine Befragung die Meinungen der Befragten verändert werden). Mit dem so genannten Repräsentationsschluss können die in einer (kleinen) Teilgesamtheit beobachteten Gegebenheiten aufgrund wahrscheinlichkeitstheoretischer Überlegungen und unter Berücksichtigung verschiedener noch zu erläuternder Bedingungen für die gesamte Population verallgemeinert werden. So wird beispielsweise der Mittelwert $\bar{x}$ eines Merkmales in einer Bevölkerungsstichprobe ermittelt und versucht, eine Aussage über den »wahren« Mittelwert μ in der Gesamtbevölkerung zu treffen. Eine andere häufige Anwendung der Inferenzstatistik findet sich in der Verallgemeinerung von Zusammenhängen. Es soll dabei ermittelt werden, ob ein in einer Stichprobe beobachteter Zusammenhang – etwa zwischen dem Geschlecht und der Arbeitsmarktpartizipation oder der Einnahme eines Medikamentes und des Krankheitsverlaufes – mit grosser Wahrscheinlichkeit tatsächlich allgemein besteht, oder lediglich dem Zufall zuzuschreiben ist.

Nachfolgend werden die Grundlagen und Vorgehensweisen der Inferenzstatistik sowie eine Reihe spezieller Testprobleme erläutert. Die Ausführungen in diesem Kapitel sind in Anbetracht der Komplexität des Themas relativ knapp. Zu einer umfassenderen Behandlung siehe z. B. Bortz (1999), Fahrmeir et al. (2001), Hartung et al. (1999), Hays (1994), Riedwyl (1992), Rinne (1997), Rohwer und Pötter (2001), Sachs (1999), Schlittgen (1996) und andere.

5.1 Grundgesamtheit und Stichprobe

Grundgesamtheit

Eine Grundgesamtheit – bzw. eine Population – entspricht allen durch eine Fragestellung umgrenzten statistischen Einheiten. Die Grundgesamtheit setzt sich in der sozialwissenschaftlichen Forschungspraxis meistens aus Personen eines sozialen Raumes zu einem bestimmten Zeitpunkt zusammen (z. B. Schweizer Wohnbevölkerung im Jahre 1998). Als statistische Einheiten können aber auch Gegenstände, Gruppen von Personen, Nationen und anderes dienen. Will man vernünftige Aussagen über eine Population treffen, ist es wichtig, sie genau zu definieren. Das heisst, es sollte genau spezifiziert werden, welche statistischen Einheiten zur Population zu zählen sind und welche nicht.

Die nachfolgenden inferenzstatistischen Methoden setzen theoretisch unendliche Populationen voraus. In der realen sozialwissenschaftlichen Forschung ist diese Anforderung meistens nicht erfüllt. Bei einer genügend grossen Grundgesamtheit – wie etwa der Bevölkerung eines Landes – wirkt sich die Verletzung der Unendlichkeitsanforderung aber höchstens marginal auf die Resultate der Verfahren der schliessenden Statistik aus.

Stichprobe (Sample)

Will man aufgrund der Betrachtung einer Teilgesamtheit verlässliche Aussagen über die Grundgesamtheit treffen, dann sollte die Teilgesamtheit für die Grundgesamtheit *repräsentativ* sein. Repräsentativität bedeutet, dass die ausgewählte Teilgesamtheit ein möglichst getreues Spiegelbild der Gesamtpopulation ist. Das heisst, dass sich die Stichprobe bezüglich der zu untersuchenden Eigenschaften nicht grundsätzlich von der Population unterscheidet (ausser in der Anzahl umschlossener statistischer Einheiten), – oder zumindest, dass Verzerrungen gegenüber der Grundgesamtheit bekannt sind und mit ins Kalkül eingeschlossen werden können.

Repräsentativität wird am einfachsten durch Zufallsauswahl erreicht. Die Stichprobe unterscheidet sich dann gegenüber der Grundgesamtheit nur zufällig und mit Hilfe theoretischer Überlegungen kann bestimmt werden, mit welcher Wahrscheinlichkeit eine gewisse Verzerrung auftreten wird. Es lässt sich also zum Beispiel berechnen, mit welcher Wahrscheinlichkeit ein Mittelwert einer Sampleverteilung um einen bestimmten Betrag vom »wahren« Mittelwert in der Grundgesamtheit abweichen wird. Umgekehrt lässt sich ausgehend von einem gemessenen Samplemittelwert angeben, mit welcher Wahrscheinlichkeit der »wahre« Mittelwert in einem bestimmten Intervall um den Samplemittelwert liegt.

Eine durch Zufall bestimmte Teilgesamtheit wird *Zufallsstichprobe* (Random Sample) genannt. An eine repräsentative Zufallsauswahl werden folgende Anforderungen gestellt:

▷ Chancengleichheit

Jede statistische Einheit einer Population muss die gleiche Chance besitzen, in die Stichprobe aufgenommen zu werden. Bei einer Population von Umfang N und einer Stichprobe n sollte demnach für jede Einheit die Auswahlwahrscheinlichkeit n/N bestehen. Herrscht Chancengleichheit, so spricht man von einer *einfachen Wahrscheinlichkeitsauswahl*.

▷ **Unabhängigkeit**

Die Auswahl einer statistischen Einheit darf die Auswahlwahrscheinlichkeiten anderer Einheiten nicht beeinflussen. Genau genommen, ist das Postulat der Unabhängigkeit bei den meisten Stichprobenziehungen verletzt, da normalerweise »ohne Zurücklegen« gezogen wird. Bei einer Grundgesamtheit von Umfang N haben bei einer einfachen Wahrscheinlichkeitsauswahl alle Einheiten die Chance $1/N$, im ersten Durchgang gezogen zu werden. Wird nun die erste Einheit gezogen und nach der Ziehung nicht zurückgelegt, dann haben die verbleibenden Elemente bei der Ziehung der nächsten Einheit eine grössere Auswahlchance, nämlich $1/(N-1)$. Analog steigt die Chance nach der zweiten Runde auf $1/(N-2)$, etc. Um die Chancen konstant bei $1/N$ zu halten, müsste jedes gewählte Element wieder zurückgelegt werden. Wenn die Stichprobe im Verhältnis zur Grundgesamtheit hinreichend klein ist ($n/N < 1/5$), kann die durch nicht zurücklegen verursachte Verzerrung jedoch vernachlässigt werden.

Die folgenden Methoden der Inferenzstatistik beruhen auf der Annahme, dass eine Zufallsstichprobe gemäss einfacher Wahrscheinlichkeitsauswahl vorliegt. In der Forschungspraxis kann aber meistens nicht mit unverzerrten Zufallsstichproben gearbeitet werden.[1] So gibt es beispielsweise immer einen Anteil der Bevölkerung, der nicht oder nur unter sehr grossen Anstrengungen erreicht werden kann, oder Personen verweigern die Teilnahme an einer Befragung (Nonresponse). Manchmal lassen sich solche Verzerrungen mehr oder weniger genau ermitteln, manchmal aber auch nicht. Obwohl versucht wird, Verzerrungen zu verhindern oder zu korrigieren, liegt bei sozialwissenschaftlichen Untersuchungen also meistens eine nicht perfekte Zufallsstichprobe vor, so dass bei der Interpretation inferenzstatistischer Resultate Vorsicht geboten ist. Zudem werden aus praktischen Gründen häufig Stichprobenpläne verwendet, die die Anforderungen an eine repräsentative Zufallsstichprobe systematisch verletzen, was nach einer entsprechenden Anpassung der inferenzstatistischen Analyseinstrumente verlangt (vgl. auch Abschnitt 5.7).

Terminologie

Um Masszahlen der Grundgesamtheit und Kennwerte von Stichproben auseinanderhalten zu können, wird eine unterschiedliche Symbolik und Terminologie verwendet: Masszahlen der Stichprobe werden als Statistiken oder *Samplemasszahlen* bezeichnet und i. d. R. mit *lateinischen* Buchstaben symbolisiert. Kennwerte der Grundgesamtheit werden normalerweise als *Parameter* bezeichnet und – weil meistens unbekannt – mittels *griechischer* Buchstaben symbolisiert. Schätzer für Popu-

---

[1]Zur Stichprobentheorie und der Problematik der Ziehung einer Zufallsstichprobe vgl. z. B. ADM und AG.MA (1999), Althoff (1993), Diekmann (2000: 325–369), Gabler und Hoffmeyer-Zlotnik (1997), Kish (1995), Leiner (1994), Levy und Lemeshow (1999), Pokropp (1996), Scheaffer et al. (1990) sowie Stenger (1986).

Diagramm 5.1: Symbole für Parameter, Masszahlen und Schätzer

Masszahlen	Parameter in der Population	Statistiken in der Stichprobe	Schätzer für Parameter
arithmetisches Mittel	μ	$\bar{x}$	$\hat{\mu}$
Standardabweichung	σ	s	$\hat{\sigma}$
Varianz	σ^2	s^2	$\hat{\sigma}^2$
Fallzahl	N	n	

lationsparameter werden mit einem Hut markiert. Diagramm 5.1 zeigt einige Beispiele.

5.2 Wahrscheinlichkeitsrechnung

Wie bereits angesprochen, beruhten die Verfahren der Inferenzstatistik auf der Wahrscheinlichkeitstheorie und Überlegungen zur Kombinatorik. Einleitend seien hier einige Konzepte kurz erläutert.

Zufallsvorgang

Die Wahrscheinlichkeitstheorie beschäftigt sich mit den Wahrscheinlichkeiten von Ergebnissen von Zufallsvorgängen. Ein Zufallsvorgang ist dadurch charakterisierbar, dass (1) eines von mehreren, sich gegenseitig ausschliessenden Ergebnissen eintritt, (2) alle möglichen Ausgänge des Vorgangs bekannt sind, und (3) vor der Durchführung des Vorgangs ungewiss ist, welches Ergebnis eintreten wird. Ergebnisse von Zufallsvorgängen werden normalerweise mit Hilfe der Mengenlehre formalisiert. Eine Menge ist dabei definiert als die Zusammenfassung verschiedener Elemente zu einem Ganzen und wird mit einem lateinischen oder griechischen Grossbuchstaben symbolisiert (Anhang A.3 enthält die wichtigsten Definitionen, Begriffe und Rechenregeln der Mengenlehre).

Zum Beispiel besteht die Menge A aller möglichen Ausgänge eines Münzwurfes aus den Elementen Kopf und Zahl, also:

$$A = \{\text{Kopf}, \text{Zahl}\}$$

Zufallsereignisse

Alle möglichen Ergebnisse $\omega_1, \ldots, \omega_n$ eines Zufallsvorgangs können zum Ergebnisraum

$$\Omega = \{\omega_1, \ldots, \omega_n\}$$

zusammengefasst werden. Teilmengen des Ergebnisraumes werden *Ereignisse* oder *Zufallsereignisse* genannt ($A \subset \Omega$: Ereignis A ist Teilmenge des Ergebnisraumes Ω). Einelementige Teilmengen, d. h. Teilmengen, die einem einzigen Ergebnis aus dem

Ergebnisraum entsprechen, werden als *Elementarereignisse* bezeichnet (Ereignis A ist ein Elementarereignis, falls gilt: $A = \{\omega\}$).

Ein Ereignis A tritt ein, wenn ein Zufallsvorgang im Ergebnis ω mündet und ω Element von A ist. Liegt ω nicht in A, so tritt das Komplementärereignis $\bar{A}$ ein. Sind Ereignisse nicht disjunkt, können mehrere Ereignisse gleichzeitig eintreten (Ereigniss A und B treten gleichzeitig ein, falls $\omega \in A \cap B$).

Zur Erläuterung der Begriffe sei hier das Beipiel des einmaligen Würfelns aufgeführt, bei dem der Ergebnisraum als

$$\Omega = \{1,2,3,4,5,6\}$$

gegeben ist. Als Ereignisse können alle möglichen Teilmengen von Ω dienen (bei einem n-elementigen Ergebnisraum sind das 2^n Möglichkeiten). Die dem Ereignis »gerade Zahl« entsprechende Menge sei etwa gegeben als

$$A = \{2,4,6\}.$$

Das Komplementärereignis zu A tritt dann ein, wenn eine ungerade Zahl gewürfelt wird ($\bar{A} = \{1,3,5\}$). Elementarereignisse berücksichtigen nur ein einziges Ergebnis. Das Ereignis »Zahl 2« ($B = \{2\}$) ist ein Elementarereignis. Zwei nicht disjunkte Ereignisse sind das Ereignis »gerade Zahl« und das Ereignis »Zahl grösser 3«, also $A = \{2,4,6\}$ und $B = \{4,5,6\}$. Wird die Zahl 6 oder 4 gewürfelt, dann treten beide Ereignisse A und B ein.

Wahrscheinlichkeiten

Zwar ist der Ausgang eines Zufallsvorganges ungewiss, den möglichen Ereignissen kann aber unter Umständen eine Chance des Eintretens zugeordnet werden. Dies erfolgt normalerweise in der Zuweisung von Wahrscheinlichkeiten. Wahrscheinlichkeiten werden mit P symbolisiert ($P(A)$ entspricht der Wahrscheinlichkeit des Eintretens von Ereignis A) und genügen den drei Axiomen von Kolmogoroff. Es sind dies

$$P(A) \geq 0,$$
$$P(\Omega) = 1,$$
$$P(A \cup B) = P(A) + P(B), \quad \text{falls } A \cap B = \emptyset.$$

Wahrscheinlichkeiten liegen also immer zwischen 0 und 1. Der Wert 0 ist dabei einem unmöglichen Ereignis zugeordnet, der Wert 1 einem sicheren Ereignis. Zudem gilt, dass sich die Wahrscheinlichkeiten disjunkter Ereignisse addieren lassen. Aus den Axiomen folgt weiter, dass die Wahrscheinlichkeiten aller Elementarereignisse bzw. allgemein die Wahrscheinlichkeiten aller Ereignisse eines vollständigen Ereignissystems (d. h. eine Menge von Ereignissen, die disjunkt sind und den Ergebnisraum vollständig abdecken) zu 1 summieren. Dies bedeutet gleichzeitig, dass die Wahrscheinlichkeit eines Ereignisses A der Summe der Wahrscheinlichkeiten aller durch A abgedeckten Elementarereignisse entspricht, und sich die Wahrscheinlichkeit eines Komplementärereignisses $\bar{A}$ als eins minus die Wahrscheinlichkeit des Ereignisses A berechnen lässt, also $P(\bar{A}) = 1 - P(A)$.

Bei den Wahrscheinlichkeiten handelt es sich um *objektive* Wahrscheinlichkeiten. Das heisst, die Wahrscheinlichkeit eines Ereignisses entspricht der relativen Häufigkeit, mit der das Ereignis bei unendlicher Wiederholung des Zufallsvorganges eintreten würde (Grenzwert der relativen Häufigkeit).[2] Beobachtete relative Häufigkeiten lassen sich deshalb unter Umständen als Schätzer für Wahrscheinlichkeiten heranziehen. Ausgehend von einer beobachteten Geschlechterverteilung (52% Frauen und 48% Männer) könnte etwa die Wahrscheinlichkeit, dass eine zufällig ausgewählte Person eine Frau ist, geschätzt werden als $\hat{P}(F) = 0.52$.

Bedingte Wahrscheinlichkeiten

Eine bedingte Wahrscheinlichkeit $P(A|B)$ gibt an, mit welcher Wahrscheinlichkeit Ereignis A eintritt, unter der Bedingung, dass Ereignis B schon eingetreten ist (vgl. auch das Konzept der bedingten Häufigkeiten in Kontingenztabellen, Kapitel 4). Es wird also für die Bestimmung einer Wahrscheinlichkeit zusätzliche Information über andere Ereignisse herangezogen. Man stelle sich etwa die Wahrscheinlichkeit vor, dass eine Person an Parlamentswahlen teilnimmt. Kennt man nun das Ausmass des politischen Interesses, kann diese Wahrscheinlichkeit neu bewertet werden. Im Falle von hohem politischen Interesse würde die Wahrscheinlichkeit nach oben korrigiert, im Falle von tiefem politischen Interesse nach unten.

Allgemein ist eine bedingte Wahrscheinlichkeit definiert als

$$P(A|B) = \frac{P(A \cap B)}{P(B)}, \quad P(B) > 0,$$

also als die Wahrscheinlichkeit, dass A und B gemeinsam eintreten geteilt durch die Wahrscheinlichkeit, dass B eintritt. Umgekehrt lässt sich aus der bedingten Wahrscheinlichkeit $P(A|B)$ und der Wahrscheinlichkeit $P(B)$ gemäss dem *Produktsatz* die Wahrscheinlichkeit des gemeinsamen Auftretens von A und B, also $P(A \cap B)$, berechnen als

$$P(A \cap B) = P(A|B) \cdot P(B).$$

Analog gilt auch

$$P(A \cap B) = P(B|A) \cdot P(A).$$

---

[2]Genau genommen umfasst der objektivistische Wahrscheinlichkeitsbegriff die objektive Prior-Wahrscheinlichkeit und die objektive Posterior-Wahrscheinlichkeit. Der erste Begriff bezieht sich auf die Laplace-Wahrscheinlichkeit, die dem Quotienten aus der Anzahl einem Ereignis günstiger Ausgänge eines Zufallsvorganges und der Anzahl überhaupt möglicher Ausgänge entspricht (alle einzelnen Ausgänge werden dabei als gleich wahrscheinlich angesehen). Der zweite Begriff bezieht sich auf die im Text angesprochene frequentistische Wahrscheinlichkeitsinterpretation.

Gegeben sei ein Frauenanteil in einer Population von 52% und ein Anteil erwerbstätiger Frauen an der Gesamtpopulation von 33%. Ersteres lässt sich als die Wahrscheinlichkeit interpretieren, dass eine zufällig ausgewählte Person weiblich ist, also $P(F) = 0.52$. Der Anteil an erwerbstätigen Frauen lässt sich als die Wahrscheinlichkeit interpretieren, dass eine zufällig ausgewählte Person weiblich *und* erwerbstätig ist, also $P(F \cap E) = 0.33$. Wird nun eine Frau gezogen, dann lässt sich die bedingte Wahrscheinlichkeit, dass diese Frau erwerbstätig ist, bestimmen als

$$P(E|F) = \frac{P(F \cap E)}{P(F)} = \frac{0.33}{0.52} = 0.6346.$$

Frequentistisch interpretiert entspricht dies einer Frauenerwerbsquote von 63.5%.

Stochastische Unabhängigkeit

Stochastische Unabhängigkeit zwischen zwei Ereignissen A und B ist gegeben, falls die Wahrscheinlichkeit des einen Ereignisses nicht vom Eintreten des anderen Ereignisses beeinflusst wird (vgl. auch die statistische Unabhängigkeit in Kreuztabellen, Kapitel 4). Bei stochastischer Unabhängigkeit gilt also

$$P(A|B) \doteq P(A) \quad \text{und} \quad P(B|A) = P(B).$$

Dies bedeutet gleichzeitig, dass

$$P(A \cap B) = P(A) \cdot P(B) \quad \text{und} \quad P(A|B) = P(A|\bar{B}) \quad \text{bzw.} \quad P(B|A) = P(B|\bar{A}).$$

Der Satz der totalen Wahrscheinlichkeit und das Theorem von Bayes

Liegt ein vollständiges Ereignissystem $A_1, \ldots, A_k$ vor (eine Menge disjunkter Ereignisse, die den Ergebnisraum Ω vollständig abdeckt, d. h. es gilt $\Omega = A_1 \cup \ldots \cup A_k = \bigcup_{i=1}^{k} A_k$ und $A_i \cap A_j = \emptyset$ für alle $i, j = 1, \ldots, k$ mit $i \neq j$), dann lässt sich die Wahrscheinlichkeit eines weiteren bzw. überlagernden Ereignisses B bestimmen als die Summe der Wahrscheinlichkeiten des gemeinsamen Auftretens von B und A_i, also

$$P(B) = \sum_{i=1}^{k} P(B \cap A_i).$$

Liegen keine Angaben über die Wahrscheinlichkeit des gemeinsamen Auftretens von B und A_i vor, so kann die Wahrscheinlichkeit von B gemäss dem *Satz der totalen Wahrscheinlichkeit* auch berechnet werden als die Summe der Produkte aus den bedingten Wahrscheinlichkeiten für B gegeben A_i und den Wahrscheinlichkeiten von A_i, also

$$P(B) = \sum_{i=1}^{k} P(B|A_i) \cdot P(A_i).$$

Unter Umständen steht im Zentrum des Interesses, aus den Grössen $P(A_i)$ und
$P(B|A_i)$ die bedingte Wahrscheinlichkeit $P(A_j|B)$ zu ermitteln, d. h. die Wahrscheinlichkeit eines Ereignisses A_j unter der Bedingung des Eintretens von B (wobei wiederum gelten soll, dass alle A_i ein vollständiges Ereignissystem beschreiben). Dies
lässt sich bewerkstelligen, indem das Produkt aus der Wahrscheinlichkeit $P(A_j)$ (a-
priori Wahrscheinlichkeit von A_j) und der bedingten Wahrscheinlichkeit $P(B|A_j)$
durch die totale Wahrscheinlichkeit von B geteilt wird. Dabei wird die totale Wahrscheinlichkeit von B gemäss dem Satz der totalen Wahrscheinlichkeit berechnet. Die
bedingte Wahrscheinlichkeit von A_j gegeben B (a-posteriori Wahrscheinlichkeit von
A_j) lässt sich somit gemäss dem *Satz von Bayes* berechnen als

$$P(A_j|B) = \frac{P(B|A_j) \cdot P(A_j)}{P(B)} = \frac{P(B|A_j) \cdot P(A_j)}{\sum_{i=1}^{k} P(B|A_i) \cdot P(A_i)}.$$

Das wohl berühmteste diesbezügliche Beispiel stammt aus der medizinischen Diagnostik
(nach Fahrmeir et al. 2001: 209): Bei einem AIDS-Test sei die Güte des Tests bekannt, d. h.
man kennt die Wahrscheinlichkeiten, dass der Test einerseits bei einem infizierten Patienten und andererseits bei einem nicht-infizierten Patienten positiv ausfällt (somit sind auch
zugleich die Wahrscheinlichkeiten der umgekehrten Fälle bekannt). Zudem sei die Wahrscheinlichkeit bekannt, dass eine zufällig gezogene Person aus der Population infiziert ist.
Es liegen also die Ereignisse

$$A_1 = \{\text{infizierter Patient}\},$$

$$A_2 = \{\text{nicht-infizierter Patient}\},$$

$$B = \{\text{positives Testergebnis}\}$$

vor (an Stelle der Symbole A_1 und A_2 könnte man auch A und die Komplementärmenge $\bar{A}$
wählen) und wir kennen die Wahrscheinlichkeiten

$$P(B|A_1) = P(\{\text{positiver Test bei einem Infizierten}\}) = 0.99,$$

$$P(B|A_2) = P(\{\text{positiver Test bei einem Nicht-Infizierten}\}) = 0.03,$$

$$P(A_1) = P(\{\text{infizierter Patient}\}) = 0.002 \quad \text{bzw.} \quad P(A_2) = 1 - P(A_1) = 0.998$$

(die Zahlen sind frei erfunden). Es soll nun die Wahrscheinlichkeit $P(A_1|B)$ berechnet wer-
den, d. h. die Wahrscheinlichkeit, dass ein Patient tatsächlich infiziert ist, falls ein positives
Testergebnis vorliegt. Gemäss dem Satz von Bayes lässt sich diese berechnen als

$$P(A_1|B) = \frac{P(B|A_1) \cdot P(A_1)}{P(B|A_1) \cdot P(A_1) + P(B|A_2) \cdot P(A_2)} = \frac{0.99 \cdot 0.002}{0.99 \cdot 0.002 + 0.03 \cdot 0.998} = 0.062.$$

Obwohl der Test nur mit 3%-iger Wahrscheinlichkeit fälschlicherweise positiv ausfällt, beträgt die Wahrscheinlichkeit, dass eine zufällig ausgewählte Person bei Vorliegen eines positiven Testergebnisses tatsächlich infiziert ist, nur gerade 6.2%. Obwohl also der Test an
sich relativ verlässlich ist, kann bei einem positiven Testergenis nur mit geringer Wahrscheinlichkeit davon ausgegangen werden, dass die Krankheit wirklich vorliegt. Dies ist in

erster Linie darauf zurückführen, dass der Anteil erkrankter Personen in der Population sehr gering ist. Nicht berücksichtigt ist hier allerdings, dass meistens eher Personen mit erhöhtem Infektionsrisiko überhaupt an einem solchen Test teilnehmen, was sich positiv auf die Treffsicherheit $P(A_1|B)$ auswirken würde.

5.3 Wahrscheinlichkeitsverteilungen

Die Verfahren der Inferenzstatistik beruhen auf Überlegungen zu den Wahrscheinlichkeitsverteilungen von Zufallsvariablen. Bevor auf die Verfahren näher eingegangen werden kann, sollen deshalb hier der Begriff der Zufallsvariable und der Wahrscheinlichkeitsverteilung sowie einige spezielle Verteilungen besprochen werden.

5.3.1 Zufallsvariablen

Sind die Werte x_i, die ein Merkmal X annimmt, Ergebnisse eines Zufallsvorgangs, so wird das Merkmal als Zufallsvariable bezeichnet. Die Werte x_i heissen *Realisierungen* der Zufallsvariable X.[3]

Eine klassische Zufallsvariable ist diejenige, deren Werte Zufallszahlen sind, also mit einem Zufallsgenerator (z. B. mit einem Würfel) erzeugt wurden. Es können aber auch Merkmale, deren Werte keine Zufallszahlen sind, als Zufallsvariablen interpretiert werden. Bei allen Erhebungsdaten, die auf einer Zufallsstichprobe – also der zufälligen Auswahl statistischer Einheiten aus einer Grundgesamtheit – beruhen, lassen sich die gemessenen Merkmale als Zufallsvariablen verstehen. So gelten etwa die im Rahmen der Befragung einer Bevölkerungsstichprobe erhobenen Merkmale – wie z. B. das persönliche Monatseinkommen, das Alter oder die politische Links-Rechts-Orientierung der Befragten – als Zufallsvariablen (die Ergebnisse der Zufallsprozesse lassen sich in diesen Fällen etwa beschreiben als »Auswahl einer Person mit einem Monatseinkommen von CHF 5000«, »Auswahl einer Person mit einer eher linken politischen Einstellung« oder »Auswahl einer Stichprobe mit dem Geschlechterverhältnis 4 zu 5«). Genau gleich wie Variablen oder Merkmale allgemein, können auch Zufallsvariablen *diskret* oder *stetig* sein.

5.3.2 Verteilungen und Parameter diskreter Zufallsvariablen

Eine diskrete Zufallsvariable X liegt vor, wenn die Variable nur eine endliche oder abzählbar unendliche Anzahl Werte $x_1, x_2, \ldots$ annehmen kann.

Wahrscheinlichkeitsfunktion

Die Wahrscheinlichkeitsfunktion $f(x)$ einer diskreten Zufallsvariable ist gegeben als

---

[3]Zufallsvariablen werden i. d. R. mit grossen lateinischen Buchstaben dargestellt, Realisierungen einer Zufallsvariable mit kleinen lateinischen Buchstaben.

Diagramm 5.2:   Stabdiagramm und Wahrscheinlichkeitshistogramm

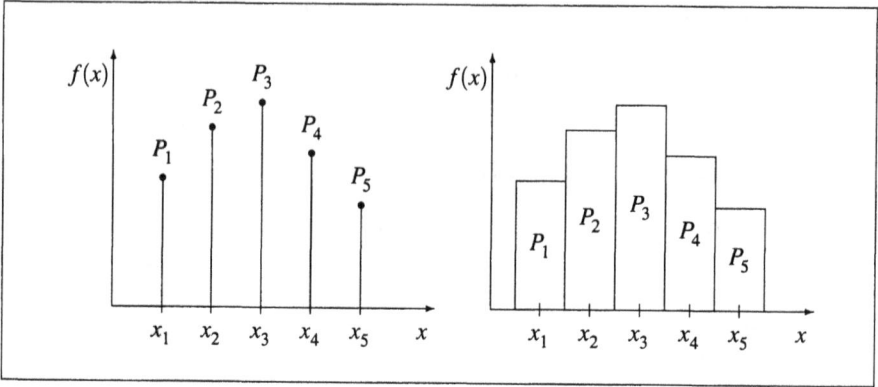

$$f(x) = \begin{cases} P(X = x_i) = P_i & \text{für } x = x_i, i = 1, 2, \ldots \\ 0 & \text{sonst.} \end{cases}$$

Für Werte, die innerhalb des Ergebnisraumes der Variable liegen, ist die Funktion also gleich den Auftretenswahrscheinlichkeiten P_i der Werte, für alle anderen Werte ist sie gleich null. Die Wahrscheinlichkeitsfunktion ist somit für den Wertebereich von minus bis plus unendlich definiert ($x \in [-\infty, +\infty]$). Die Wahrscheinlichkeiten P_i müssen dabei immer zwischen null und eins liegen ($P_i \in [0, 1]$) und zu eins summieren ($\sum_i P_i = 1$).

Wahrscheinlichkeitsfunktionen diskreter Zufallsvariablen werden häufig in Form von Stabdiagrammen (die Längen der Stäbe entsprechen den Wahrscheinlichkeiten) oder Wahrscheinlichkeitshistogrammen (die Flächen der Säulen entsprechen den Wahrscheinlichkeiten) dargestellt (vgl. Diagramm 5.2).

Verteilungsfunktion

Aus der Wahrscheinlichkeitsfunktion lässt sich die Verteilungsfunktion von diskreten Zufallsvariablen ableiten, wobei mindestens ordinales Skalenniveau vorausgesetzt werden muss (vgl. auch die empirische Verteilungsfunktion, Kapitel 3). Sie ist gegeben als

$$F(x) = P(X \le x) = \sum_{x_i \le x} f(x_i) = \sum_{x_i \le x} P_i$$

und wird grafisch als monoton wachsende Treppenfunktion dargestellt (vgl. Diagramm 5.3).

Unabhängigkeit

Zwei diskrete Zufallsvariablen X und Y sind unabhängig, wenn für beliebige x und y aus den Ergebnisräumen der beiden Variablen gilt

$$P(X = x, Y = y) = P(X = x) \cdot P(Y = y).$$

Diagramm 5.3: Verteilungsfunktion und Quantile einer diskreten Variable

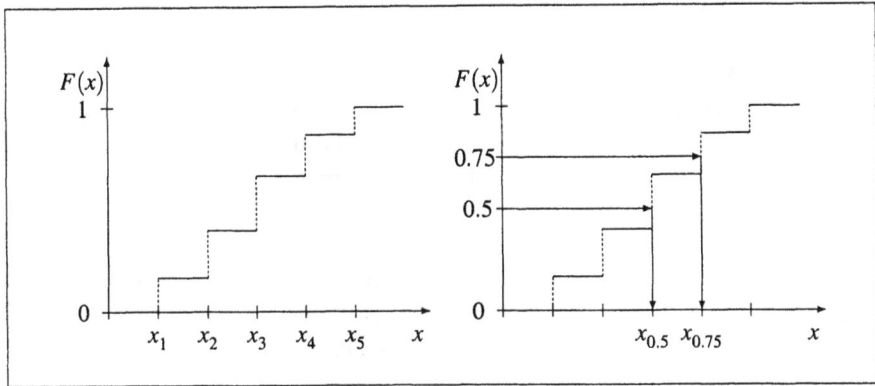

Die Wahrscheinlichkeit des gemeinsamen Auftretens von x und y ist bei Unabhängigkeit also gleich dem Produkt aus den getrennten Wahrscheinlichkeiten für x und y. Dies bedeutet gleichzeitig, dass die bedingte Wahrscheinlichkeit von x durch das Auftreten von y nicht beeinflusst wird, also $P(X = x | Y = y) = P(X = x)$ und umgekehrt (vgl. die Ausführungen zur stochastischen Unabhängigkeit oben).

Quantile

Die Quantile einer diskreten Zufallsvariable sind analog definiert wie die Quantile empirischer Verteilungen. Ein Wert x_P mit $P \in [0, 1]$ ist ein P-Quantil, falls gilt

$$P(X \leq x_P) = F(x_P) \geq P \quad \text{und} \quad P(X \geq x_P) \geq 1 - P.$$

Das Quantil $x_{0.5}$ entspricht dabei dem Median $\tilde{\mu}$. Vorausgesetzt wird für die Bestimmung der Quantile mindestens ordinales Skalenniveau. Aufgrund des diskreten Charakters der Verteilungsfunktion sind die Quantile nicht immer eindeutig. In der rechten Hälfte von Diagramm 5.3 sind einige Quantile eingezeichnet.

Erwartungswert

Für diskrete Zufallsvariablen *metrischen Skalenniveaus* lassen sich einige Verteilungsparameter ganz ähnlich wie die entsprechenden Masszahlen bei empirischen Daten berechnen. Anstelle der relativen Häufigkeiten von Ausprägungen, die den empirischen Masszahlen oft zu Grunde liegen, werden bei Wahrscheinlichkeitsverteilungen die Wahrscheinlichkeiten P_i der Ereignisse eingesetzt. Der Erwartungswert $E(X)$ einer diskreten Zufallsvariable mit den Werten $x_1, x_2, \ldots$ und den entsprechenden Wahrscheinlichkeiten $P_1, P_2, \ldots$ – das Pendant zum arithmetischen Mittel bei empirischen Verteilungen – ist folglich definiert als

$$E(X) = \mu = \sum_i x_i P_i$$

und bezeichnet den im »Durchschnitt« zu erwartenden Wert der Variable. Für den Erwartungswert einer diskreten Zufallsvariable gelten denn auch ähnliche Regeln wie für das arithmetische Mittel einer empirischen Variable. So ist er äquivariant gegenüber linearen Transformationen von X. Ebenfalls wie beim arithmetischen Mittel ist die Summe der erwarteten Abweichungen zum Erwartungswert gleich null. Das heisst zugleich, dass bei Verteilungen, die um einen bestimmten Wert c symmetrisch angeordnet sind, der Erwartungswert dem Symmetriepunkt c entspricht. Weiterhin ist der Erwartungswert der Summe zweier diskreter Zufallsvariablen X und Y gleich der Summe des Erwartungswertes von X und des Erwartungswertes von Y (allgemein gilt dies auch für gewichtete Summen, d. h. $E(aX + bY) = aE(X) + bE(Y)$). Zusätzlich ist zu bemerken, dass für *unabhängige* Zufallsvariablen der Erwartungswert des Produkts der Zufallsvariablen gleich dem Produkt der Erwartungswerte der Variablen ist, also $E(X \cdot Y) = E(X) \cdot E(Y)$.

Varianz und Standardabweichung

Auch die Varianz und Standardabweichung lassen sich analog zu den empirischen Masszahlen definieren. So ist die Varianz einer diskreten Zufallsvariable definiert als

$$Var(X) = \sigma^2 = \sum_i (x_i - \mu)^2 P_i = \left(\sum_i x_i^2 P_i \right) - \mu^2$$

und beschreibt die Summe der quadrierten und mit den Wahrscheinlichkeiten gewichteten Abweichungen zwischen den Werten und dem Erwartungswert. Dies ist gleichbedeutend mit dem Erwartungswert der quadrierten Abweichungen. Die Varianz lässt sich also auch formalisieren als

$$Var(X) = E((X - \mu)^2) = E(X^2) - \mu^2.$$

Die Standardabweichung entspricht wie gewohnt der Wurzel aus der Varianz:

$$\sigma = \sqrt{Var(X)}.$$

Ähnlich wie bei der empirischen Varianz und Standardabweichung wirkt sich eine lineare Transformation $Y = aX + b$ mit Faktor a^2 auf die Varianz bzw. mit Faktor $|a|$ auf die Standardabweichung aus, also $Var(Y) = a^2 Var(X)$ und $\sigma_Y = |a| \sigma_X$. Zudem ist für *unabhängige* Zufallsvariablen die Varianz der Summe von X und Y gleich der Summe der getrennten Varianzen, also $Var(X + Y) = Var(X) + Var(Y)$.

5.3.3 Spezielle diskrete Verteilungen

Als spezielle Verteilungen von diskreten Zufallsvariablen werden nachfolgend lediglich die diskrete Gleichverteilung und die Binomialverteilung behandelt. Zu weiteren Verteilungen wie der Multinomialverteilung, der geometrischen, hypergeometrischen oder Poisson-Verteilung siehe z.B. Bortz (1999), Graf et al. (1987), Hartung et al. (1999), Rinne (1997), Sachs (1999) oder Schlittgen (1996).

Diskrete Gleichverteilung

Ein diskrete Zufallsvariable X heisst gleichverteilt, wenn alle Elemente des Ergebnisraums die gleiche Eintretenswahrscheinlichkeit besitzen. Es gilt

$$P(X = x_i) = \frac{1}{k} \quad \text{für alle } i = 1, \ldots, k.$$

Die Binomialverteilung

Ein Bernoulli-Experiment entspricht der Durchführung eines Zufallsvorgangs mit fester Wahrscheinlichkeit $\pi = P(A)$, dass Ereignis A eintritt (z. B. entspricht der Kauf eines Lotterie-Loses einem Bernoulli-Experiment, bei dem mit einer bestimmten Wahrscheinlichkeit ein Treffer erzielt wird). Wird nun ein solches Bernoulli-Experiment mit konstantem π n-mal wiederholt, so spricht man von einer Bernoulli-Kette. Die *Anzahl* einzelner Experimente, bei denen Ereignis A eintritt, wird als Gegenstand einer Zufallsvariable X betrachtet.

Die Wahrscheinlichkeit, dass das Ereignis A in einer Bernoulli-Kette der Länge n genau x-mal eintritt, kann mit Hilfe kombinatorischer Überlegungen abgeleitet werden als

$$P(X = x) = \binom{n}{x} \pi^x (1 - \pi)^{n-x}$$

mit dem Binomialkoeffizienten

$$\binom{n}{x} = \frac{n!}{(n-x)! \cdot x!}.$$

Eine Zufallsvariable X, deren Verteilung diese Eigenschaft aufweist, heisst binomialverteilt mit den Parametern n und π, kurz $X \sim B(n, \pi)$.

Allgemein ist die Wahrscheinlichkeitsfunktion einer Binomialverteilung $B(n, \pi)$ definiert als

$$f(x) = \begin{cases} \binom{n}{x} \pi^x (1 - \pi)^{n-x} & \text{für } x = 0, 1, \ldots, n \\ 0 & \text{sonst} \end{cases}$$

und ergibt sich, wie gesagt, aus der n-fachen Wiederholung eines Bernoulli-Experiments mit konstanter Trefferwahrscheinlichkeit π. Die Verteilungsfunktion der Binomialverteilung ist definiert als

$$F(x) = P(X \le x) = \sum_{k=0}^{x} P(X = k)$$

und wird in den meisten Statistikbüchern für verschiedene n und π tabelliert (vgl. z. B. Fahrmeir et al. 2001: 552ff.). Der Erwartungswert und die Varianz einer binomialverteilten Zufallsvariable berechnen sich als

$$E(X) = n\pi \quad \text{und} \quad Var(x) = n\pi(1 - \pi).$$

Die Summe aus zwei binomialverteilten Zufallsvariablen $X \sim B(n,\pi)$ und $Y \sim B(m,\pi)$ mit identischer Erfolgswahrscheinlichkeit π ist wiederum binomialverteilt, also

$$X + Y \sim B(n+m,\pi).$$

Zusätzlich besteht eine Symmetrieeigenschaft in der Form, dass eine Variable $Y = n - X$ binomialverteilt ist mit den Parametern n und $1 - \pi$, falls Variable X binomialverteilt ist mit den Parametern n und π, also

$$X \sim B(n,\pi), \quad Y = n - X \quad \rightarrow \quad Y \sim B(n, 1 - \pi).$$

Bei π nahe 0.5 und grösserem n lässt sich die Binomialverteilung gut durch die Normalverteilung (siehe unten) approximieren (mit $\mu = n\pi$ und $\sigma^2 = n\pi(1 - \pi)$), was bei vielen inferenzstatistischen Verfahren ausgenützt wird.

Die Binomialverteilung ist von Bedeutung, weil in der empirischen Forschung viele Verteilungen als das Ergebnis von Bernoulli-Ketten interpretiert werden können. Interessiert man sich etwa für den Anteil Erwerbstätiger in einer Population, so kann der in einer Stichprobe empirisch gemessene Erwerbstätigenanteil als Ergebnis eines n-mal wiederholten Bernoulli-Experiments mit der konstanten Trefferwahrscheinlichkeit π betrachtet werden (n entspricht dabei dem Stichprobenumfang, π dem unbekannten »wahren« Anteil Erwerbstätiger, d. h. es wird n-mal nach Zufall eine Person, die mit Wahrscheinlichkeit π erwerbstätig ist, aus der Grundgesamtheit gezogen). Entsprechend kann bei inferenzstatistischen Tests die Wahrscheinlichkeitsfunktion der Binomialverteilung herangezogen werden.[4] Ähnlich lässt sich der Test einer Prozentsatzdifferenz in einer Vier-Felder-Tabelle als Vergleich von zwei Binomialverteilungen verstehen.

5.3.4 Verteilungen und Parameter stetiger Zufallsvariablen

Eine stetige Zufallsvariable X liegt vor, wenn der Wertebereich der Variable ein Kontinuum darstellt, wenn also zwischen zwei Werten $a < b$ auch jeder beliebige Zwischenwert möglich ist. Es folgt, dass eine stetige Zufallsvariable überabzählbar viele Werte annehmen kann. Aus diesem Grund sind die Verteilungsdefinitionen für diskrete Zufallsvariablen, die auf der Summierung von Wahrscheinlichkeiten beruhen, nicht mehr direkt anwendbar.

---

[4]Dies gilt jedoch nur, wenn die Elemente unabhängig, d. h. insbesondere »mit Zurücklegen« gezogen werden. Wird *ohne* Zurücklegen gezogen, so folgt der Anteilswert in der Stichprobe einer hypergeometrischen Verteilung, die eine etwas kleinere Varianz als die Binomialverteilung besitzt (vgl. z. B. Bortz 1999: 69ff.; Sachs 1999: 279ff.; Kühnel und Krebs 2001: 162ff.; etc.). Bei genügend grosser Grundgesamtheit (als Faustregel: mindestens das Fünffache der Stichprobe), sind die Unterschiede zwischen den beiden Verteilungen jedoch vernachlässigbar gering, so dass standardmässig auf die einfacher handhabbare Binomialverteilung zurückgegriffen wird.

Diagramm 5.4: Dichtefunktion einer stetigen Zufallsvariable

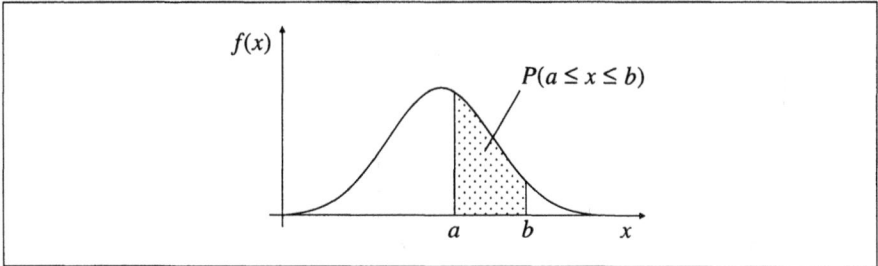

Wahrscheinlichkeitsdichte

Um das Konzept der Wahrscheinlichkeitsdichte zu veranschaulichen, stelle man sich ein Histogramm mit marginal kleinen Intervallbreiten (also sehr schmalen Säulen) vor. Das Histogramm lässt sich nun mit einer geglätteten Kurve approximieren (Abtragung eines geglätteten Polygonzuges über die Säulen). Diese Kurve wird als die Dichtekurve $f(x)$ der Wahrscheinlichkeitsverteilung einer stetigen Zufallsvariable bezeichnet. Ähnlich wie die Fläche der Balken in einem Histogramm gibt die Fläche unterhalb der Dichtekurve an, mit welcher Wahrscheinlichkeit eine Zufallsvariable X einen Wert in einem bestimmten Intervall $[a, b]$ annimmt.

Allgemein spricht man von einer stetigen Zufallsvariable X, wenn es eine Funktion $f(x) \geq 0$ gibt, so dass für jedes Intervall $[a, b]$

$$P(a \leq X \leq b) = \int_a^b f(x)\, dx$$

gilt. Die Funktion $f(x)$ wird dabei als die Wahrscheinlichkeitsdichte der Variable X bezeichnet. Sie ist für den Bereich $x \in [-\infty, +\infty]$ definiert und über diesen Bereich auf eins normiert. Das heisst, das Integral über $f(x)$ von $-\infty$ bis $+\infty$ ist ist gleich eins, also

$$\int_{-\infty}^{+\infty} f(x)\, dx = 1.$$

Die Dichtefunktionswerte sind nicht als Wahrscheinlichkeiten zu verstehen (z. B. ist $f(x) > 1$ möglich, was der Definition von Wahrscheinlichkeiten widersprechen würde). Wahrscheinlichkeiten ergeben sich erst bei der Betrachtung der Fläche, die für bestimmtes Intervall unterhalb der Dichtekurve liegt, wie es in Diagramm 5.4 veranschaulicht wird.

Auf den ersten Blick paradox erscheint, dass für stetige Zufallsvariablen die Wahrscheinlichkeit des Eintretens eines ganz bestimmten Wertes x gleich null ist, da gilt

$$P(X = x) = \int_x^x f(t)\, dt = 0.$$

Dies hängt damit zusammen, dass eine stetige Variable beliebig fein abgestuft werden kann. Wird ein Intervall auf der Skala einer stetigen Variable immer weiter

Diagramm 5.5:   Dichtekurve und Verteilungsfunktion einer stetigen Zufallsvariable

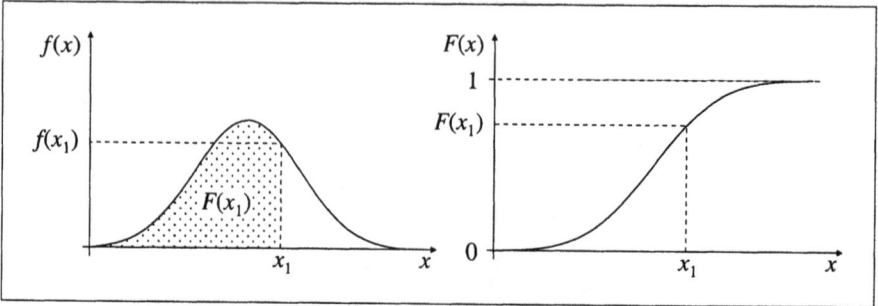

verkleinert, bis es am Ende nur noch einen einzigen möglichen Wert x umfasst, so strebt die Intervallbreite gegen null. Dies bedeutet gleichzeitig, dass die betroffene Fläche unterhalb der Dichtekurve gegen null strebt. Das Eintreten eines ganz bestimmten Wertes x ist somit »fast unmöglich«.

Verteilungsfunktion

Die Verteilungsfunktion $F(x) = P(X \leq x)$, also die Wahrscheinlichkeit, dass die Zufallsvariable X einen Wert kleiner gleich x annimmt (das Pendant zur empirischen Verteilungsfunktion), ergibt sich als das unbestimmte Integral der Dichte:

$$F(x) = P(X \leq x) = \int_{-\infty}^{x} f(t)\, dt.$$

Die Verteilungsfunktion $F(x)$ ist somit eine stetige und monoton wachsende Kurve mit Werten zwischen null für $x = -\infty$ und eins für $x = +\infty$. In umgekehrter Weise kann ausgehend von einer stetigen Verteilungsfunktion die Dichtefunktion als die Ableitung der Verteilungsfunktion definiert werden:

$$f(x) = F'(x) = \frac{dF(x)}{dx}.$$

Bei Vorliegen der Verteilungsfunktion lassen sich die Eintretenswahrscheinlichkeiten für bestimmte Intervalle einer stetigen Zufallsvariable auf einfache Weise bestimmen (vgl. auch Diagramm 5.5). Es gilt

$$P(X \leq a) = F(a), \quad P(a \leq X \leq b) = F(b) - F(a) \quad \text{und} \quad P(X \geq a) = 1 - F(a).$$

Unabhängigkeit

Unabhängigkeit zwischen zwei stetigen Zufallsvariablen X und Y liegt dann vor, wenn für beliebige Werte x und y gilt, dass die gemeinsame Wahrscheinlichkeit $P(X \leq x, Y \leq y)$ dem Produkt aus den getrennten Wahrscheinlichkeiten $P(X \leq x)$

Diagramm 5.6: Quantile und Median bei stetigen Zufallsvariablen (nach Fahrmeir et al. 2001: 284)

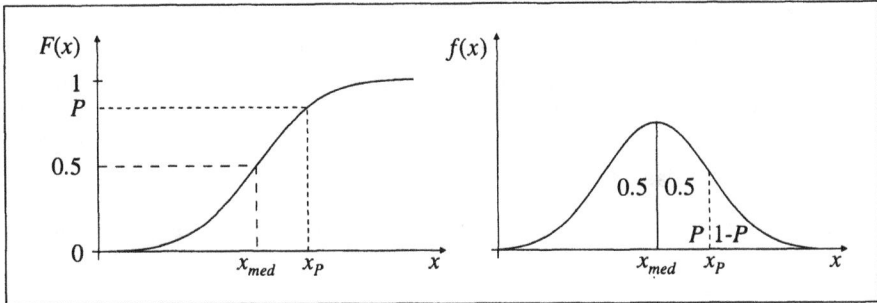

und $P(Y \leq y)$ bzw. dem Produkt aus den Verteilungsfunktionswerten $F_X(x)$ und $F_Y(y)$ entspricht, also wenn

$$P(X \leq x, Y \leq y) = P(X \leq x) \cdot P(Y \leq y) = F_X(x) \cdot F_Y(y).$$

Dies lässt sich auch allgemein auf beliebige Ereignisse für X und Y übertragen, z. B. auf die Wahrscheinlichkeiten, dass die Variablen Werte innerhalb bestimmter Intervalle $[a_X, b_X]$ und $[a_Y, b_Y]$ annehmen. Die Variablen sind also unabhängig, wenn

$$P(X \in [a_X, b_X], Y \in [a_Y, b_Y]) = P(X \in [a_X, b_X]) \cdot P(Y \in [a_Y, b_Y]).$$

Quantile

Ein P-Quantil x_P entspricht demjenigen Wert einer stetigen Zufallsvariable, der die Verteilung in zwei Anteile P und $1 - P$ teilt. Ein P-Quantil x_P liegt somit vor, wenn gilt

$$F(x_P) = P \quad \text{bzw.} \quad 1 - F(x_P) = 1 - P$$

(vgl. Diagramm 5.6). Der Median $\tilde{\mu} = x_{0.5} = x_{med}$ einer stetigen Verteilung entspricht dem 50%-Quantil, es gilt also $F(\tilde{\mu}) = 0.5$.

Die Definition der Quantile geht von einer streng monoton wachsenden Verteilungsfunktion aus (was dem Normalfall entspricht). Ist diese Bedingung verletzt, so sind bestimmte Quantile unter Umständen nicht eindeutig bestimmbar (d. h. es besteht ein Intervall von Werten, die die Quantilsdefinition erfüllen). Bei Auftreten eines solchen Falls kann z. B. die Intervalluntergrenze oder der Mittelwert des Intervalls angegeben werden.

Erwartungswert

Der Erwartungswert einer stetigen Zufallsvariable X, also der durchschnittlich zu erwartende Wert von X, ist gegeben als

$$E(X) = \mu = \int_{-\infty}^{+\infty} x f(x) \, dx.$$

Ähnlich wie der Erwartungswert von diskreten Variablen ist der Erwartungswert von stetigen Zufallsvariablen äquivariant gegenüber linearen Transformationen von X, also $E(aX + b) = aE(X) + b$. Zudem entspricht der Erwartungswert einer symmetrisch verteilten Zufallsvariable gerade dem Symmetriepunkt. Werden zwei stetige Zufallsvariablen X und Y summiert, so entspricht der Erwartungswert der Summe der getrennten Erwartungswerte von X und Y, also $E(X + Y) = E(X) + E(Y)$.

Varianz und Standardabweichung

Analog ergeben sich die Varianz und Standarabweichung einer stetigen Zufallsvariable als

$$Var(X) = \sigma^2 = \int_{-\infty}^{+\infty} (x - \mu)^2 f(x)\,dx$$

und

$$\sigma = \sqrt{Var(X)}.$$

Die Varianz entspricht auch hier dem Erwartungswert der quadrierten Abweichungen vom Mittelwert, also

$$Var(X) = E((X - \mu)^2) = E(X^2) - \mu^2.$$

Ebenfalls gelten für lineare Transformationen die Zusammenhänge

$$Var(aX + b) = a^2 Var(X) \quad \text{und} \quad \sigma_{aX+b} = |a|\sigma_X.$$

Für die Varianz der Summe von *unabhängigen* Zufallsvariablen gilt zudem

$$Var(X + Y) = Var(X) + Var(Y).$$

5.3.5 Spezielle stetige Verteilungen

Einige spezielle Verteilungen stetiger Zufallsvariablen besitzen eine besondere Bedeutung in der Inferenzstatistik und werden deshalb nachfolgend kurz besprochen. Es sind dies die Gleichverteilung, die Normal- und Standardnormalverteilung, die χ^2-Verteilung, die t-Verteilung und die F-Verteilung.

Gleichverteilung

In gewissen Situationen ist die Annahme naheliegend, dass die Werte einer stetigen Zufallsvariable mit gleicher Wahrscheinlichkeit auftreten, dass also eine stetige Gleichverteilung vorliegt. Allgemein ist eine stetige Zufallsvariable X auf dem Intervall $[a,b]$ *gleichverteilt*, wenn die Dichte $f(x)$ gegeben ist als

$$f(x) = \begin{cases} \frac{1}{b-a} & \text{für } a \leq x \leq b, \quad a < b \\ 0 & \text{sonst.} \end{cases}$$

Diagramm 5.7: Dichte und Verteilungsfunktion einer gleichverteilten stetigen Zufallsvariable (nach Fahrmeir et al. 2001: 276, Rinne 1997: 193)

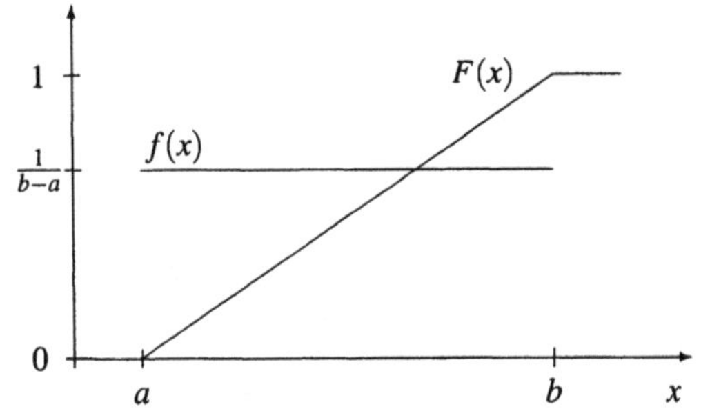

Die Verteilungsfunktion ist dann gegeben als $F(x) = 0$ für $x < a$,

$$F(x) = \int_{-\infty}^{x} f(t)\,dt = \int_{a}^{x} \frac{1}{b-a}\,dt = \frac{x-a}{b-a}$$

für $a \leq x \leq b$ und $F(x) = 1$ für $x > b$. Die Dichte und Verteilungsfunktion einer gleichverteilten stetigen Zufallsvariable sind in Diagramm 5.7 dargestellt. Wie man leicht erkennen kann, entsprechen der Median und der Erwartungswert aus Symmetriegründen dem mittleren Wert des Intervalls $[a, b]$, also

$$E(X) = x_{0.5} = \frac{a+b}{2}.$$

Die Varianz und Standardabweichung einer stetigen Gleichverteilung sind gegeben als

$$Var(X) = \sigma^2 = E(X^2) - (E(X))^2 = \frac{(b-a)^2}{12} \quad \text{und} \quad \sigma = \frac{(b-a)}{\sqrt{12}},$$

nehmen also quadratisch bzw. linear mit der Distanz zwischen a und b zu.

Normalverteilung

Eine für die Statistik besonders wichtige Klasse von Dichtekurven stetiger Zufallsvariablen ist gegeben durch die Formel

$$f(x|\mu, \sigma) = \frac{1}{\sigma\sqrt{2\pi}} \exp\left(-\frac{(x-\mu)^2}{2\sigma^2}\right) = \frac{1}{\sigma\sqrt{2\pi}} e^{-\frac{(x-\mu)^2}{2\sigma^2}},$$

wobei der Parameter μ dem Erwartungswert und $\sigma^2 > 0$ der Varianz von X entspricht, also $E(X) = \mu$ und $Var(X) = \sigma^2$. Die Konstante $\pi \approx 3.14$ steht für das Verhältnis zwischen Kreisumfang und Durchmesser, $e \approx 2.72$ entspricht der Basis der natürlichen Logarithmen.

Diagramm 5.8: Dichtekurve der Normalverteilung für verschiedene Parameter μ und σ

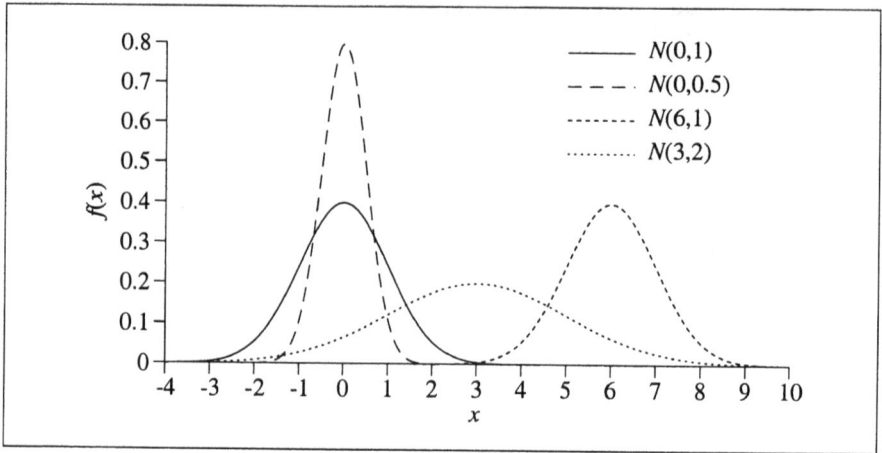

Bei der Funktion handelt es sich um die Dichtekurve einer Normal- bzw. Gauss-Verteilung. Sie wird ihrer Form wegen manchmal auch als Glockenkurve bezeichnet (vgl. Diagramm 5.8). Besitzt eine Zuallsvariable X eine solche Dichtekurve, so heisst sie normalverteilt mit den Parametern μ und σ, kurz $X \sim N(\mu, \sigma)$. Eine Normalverteilung hat unter anderem die folgenden Eigenschaften:

▷ Die Dichte ist symmetrisch und unimodal (eingipflig) verteilt.

▷ Die Form einer Normalverteilung $N(\mu, \sigma)$ kann durch die Parameter μ und σ variiert werden. Es handelt sich dabei aber lediglich um eine Verschiebung bzw. eine Stauchung oder Streckung der Kurve, während die Grundform erhalten bleibt. Diagramm 5.8 zeigt die Dichtekurven der Verteilungen $N(0, 1)$, $N(6, 1)$, $N(3, 2)$ und $N(0, 0.5)$.

▷ Die Dichte $f(x)$ einer Normalverteilung $N(\mu, \sigma)$ erreicht an der Stelle $x = \mu$ ihr Maximum (Spitze des Verteilungsgipfels).

▷ Aufgrund der Symmetrie und Unimodalität der Dichtefunktion $f(x)$ sind der Modus, der Median und der Erwartungswert einer normalverteilten Variable identisch.

▷ Die Kurvenenden der Dichtefunktion einer Normalverteilung nähern sich asymptotisch der Abszisse ($f(x)$ wird auch für beliebig grosse oder kleine reelle Werte von x nie bzw. nur *fast* null).

▷ Die Wendepunkte der Dichtefunktion einer Normalverteilung befinden sich gerade bei $x = \mu + \sigma$ und $x = \mu - \sigma$.

▷ 68-95.5-99.7-Prozent-Regel: Die Wahrscheinlichkeit, dass eine normalverteilte Zufallsvariable X einen Wert im Intervall $[\mu - \sigma, \mu + \sigma]$ annimmt, beträgt un-

Diagramm 5.9: 68-95.5-99.7-Prozent-Regel der Normalverteilung (die Fläche unterhalb der Dichtekurve entspricht für die betreffenden Intervalle jeweils dem angegebenen Prozentsatz)

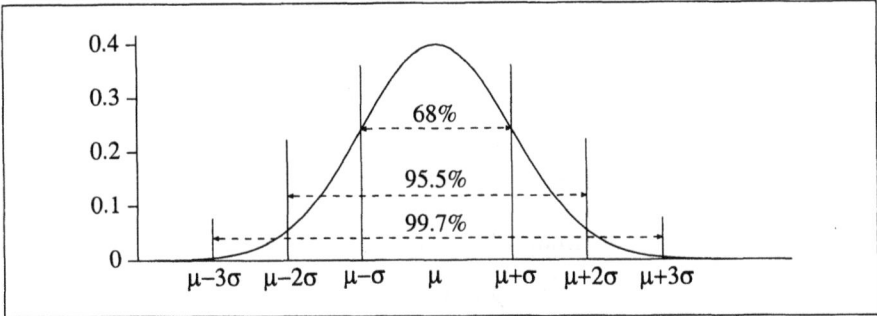

gefähr 68%. Für die Intervalle $[\mu - 2\sigma, \mu + 2\sigma]$ und $[\mu - 3\sigma, \mu + 3\sigma]$ betragen die Wahrscheinlichkeiten 95.5% bzw. 99.7% (vgl. Diagramm 5.9). Genauer gilt

$$P(\mu - \sigma \leq X \leq \mu + \sigma) = 0.6827,$$
$$P(\mu - 2\sigma \leq X \leq \mu + 2\sigma) = 0.9545,$$
$$P(\mu - 3\sigma \leq X \leq \mu + 3\sigma) = 0.9973.$$

Die Normalverteilung hat in der Statistik einen zentralen Stellenwert. Sie ist in verschiedenen Bereichen von Bedeutung. So etwa als *empirische Verteilung*, weil für verschiedene biologische Eigenschaften (Körpergewicht, Grösse) die Normalverteilung als »Naturgesetz« erkannt wurde. Die Normalverteilung dient auch als *Verteilungsmodell für statistische Masszahlen:* Verschiedene Stichprobenkennwerte sind bei genügend häufiger Stichprobenziehung normalverteilt um den »wahren« Parameter der Grundgesamtheit. Ebenfalls wichtig ist die Normalverteilung als *mathematische Basisverteilung*, aus der sich viele weitere theoretische Verteilungen wie z. B. die χ^2-, t- oder F-Verteilung ableiten lassen. Nicht zuletzt besitzt sie grosse Bedeutung im *Modell der statistischen Fehlertheorie*: Ein Messwert x_i setzt sich aus einem wahren Wert α_i und einem Fehleranteil ε_i zusammen:

$$x_i = \alpha_i + \varepsilon_i.$$

Bei genügend vielen (sich gegenseitig aufhebenden) Fehlerfaktoren und genügend vielen Messwiederholungen wird angenommen, dass die Messfehler ε_i normalverteilt sind mit dem Erwartungswert $E(\varepsilon_i) = 0$.

Standardnormalverteilung

Wird eine normalverteilte Zufallsvariable X mit dem Erwartungswert μ_X und der Standardabweichung σ_X zu

$$Z = \frac{X - \mu_X}{\sigma_X}$$

Diagramm 5.10:   Quantile der Standardnormalverteilung

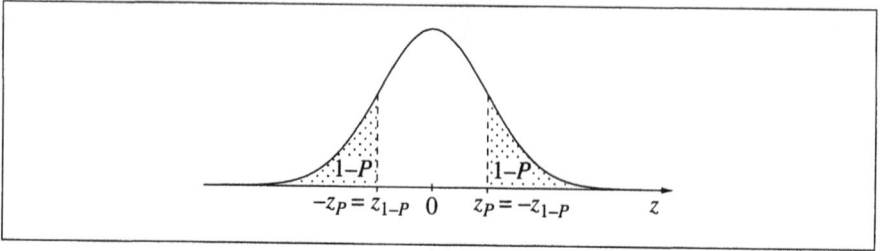

transformiert (z-Standardisierung), dann gilt

$$Z \sim N(0,1).$$

Eine Normalverteilung der Form $N(0,1)$ (also eine Normalverteilung mit den Parametern $\mu = 0$ und $\sigma = 1$) heisst *Standardnormalverteilung* und wird in vielen Situationen als Referenzverteilung eingesetzt. Die Dichtekurve der Standardnormalverteilung ist in Diagramm 5.8 neben anderen Normalverteilungsdichtekurven abgebildet (durchgezogene Linie).

Die Gleichung für die Dichtekurve der Standardnormalverteilung lässt sich vereinfachen zu

$$\varphi(z) = \frac{1}{\sqrt{2\pi}} \exp\left(-\frac{z^2}{2}\right) = \frac{1}{\sqrt{2\pi}} e^{-\frac{z^2}{2}}$$

und die Verteilungsfunktion $\Phi(z)$ der Standardnormalverteilung ist gegeben als

$$\Phi(z) = \int_{-\infty}^{z} \varphi(t)\,dt = \int_{-\infty}^{z} \frac{1}{\sqrt{2\pi}} \exp\left(-\frac{t^2}{2}\right)\,dt.$$

Ein Quantil z_P, $P \in [0,1]$, der Standardnormalverteilung ist derjenige Wert auf der z-Achse, der die Fläche zwischen $\varphi(z)$ und der z-Achse in einen Anteil P links und einen Anteil $(1-P)$ rechts von z_P aufteilt, also

$$\Phi(z_P) = \int_{-\infty}^{z_P} \varphi(z)\,dz = P \quad \text{und} \quad 1 - \Phi(z_P) = \int_{z_P}^{+\infty} \varphi(z)\,dz = 1 - P.$$

Aufgrund der Symmetrie der Standardnormalverteilung gilt zudem

$$\Phi(-z_P) = 1 - \Phi(z_P) \quad \text{und somit} \quad z_P = -z_{1-P},$$

was zur Verdeutlichung in Diagramm 5.10 grafisch dargestellt ist.

Das Integral $\Phi(z)$ kann nicht analytisch berechnet werden, was die Ermittlung der Quantile z_P etwas aufwändig gestaltet. In Tabelle A.1 im Anhang ist $\Phi(z)$ deshalb für eine Reihe von z-Werten aufgeführt. Einige wichtige Quantile sind:

P	0.50	0.75	0.90	0.95	0.975	0.99	0.995
z_P	0.00	0.67	1.28	1.64	1.96	2.33	2.58

Diagramm 5.11: Dichte der Chi²-Verteilung für verschiedene Freiheitsgrade

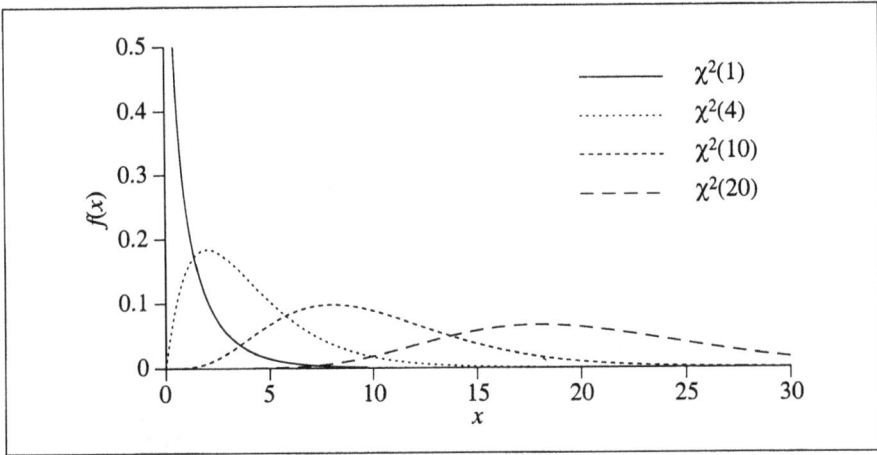

Aus der Standardnormalverteilung können verschiedene weitere Verteilungen abgeleitet werden. Aufgrund ihrer Bedeutung in der Inferenzstatistik werden nachfolgend die χ^2-, t- und F-Verteilung kurz beschrieben.

Chi²-Verteilung

Gegeben sind $X_1, \ldots, X_n$ unabhängige und standardnormalverteilte Zufallsvariablen, also $X_i \sim N(0,1)$. Werden diese quadriert und zu einer Zufallsvariable Z addiert, also

$$Z = X_1^2 + \ldots + X_n^2,$$

dann ist Z Chi-Quadrat-verteilt mit n Freiheitsgraden, kurz

$$Z \sim \chi^2(n).$$

Diagramm 5.11 zeigt die Dichtekurve der χ^2-Verteilung für verschiedene Freiheitsgrade.

Erläuterung: Freiheitsgrade (Degrees of Freedom, df)

Der Begriff der Freiheitsgrade (*df*) ist in der schliessenden Statistik oft anzutreffen. Freiheitsgrade stehen – wie es der Name eigentlich schon sagt – für den *Grad an Freiheit* in der Variation einer Grösse. Ist etwa der empirische Mittelwert $\bar{x}$ einer Variable in einer Stichprobe von Umfang n bekannt, so können nur $n - 1$ Beobachtungen »frei variieren«. Liegen nämlich zusätzlich zum Mittelwert diese $n - 1$ Beobachtungen vor, dann muss die n-te, also letzte Beobachtung einem ganz bestimmten, durch die $n - 1$ vorliegenden Beobachtungen determinierten Wert entsprechen. Ein anderes Beispiel wäre die Bestimmung von Zellbesetzungen in einer Vier-Felder-Tabelle. Sind die Randhäufigkeiten der Tabelle bekannt, so kann nur eine Zellhäufigkeit frei gewählt werden ($df = 1$). Sobald dies geschehen ist, sind die anderen

Diagramm 5.12:   Dichte der *t*-Verteilung für verschiedene Freiheitsgrade

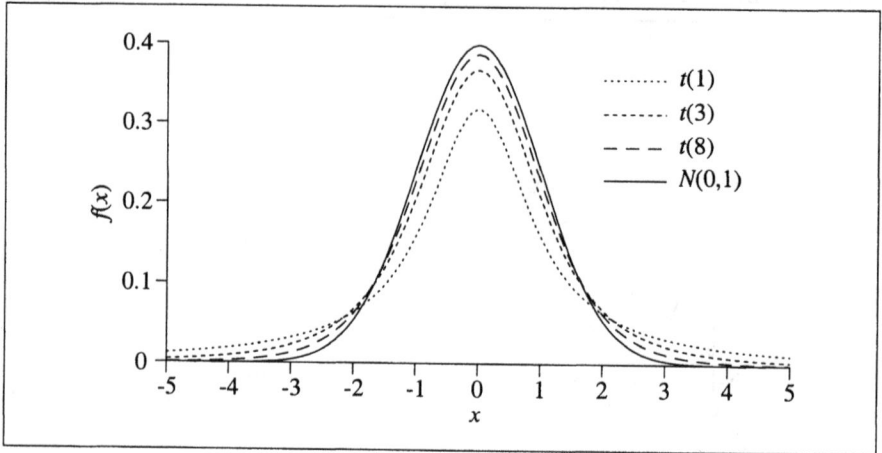

Zellhäufigkeiten determiniert. Andererseits handelt es sich bei den Freiheitsgraden ganz einfach um Parameter in einer Verteilungsfunktion, welche die Form der Funktion zu ändern vermögen.

t-Verteilung, Student-Verteilung

Gegeben seien die unabhängigen Zufallsvariablen $X \sim N(0,1)$ und $Z \sim \chi^2(n)$. Die Verteilung der Zufallsvariable

$$T = \frac{X}{\sqrt{Z/n}}$$

heisst Student- oder *t*-Verteilung mit n Freiheitsgraden. Die Variable T heisst $t(n)$-verteilt, kurz

$$T \sim t(n).$$

Abbildung 5.12 zeigt die Dichtekurve der *t*-Verteilung für verschiedene Freiheitsgrade. Für $n \to \infty$ konvergiert die Dichtekurve der *t*-Verteilung gegen die Dichte der Standarnormalverteilung. Für $n > 30$ sind die Unterschiede zwischen der Standardnormalverteilung und der *t*-Verteilung nur noch gering.

F-Verteilung, Fisher-Verteilung

Gegeben seien die unabhängigen Zufallsvariablen $X \sim \chi^2(m)$ und $Y \sim \chi^2(n)$. Die Verteilung der Zufallsvariable

$$Z = \frac{X/m}{Y/n}$$

heisst Fisher- oder *F*-Verteilung mit m und n Freiheitsgraden. Die Variable Z ist also $F(m,n)$-verteilt, kurz

$$Z \sim F(m,n).$$

Ähnlich wie für die Standardnormalverteilung finden sich im Anhang Tabellen, die einige ausgewählte P-Quantile der χ^2-, t- und F-Verteilungen für verschiedene Freiheitsgrade aufführen (Tabellen A.2 bis A.5).

Normal-Quantil-Plots

Um die Anpassung von empirischen Verteilungen an die Normalverteilung zu überprüfen, werden manchmal so genannte Normal-Quantil-Plots erstellt. Dabei werden die Beobachtungswerte gegen die entsprechenden Quantile der Normalverteilung abgetragen. Für alle Beobachtungen der geordneten Urliste $x_{(1)} \leq \ldots \leq x_{(n)}$ werden also die zugehörigen $P_{(i)}$-Quantile $z_{(i)}$ der Standardnormalverteilung gemäss

$$z_{(i)} = \Phi^{-1}(P_{(i)})$$

ermittelt (wobei Φ^{-1} der Inverse der Standardnormalverteilung entspricht) und die Punkte

$$(z_{(1)}, x_{(1)}), \ldots, (z_{(n)}, x_{(n)})$$

in ein z-x-Koordinatensystem eingetragen. Für die Schätzung von $P_{(i)}$ bestehen dabei verschiedene Möglichkeiten. Üblich sind zum Beispiel $\hat{P}_{(i)} = (i - 0.5)/n$ oder $\hat{P}_{(i)} = i/(n+1)$. Manchmal werden die Quantile $z_{(i)}$ auch zu

$$q_{(i)} = (s \cdot z_{(i)}) + \bar{x}$$

transformiert (wobei s der Standardabweichung und $\bar{x}$ dem Mittel der Beobachtungswerte entspricht), so dass beide Variablen die gleichen Einheiten besitzen (d. h. es werden die Beobachtungswerte gegen die entsprechenden Quantile einer Normalverteilung mit den Parametern $\bar{x}$ und s abgetragen). Zudem wird in den Diagrammen eine Hilfslinie eingezeichnet, die den Fall der Übereinstimmung der Verteilungen markiert. Beispiel 5.1 zeigt die Normal-Quantil-Plots für die Variablen »monatliches Haushaltseinkommen« und »logarithmiertes monatliches Haushaltseinkommen« (vgl. auch die Histogramme in Beispiel 3.5 und die empirischen Verteilungsfunktionen in Beispiel 3.8). Man sieht, dass die Verteilung der Haushaltseinkommen stark von einer Normalverteilung abweicht (rechtsschief). Durch die Logarithmierung wird jedoch eine recht gute Anpassung erreicht (die Verteilung ist jetzt allerdings leicht linksschief und etwas stärker gewölbt als eine Normalverteilung).

In ähnlicher Weise können empirische Verteilungen mit weiteren theoretischen Verteilungen wie etwa der χ^2-Verteilung verglichen werden. Zudem besteht auch die Möglichkeit, zwei empirische Verteilungen miteinander zu vergleichen, indem die geordneten Urlisten der Verteilungen gegeneinander abgetragen werden: Liegen die Punkte auf einer Geraden, so haben beide Variablen die gleiche Verteilungsform. Eine weitere Strategie besteht darin, dass anstatt der Beobachtungswerte und der Quantile einer theoretischen Verteilung die kumulierten Wahrscheinlichkeiten der

Beispiel 5.1: Normal-Quantil-Plots des Haushaltseinkommens und des logarithmierten Haushaltseinkommens (SAMS98)

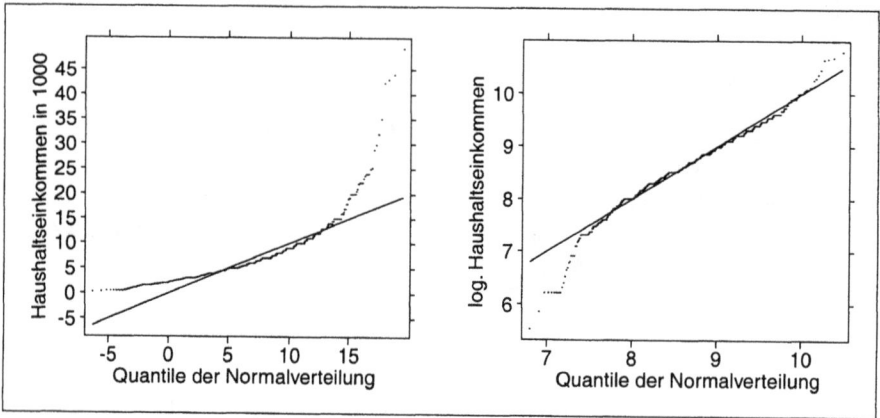

geordneten Beobachtungswerte gegen theoretische Funktionswerte der standardisierten Beobachtungswerte abgetragen werden (Probability-Plot, also z. B. $P_{(i)}$ gegen $\Phi((x_{(i)} - \bar{x})/s)$). Der Unterschied zwischen den beiden Verfahren besteht hauptsächlich darin, dass im Quantil-Plot Abweichungen in den Randbereichen stärker hervorgehoben werden und sich der Probability-Plot stärker auf Unregelmässigkeiten im Zentrum der Verteilung konzentriert.

5.4 Grenzwertsätze

Bevor nun auf die Anwendung inferenzstatistischer Instrumente eingegangen werden kann, bleiben noch einige Überlegungen zur wiederholten Durchführung eines Zufallsvorganges darzustellen. Erst die daraus folgenden Sätze der Statistik liefern die Grundlage für das Schliessen von einer Stichprobe auf die Grundgesamtheit.

Unabhängige und identische Wiederholungen eines Zufallsvorganges

Gegeben sei eine diskrete oder stetige Zufallsvariable X mit einer bestimmten Verteilungsfunktion F und ein zugehöriger Zufallsvorgang. Die n-fache unabhängige Wiederholung des Zufallsvorganges entspricht der Erzeugung von n unabhängigen und identisch wie X verteilten Zufallsvariablen X_i, $i = 1, \ldots, n$, mit den zugehörigen Realisierungen x_i (d. h. für jede Zufallsvariable liegt genau eine Realisierung vor). Man sagt, die Zufallsvariablen $X_1, \ldots, X_n$ seien *unabhängige Wiederholungen von X*. Sie besitzen die gleiche Verteilungsfunktion wie X und insbesondere den gleichen Erwartungswert μ und die gleiche Varianz σ^2.

Diese Sichtweise lässt sich i. d. R. auf Zufallsstichproben übertragen. Gegeben sei eine Variable X (z. B. Haushaltseinkommen) mit Verteilungsfunktion F sowie Erwartungswert μ und Varianz σ^2 in der Grundgesamtheit. Der zugehörige Zufallsvorgang sei die zufällige Auswahl einer statistischen Einheit (z. B. eines Haushalts) und die nachfolgende Messung von X. Die n-fache unabhängige Wiederholung des Zufallsvorganges führt zu einer Stichprobe n mit den Realisierungen $x_1, \ldots, x_n$ (z. B. den Haushaltseinkommen von n Haushalten). Die Realisierungen, also die Ergebnisse der einzelnen Zufallsvorgänge, können nun als die Ergebnisse von n unabhängigen, identischen Zufallsvariablen $X_1, \ldots, X_n$ bzw. als n unabhängige Wiederholungen von X aufgefasst werden (wobei für jede der Zufallsvariablen bzw. Wiederholungen nur gerade eine Realisierung vorliegt).

Das Gesetz der grossen Zahlen

Gegeben sind n unabhängige Wiederholungen einer Zufallsvariable X mit μ und σ^2. Die Zufallsvariable

$$\bar{X}_n = \frac{1}{n} \sum_{i=1}^{n} X_i$$

beschreibt nun den durchschnittlichen Wert von X, der bei n Wiederholungen erzielt wird (arithmetisches Mittel). Nach Durchführung der Wiederholungen erhält man

$$\bar{x}_n = \frac{1}{n} \sum_{i=1}^{n} x_i$$

als Realisierung von $\bar{X}_n$. Das Gesetz der grossen Zahlen besagt nun, dass mit steigendem n (Stichprobenumfang) die Zufallsvariable $\bar{X}_n$ mit steigender Wahrscheinlichkeit nahe bei μ (Erwartungswert von X) liegt. Genauer kann das Gesetz der grossen Zahlen wie folgt gefasst werden:

$$P(|\bar{X}_n - \mu| \le \varepsilon) \to 1 \quad \text{für} \quad n \to \infty,$$

wobei ε ein beliebig kleiner positiver Wert sein kann ($\varepsilon > 0$). Strebt also die Stichprobengrösse gegen unendlich, dann strebt die Wahrscheinlichkeit gegen 1, dass der Betrag der Differenz zwischen $\bar{X}_n$ und μ kleiner gleich einer beliebig kleinen positiven Konstante ε ist (man sagt: $\bar{X}_n$ konvergiert mit $n \to \infty$ nach Wahrscheinlichkeit gegen μ).

Konkret gelten für den Mittelwert unabhängiger Wiederholungen von X die folgenden Zusammenhänge:

$$E(\bar{X}_n) = \frac{E(X_1) + \ldots + E(X_n)}{n} = \frac{n\mu}{n} = \mu$$

und

$$Var(\bar{X}_n) = \frac{Var(X_1 + \ldots + X_n)}{n^2} = \frac{n\sigma^2}{n^2} = \frac{\sigma^2}{n}.$$

Der Erwartungswert von $\bar{X}_n$ ist somit gerade gleich μ und die Varianz von $\bar{X}_n$ nimmt proportional zur Stichprobengrösse ab. Die Standardabweichung von $\bar{X}_n$ ergibt sich somit als

$$SE(\bar{X}_n) = \sqrt{Var(\bar{X}_n)} = \frac{\sigma}{\sqrt{n}}$$

und wird als *Standardfehler* bezeichnet (Standard Error). Dieser Zusammenhang ist auch bekannt als das »Wurzel-n-Gesetz«.

Der Hauptsatz der Statistik

Eine Verallgemeinerung des Gesetzes der grossen Zahlen bezieht sich nicht nur auf den Mittelwert, sondern auf die gesamte Verteilungsfunktion $F(x)$. Es lässt sich zeigen, dass die empirische Verteilungsfunktion $F_n(x)$ für jedes x mit steigendem n gegen die Verteilungsfunktion $F(x)$ von X konvergiert. Dieser Befund wird im Hauptsatz der Statistik (Satz von Gliwenko) gefasst:

$$P(\sup|F_n(x) - F(x)| \le \varepsilon) \to 1 \quad \text{für} \quad n \to \infty,$$

wobei $F(x)$ die Verteilungsfunktion von X, $F_n(x)$ die empirische Verteilungsfunktion zu n unabhängig und identisch wie X verteilten Zufallsvariablen $X_1, \ldots, X_n$ und ε eine beliebig kleine positive Konstante symbolisiert. Mit $\sup|F_n(x) - F(x)|$ ist die grösste Abweichung zwischen $F_n(x)$ und $F(x)$ gemeint. Der Hauptsatz von Gliwenko besagt also, dass die Verteilungsfunktion $F(x)$ mit steigendem n immer besser durch die empirische Verteilungsfunktion $F_n(x)$ approximiert wird.

Der zentrale Grenzwertsatz

Der zentrale Grenzwertsatz nach Lindenberg und Lévy besagt, dass die Verteilung der Summe aus unabhängig identisch verteilten Zufallsvariablen $X_1, \ldots, X_n$ für grosses n gegen eine Normalverteilung konvergiert.

Gegeben seien also die unabhängig identisch verteilten Zufallsvariablen $X_1, \ldots, X_n$ mit $E(X_i) = \mu$ und $Var(X_i) = \sigma^2 > 0$. Der Erwartungswert und die Varianz der Summe dieser Zufallsvariablen sind dann gegeben als

$$E(X_1 + \ldots + X_n) = n\mu \quad \text{und} \quad Var(X_1 + \ldots + X_n) = n\sigma^2$$

und können verwendet werden, um die Summe zu standardisieren. Diese standardisierte Summe der Zufallsvariablen $X_1, \ldots, X_n$, die selbst eine Zufallsvariable ist, soll mit Z_n symbolisiert werden und ist gegeben als

$$Z_n = \frac{X_1 + \ldots + X_n - n\mu}{\sqrt{n}\sigma} = \frac{1}{\sqrt{n}} \sum_{i=1}^{n} \frac{X_i - \mu}{\sigma}.$$

Der zentrale Grenzwertsatz besagt nun, dass die Verteilungsfunktion $F_n(z) = P(Z_n \le z)$ der standardisierten Summe aus $X_1, \ldots, X_n$ für $n \to \infty$ gegen die Verteilungsfunktion $\Phi(z)$ der Standardnormalverteilung konvergiert, also

$$\lim_{n \to \infty} F_n(z) = \Phi(z).$$

Dieser Zusammenhang wird zuweilen auch formuliert als

$$Z_n \overset{a}{\sim} N(0,1),$$

d. h. die Zufallsvariable Z_n ist *approximativ* standardnormalverteilt. Die Angleichung an die Standardnormalverteilung geschieht dabei um so schneller, je weniger die Verteilung der zu Grunde liegenden Zufallsvariable X von einer Normalverteilung abweichen. Überdies gilt der zentrale Grenzwertsatz i. d. R. sogar dann, wenn die Unabhängigkeit der Variablen $X_1, \ldots, X_n$ verletzt ist und/oder die Variablen unterschiedlich verteilt sind.

5.5 Schätztheorie

In der sozialwissenschaftlichen Forschung geht es meistens nicht nur um die Berechnung der Eigenschaften von Merkmalen in einer Stichprobe. Vielmehr soll ausgehend von den Informationen, die für eine Stichprobe vorliegen, versucht werden, Aussagen über die Eigenschaften der Merkmale in der Grundgesamtheit zu treffen. Masszahlen wie etwa das arithmetische Mittel, die mit den Daten einer Zufallsstichprobe berechnet werden, können dabei herangezogen werden.

Verallgemeinerungen von Stichproben auf die Grundgesamtheit sind immer mit Unsicherheiten behaftet. Einerseits können zwar exakte Schätzwerte für Parameter in der Grundgesamtheit berechnet werden (Punktschätzung), es ist aber unerlässlich, sich auch mit der Frage zu beschäftigen, mit welcher Wahrscheinlichkeit auch andere Werte für die Parameter in Frage kommen. Normalerweise wird das Problem so angegangen, dass zusätzlich zu einem Punktschätzer ein Wahrscheinlichkeitsintervall angegeben wird, d. h. es wird ein um den Punktschätzer liegendes Werteintervall bestimmt, in dem der Parameter mit einer bestimmten Wahrscheinlichkeit liegt (Intervallschätzung). Ein weiterer, jedoch mit der Intervallschätzung eng verwandter Ansatz der Inferenzstatistik liegt im Testen von Hypothesen über Parameter (Testtheorie).

5.5.1 Punktschätzung

Die Stichprobenfunktion

$$\hat{\theta}_n = g(X_1, \ldots, X_n)$$

heisst *Schätzfunktion*, *Schätzstatistik* oder *Punktschätzer* für den Parameter θ in der Grundgesamtheit. Aus den Realisierungen $x_1, \ldots, x_n$ ergibt sich ein zugehöriger *Schätzwert*

$$\vartheta_n = g(x_1, \ldots, x_n)$$

(ϑ_n ist eine empirische Realisation von $\hat{\theta}_n$). Die Funktion $g(.)$ steht dabei stellvertretend für die Funktionen verschiedenster Masszahlen. Die Schätzfunktion des Parameters $\theta = E(X) = \mu$ (Erwartungswert) ist z. B. gegeben als

$$\hat{\theta}_n = \bar{X}_n = \frac{1}{n} \sum_{i=1}^{n} X_i.$$

Für den Parameter $\theta = Var(X) = \sigma^2$ (Varianz) könnte die Schätzfunktion definiert werden als

$$\hat{\theta}_n = S_n^2 = \frac{1}{n-1}\sum_{i=1}^{n}(X_i - \bar{X}_n)^2.$$

Für einen bestimmten Parameter θ sind i. d. R. alternative Schätzfunktionen denkbar. Es ist daher wichtig, die Güte einer Schätzfunktion beurteilen zu können, d. h. es sollen die Eigenschaften der verschiedenen Schätzfunktionen bewertet und der Schätzer mit den »besten« Eigenschaften ausgewählt werden. Einige Bewertungskriterien für Schätzfunktionen sind die Erwartungstreue, Effizienz, Konsistenz und Suffizienz.

Erwartungstreue

Eine Schätzfunktion $\hat{\theta}_n = g(X_1, \ldots, X_n)$ heisst *erwartungstreu* für den Parameter θ wenn gilt

$$E(\hat{\theta}_n) = \theta \quad \text{für alle } n,$$

wenn also unabhängig von der Stichprobengrösse n mit $\hat{\theta}_n$ im Durchschnitt richtig geschätzt wird (d. h. der Erwartungswert von $\hat{\theta}_n$ bzw. der erwartete Mittelwert der Schätzwerte ϑ_n ist für alle n gleich θ).

Eine Schätzfunktion heisst *asymptotisch erwartungstreu* wenn sich Erwartungstreue erst bei grösserem n einstellt, also wenn gilt

$$\lim_{n\to\infty} E(\hat{\theta}_n) = \theta.$$

Nicht-erwartungstreue Schätzer werden als verzerrt oder »biased« bezeichnet, wobei der Grad an Verzerrung bzw. der »Bias« $B(\hat{\theta}_n)$ gegeben ist als die Differenz zwischen dem Erwartungswert von $\hat{\theta}_n$ und θ, also

$$B(\hat{\theta}_n) = E(\hat{\theta}_n) - \theta.$$

Bei $B(\hat{\theta}_n)$ kleiner null liegt systematische Unterschätzung vor, bei $B(\hat{\theta}_n)$ grösser null systematische Überschätzung.

Zum Beispiel ist die empirische Varianz

$$\tilde{S}_n^2 = \frac{1}{n}\sum_{i=1}^{n}(X_i - \hat{X}_n)^2$$

nicht erwartungstreu, da der Erwartungswert von $\tilde{S}_n^2$ gegeben ist als

$$E(\tilde{S}_n^2) = \frac{n-1}{n}\sigma^2.$$

Es liegt also ein Bias in Höhe von $B(\tilde{S}_n^2) = E(\tilde{S}_n^2) - \sigma^2 = -\sigma^2/n$ vor, d. h. der Parameter σ^2 wird systematisch unterschätzt.[5] Einen erwartungstreuen Schätzer liefert hingegen die Stichprobenvarianz

$$S_n^2 = \frac{1}{n-1} \sum_{i=1}^{n} (X_i - \bar{X}_n)^2 \quad \text{mit} \quad E(S_n^2) = \sigma^2.$$

Effizienz

Neben dem Erwartungswert ist die Streuung oder Variabilität einer Schätzfunktion als Kriterium der Güte bedeutend. Diese wird mit der erwarteten mittleren quadratischen Abweichung MSE (Mean Squared Error) gemessen. Sie ist allgemein definiert als

$$MSE(\hat{\theta}_n) = E([\hat{\theta}_n - \theta]^2) = Var(\hat{\theta}_n) + B(\hat{\theta}_n)^2.$$

Für erwartungstreue Schätzer fällt der Bias weg und die Formel vereinfacht sich zu

$$MSE(\hat{\theta}_n) = E([\hat{\theta}_n - E(\hat{\theta}_n)]^2) = Var(\hat{\theta}_n).$$

Der Standardfehler (standard error) eines erwartungstreuen Schätzers ist gegeben als

$$SE(\hat{\theta}_n) = \sigma_{\hat{\theta}_n} = \sqrt{Var(\hat{\theta}_n)}.$$

Eine Schätzfunktion $\hat{\theta}_n^1$ heisst *effizienter* oder *wirksamer* als eine Schätzfunktion $\hat{\theta}_n^2$, wenn sie eine kleinere Variabilität besitzt, wenn also gilt

$$MSE(\hat{\theta}_n^1) < MSE(\hat{\theta}_n^2).$$

Falls die Schätzfunktionen $\hat{\theta}_n^1$ und $\hat{\theta}_n^2$ erwartungstreu sind, vereinfacht sich die Beziehung zu

$$Var(\hat{\theta}_n^1) < Var(\hat{\theta}_n^2).$$

Eine Schätzfunktion $\hat{\theta}_n^*$ heisst *absolut effizient* oder *wirksamst*, wenn es für θ keine andere Schätzfunktion mit kleinerer Variabilität MSE gibt. Eine *erwartungstreue* Schätzfunktion $\hat{\theta}_n^*$ heisst *absolut effizient* oder *wirksamst*, wenn es für θ keine andere erwartungstreue Schätzfunktion mit kleinerer Varianz $Var(\hat{\theta}_n)$ gibt.

Konsistenz

Eine Schätzfunktion $\hat{\theta}_n$ heisst *konsistent im quadratischen Mittel* bzw. *MSE-konsistent* wenn die mittlere quadratische Abweichung für $n \to \infty$ gegen null konvergiert, also falls gilt

$$\lim_{n \to \infty} MSE(\hat{\theta}_n) = 0.$$

---

[5]Allerdings ist die empirische Varianz $\tilde{S}_n^2$ *asymptotisch* erwartungstreu. Geht n gegen unendlich, strebt der Ausdruck $(n-1)/n$ gegen 1 bzw. der Bias $-\sigma^2/n$ konvergiert gegen null.

Festzuhalten ist, dass es sich bei der Konsistenz um eine *asymptotische* Eigenschaft handelt. Für einen konsistenten Schätzer kann somit bei kleineren Stichproben durchaus eine erhebliche Verzerrung $B(\hat{\theta}_n)$ und Varianz $Var(\hat{\theta}_n)$ bestehen.

Alternativ kann Konsistenz auch wie folgt definiert werden (schwache Konsistenz): Eine Schätzstatistik $\hat{\theta}_n$ heisst *schwach konsistent* wenn zu beliebigem $\varepsilon > 0$ gilt

$$\lim_{n \to \infty} P(|\hat{\theta}_n - \theta| \leq \varepsilon) = 1 \quad \text{bzw.} \quad \lim_{n \to \infty} P(|\hat{\theta}_n - \theta| > \varepsilon) = 0.$$

Eine *MSE*-konsistente Schätzfunktion ist immer auch schwach konsistent.

Suffizienz

Eine Schätzfunktion $\hat{\theta}_n$ heisst *suffizient* oder erschöpfend, wenn die in den n unabhängigen Wiederholungen X_i enthaltene Information ausgeschöpft wird, »so dass durch Berechnung eines weiteren statistischen Kennwertes keine zusätzliche Information über den zu schätzenden Parameter gewonnen werden kann« (Bortz 1999: 97). Zum Beispiel ist das arithmetische Mittel ein suffizienter Schätzer für den Erwartungswert einer intervallskalierter Variable, nicht aber der Median, da dieser lediglich Informationen auf Ordinalskalenniveau berücksichtigt.

Konstruktionsprinzipien für Schätzfunktionen

Ein zentrales Problem bei der Parameterschätzung ist, überhaupt einen geeigneten Schätzer für den (die) zur Diskussion stehenden Parameter zu finden. Ein Ansatz, der z. B. beim Schätzen des Erwartungswertes oder im Rahmen der linearen Regression zur Anwendung kommt, ist die *Methode der kleinsten Quadrate*. Die Regel für das Schätzen eines Parameters lautet bei der Kleinste-Quadrate-Methode etwa wie folgt: »Wähle die Schätzfunktion so, dass die quadrierten Abweichungen zwischen dem Schätzer und den Beobachtungswerten minimiert werden.« Um den Kleinste-Quadrate-Schätzer für einen Erwartungswert zu erhalten, wird also

$$\sum_{i=1}^{n} (X_i - \mu)^2$$

minimiert. Als Lösung ergibt sich der erwartungstreue Schätzer $\hat{\mu} = \bar{X}$, also das artithmetische Mittel von X.

Ein anderer und i. d. R. breiter anwendbarer Ansatz zur Gewinnung von Schätzern ist die *Maximum-Likelihood-Methode* (vgl. z. B. Eliason 1993). Dieser liegt die Idee zu Grunde, einen Schätzer $\hat{\theta}$ so zu wählen, dass – angenommen $\hat{\theta}$ entspricht dem unbekannten Parameter θ – die Wahrscheinlichkeit bzw. die Likelihood des Auftretens der beobachteten Stichprobenwerte $x_1, \ldots, x_n$ maximiert wird. Es wird also ausgehend von einer Wahrscheinlichkeitsfunktion bzw. Wahrscheinlichkeitsdichte $f(x|\theta)$ eine Likelihood-Funktion

$$L(\theta|x_1, \ldots, x_n) = \prod_{i=1}^{n} f(x_i|\theta)$$

definiert und als Schätzer derjenige Wert $\hat\theta$ gewählt, der die Likelihood maximiert, also

$$L(\hat\theta|x_1,\ldots,x_n) = \max_\theta L(\theta|x_1,\ldots,x_n).$$

Weil die Likelihood-Funktion aus der Verteilungsfunktion des Merkmals abgeleitet wird, muss diese bekannt sein, oder es müssen Annahmen darüber getroffen werden können. Maximiert wird überdies aus Gründen der Einfachheit normalerweise die logarithmierte Likelihood-Funktion (die so genannte Log-Likelihood; die Maximierung der Likelihood und der Log-Likelihood führen zum selben Ergebnis).

Das Prinzip der Maximum-Likelihood-Methode lässt sich am einfachsten an der Schätzung eines Anteilwertes erläutern. Gegeben sei eine Stichprobe von Umfang $n = 10$ mit $x = 3$ Frauen und $n - x = 7$ Männern. Geschätzt werden sollte der Frauenanteil π in der Grundgesamtheit, aus der diese Stichprobe gezogen wurde. Mit Hilfe der Binomialverteilung lässt sich die Likelihood-Funktion bzw. die Log-Likelihood definieren als

$$L(\pi|n,x) = \binom{n}{x}\pi^x(1-\pi)^{n-x} \quad \text{bzw.} \quad \ln L(\pi|n,x) = \ln\binom{n}{x} + x\ln\pi + (n-x)\ln(1-\pi).$$

Wird die 1. Ableitung der Log-Likelihood, also

$$\frac{\partial \ln L}{\partial \pi} = \frac{x}{\pi} - \frac{n-x}{1-\pi}$$

null gesetzt, erhält man den Parameterschätzer $\hat\pi = x/n$.

Maximum-Likelihood-Schätzer sind konsistent und suffizient, sowie zumindest asymptotisch erwartungstreu und wirksamst. Zu weiteren Methoden wie etwa der Momenten-, Perzentils- oder χ^2-Minimum-Methode siehe Rinne (1997: 494ff.).

5.5.2 Intervallschätzung

Wie bereits angesprochen, ist ein Punktschätzer allein noch nicht besonders aussagekräftig. Zusätzlich sollte auch etwas über die Genauigkeit eines Schätzers ausgesagt werden, z. B. duch die Angabe des Standardfehlers des Schätzers. Ein diesbezüglich beliebtes Verfahren ist die Intervallschätzung, bei der ein Werteintervall angegeben wird, das den Parameter θ mit einer bestimmten Wahrscheinlichkeit umfasst. Ein solches Intervall wird *Konfidenzintervall* oder *Vertrauensintervall* genannt. Die verbleibende Wahrscheinlichkeit, dass θ nicht in dem Konfidenzintervall liegt, wird als die Irrtumswahrscheinlichkeit α bezeichnet und üblicherweise vornherein festgelegt. Gängige Werte für die Irrtumswahrscheinlichkeit sind z. B. $\alpha = 0.10$, $\alpha = 0.05$ oder $\alpha = 0.01$. Die Gegenwahrscheinlichkeit $1 - \alpha$ wird als die *Überdeckungswahrscheinlichkeit* bezeichnet und entspricht der Wahrscheinlichkeit, dass θ im Konfidenzintervall liegt.

Im Allgemeinen wird ein *zweiseitiges* $(1 - \alpha)$-Konfidenzintervall zu einer vorgegebenen Irrtumswahrscheinlichkeit α über die zwei Punkte

$$\hat\theta_{n;\alpha/2} = g_{\alpha/2}(X_1,\ldots,X_n) \quad \text{und} \quad \hat\theta_{n;1-\alpha/2} = g_{1-\alpha/2}(X_1,\ldots,X_n),$$

definiert und in der Form

$$\left[\hat{\theta}_{n;\alpha/2}, \hat{\theta}_{n;1-\alpha/2}\right] \quad \text{oder} \quad \hat{\theta}_{n;\alpha/2} \leq \theta \leq \hat{\theta}_{n;1-\alpha/2}$$

angegeben. Die Punkte $\hat{\theta}_{n;\alpha/2}$ und $\hat{\theta}_{n;1-\alpha/2}$ sind dabei so zu wählen, dass gilt

$$P(\hat{\theta}_{n;\alpha/2} \leq \theta \leq \hat{\theta}_{n;1-\alpha/2}) = 1 - \alpha.$$

Die Wahrscheinlichkeit, dass der Parameter θ zwischen $\hat{\theta}_{n;\alpha/2}$ und $\hat{\theta}_{n;1-\alpha/2}$ liegt, beträgt also genau $1 - \alpha$. Der Schätzer $\hat{\theta}_{n;\alpha/2}$ entspricht dabei der Untergrenze des Konfidenzintervalls und $\hat{\theta}_{n;1-\alpha/2}$ der Obergrenze. Konfidenzintervalle dieser Art sind symmetrisch, d. h. die Wahrscheinlichkeiten, dass θ über bzw. unter dem Intervall liegt, sind identisch und betragen je $1 - \alpha/2$.

Konfidenzintervalle können auch *einseitig* spezifiziert werden, d. h. es wird z. B. ein Schätzer angegeben, der mit einer Wahrscheinlichkeit $1 - \alpha$ grösser/gleich bzw. kleiner/gleich θ ist (dies entspricht der Angabe eines Konfidenzintervalls, bei dem die Unter- bzw. Obergrenze auf $-\infty$ bzw. ∞ gesetzt wird). Ein *einseitiges nach oben begrenztes* $(1 - \alpha)$-Konfidenzintervall ergibt sich somit durch eine Schätzfunktion $\hat{\theta}_{n;1-\alpha}$, für die gilt

$$P(\theta \leq \hat{\theta}_{n;1-\alpha}) = 1 - \alpha.$$

Ein *einseitiges nach unten begrenztes* $(1 - \alpha)$-Konfidenzintervall ergibt sich durch eine Schätzfunktion $\hat{\theta}_{n;\alpha}$, für die gilt

$$P(\hat{\theta}_{n;\alpha} \leq \theta) = 1 - \alpha.$$

Bei der Konstruktion der Schätzfunktionen für die Ober- und Untergrenze eines Konfidenzintervalls greift man normalerweise auf den Punktschätzer $\hat{\theta}_n$ und dessen Varianz $Var(\hat{\theta}_n)$ zurück. Zusätzlich ist die Verteilungsfunktion des Punktschätzers zu bestimmen bzw. eine Annahme darüber zu treffen. Die Schätzer für die Grenzen eines Konfidenzintervalls ergeben sich dann als Quantile dieser Verteilungsfunktion (also das $(\alpha/2)$- und $(1 - \alpha/2)$-Quantil für zweiseitige Intervalle sowie das α- bzw. $(\alpha/2)$-Quantil für einseitige Intervalle). Die Berechnung der Grenzen erfolgt normalerweise allerdings indirekt als die Summe aus dem Punktschätzer und dem Produkt des Standardfehlers mit dem betreffenden Quantil der standardisierten Verteilungsfunktion des Schätzers. Für ein zweiseitiges $(1 - \alpha)$-Konfidenzintervall ergeben sich die Grenzen somit als

$$\hat{\theta}_{n;\alpha/2} = \hat{\theta}_n + \zeta_{\alpha/2} SE(\hat{\theta}_n) \quad \text{und} \quad \hat{\theta}_{n;1-\alpha/2} = \hat{\theta}_n + \zeta_{1-\alpha/2} SE(\hat{\theta}_n),$$

wobei mit ζ_P das P-Quantil der standardisierten Verteilung von $\hat{\theta}_n$ gemeint ist (Hinweis: $\zeta_{\alpha/2}$ ist bei einer standardisierten Verteilung negativ). Analog berechnen sich die Grenzen einseitig nach oben bzw. unten begrenzter Konfidenzintervalle als

$$\hat{\theta}_{n;1-\alpha} = \hat{\theta}_n + \zeta_{1-\alpha} SE(\hat{\theta}_n) \quad \text{bzw.} \quad \hat{\theta}_{n;\alpha} = \hat{\theta}_n + \zeta_\alpha SE(\hat{\theta}_n).$$

Ist die Verteilung von $\hat{\theta}_n$ symmetrisch, dann gilt

$$\zeta_P = -\zeta_{1-P},$$

so dass die Intervallgrenzen eines zweiseitigen Intervalls vereinfacht als

$$\hat{\theta}_{n;\alpha/2} = \hat{\theta}_n - \zeta_{1-\alpha/2}SE(\hat{\theta}_n) \quad \text{und} \quad \hat{\theta}_{n;1-\alpha/2} = \hat{\theta}_n + \zeta_{1-\alpha/2}SE(\hat{\theta}_n)$$

berechnet werden können. Die Funktionsweise der Schätzung eines zweiseitigen $(1 - \alpha)$-Konfidenzintervalles wird nachfolgend am Beispiel eines Erwartungswertes $E(X)$ veranschaulicht. Zudem werden die Formeln zur Schätzung von Konfidenzintervallen für eine Varianz, einen Anteilswert π und für einen Median kurz besprochen.

Konfidenzintervall für einen Erwartungswert

Gegeben seien $X_1, \ldots, X_n$ unabhängige Wiederholungen einer normalverteilten Variable X mit unbekanntem Erwartungswert μ und unbekannter Varianz σ^2. Man stelle sich dazu die Messung des Merkmales X bei n zufällig gezogenen statistischen Einheiten vor, wodurch die Realisierungen $x_1, \ldots, x_n$ entstehen.

Würde der Zufallsvorgang (die Stichprobenziehung) m-mal wiederholt, entstünden m unterschiedliche Gruppen (Stichproben) von Realisierungen $x_1, \ldots, x_n$, für die jeweils ein (Stichproben-)Mittelwert berechnet werden könnte. Diese Masszahl würde über die verschiedenen Stichproben – da Ergebnis eines Zufallsprozesses – variieren, d. h. der Stichprobenmittelwert würde mal höher, mal tiefer ausfallen. Mit Referenz auf das Gesetz der grossen Zahlen können wir Wahrscheinlichkeitsaussagen über diese Variabilität treffen bzw. die Wahrscheinlichkeitsverteilung der Masszahl bestimmen. So wissen wir etwa, dass der Erwartungswert des Mittelwerts der unabhängigen Wiederholungen $X_1, \ldots, X_n$ gerade gleich dem Erwartungswert von X ist, also

$$E(\bar{X}_n) = E(X) = \mu,$$

und dass sich die Varianz und der Standardfehler der Stichprobenmittelwerte $\bar{X}_n$ herleiten lassen als

$$Var(\bar{X}_n) = \frac{\sigma^2}{n} \quad \text{und} \quad SE(\bar{X}_n) = \frac{\sigma}{\sqrt{n}}.$$

Gemäss dem zentralen Grenzwertsatz sind die Stichprobenmittelwerte zudem normalverteilt mit $E(\bar{X}_n)$ und $SE(\bar{X}_n)$, also

$$\bar{X}_n \sim N(\mu, \sigma/\sqrt{n}).$$

Mit Hilfe dieser Informationen kann nun ein Wertebereich bestimmt werden, in den ein Stichprobenmittelwert $\bar{X}_n$ mit einer bestimmten Wahrscheinlichkeit fallen wird. So kommt ein Samplemittelwert z. B. mit 95.5%-iger Wahrscheinlichkeit innerhalb

Diagramm 5.13:   Verteilung der Stichprobenmittelwerte

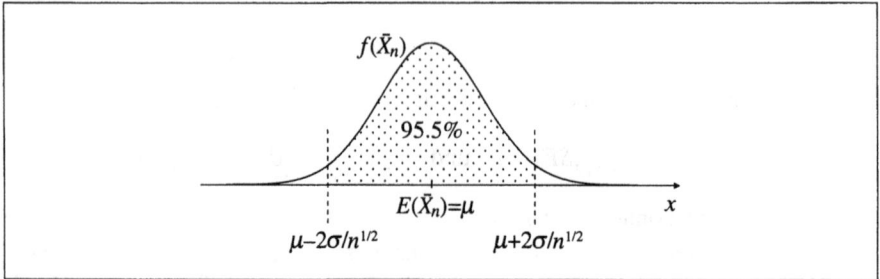

Diagramm 5.14:   Hypothetische Extremverteilungen der Stichprobenmittelwerte in Bezug auf eine vorliegende Realisation eines Stichprobenmittelwertes (nach Sahner 1997: 74)

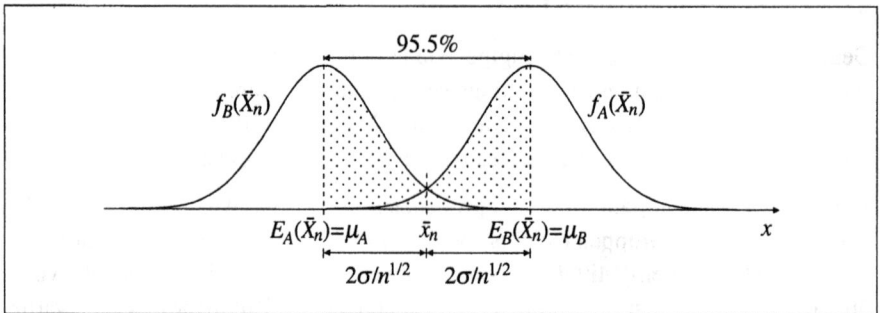

das Intervall $E(\bar{X}_n) \pm 2SE(\bar{X}_n)$ zu liegen, wie es in Diagramm 5.13 veranschaulicht wird (Hinweis: Bei einer Normalverteilung liefert die Wahrscheinlichkeitsfunktion über das Intervall $\mu \pm 2\sigma$ einen Wert von 0.955; vgl. Diagramm 5.9).

Umgekehrt kann ausgehend von einem Samplemittelwert $\bar{X}_n$ ein Bereich bestimmt werden, in dem der Parameter μ mit einer gewissen Wahrscheinlichkeit liegt. Diagramm 5.14 zeigt für eine Realisierung $\bar{x}_n$ eines Samplemittelwertes zwei hypothetische Verteilungen $f_A(\bar{X}_n)$ und $f_B(\bar{X}_n)$ mit unterschiedlichen Erwartungswerten $E_A(\bar{X}_n) = \mu_A$ und $E_B(\bar{X}_n) = \mu_B$. Die Verteilungen f_A und f_B sind so gewählt, dass zwischen $E_A(\bar{X}_n)$ und $\bar{x}_n$ gerade die für einen 95.5%-Vertrauensbereich maximal zulässige positive Entfernung von zwei Standardfehlern $SE(\bar{X}_n)$ besteht, und bei Verteilung f_B der Samplemittelwert $\bar{x}_n$ um den gleichen Betrag negativ vom Erwartungswert $E_B(\bar{X}_n)$ abweicht. Die Verteilungen f_A und f_B sind also bei einem Vertrauensbereich von 95.5% diejenigen mit kleinst- bzw. grösstzulässigem Erwartungswert von $\bar{X}_n$, d. h. die Erwartungswerte von 95.5% aller möglichen »wahren« Verteilungen der Samplemittelwerte liegen bei gegebener Varianz σ^2 innerhalb der durch $E_A(\bar{X}_n)$ und $E_B(\bar{X}_n)$ aufgespannten Grenzen. Oder: Mit einer Wahrscheinlichkeit von 0.955 wird der Erwartungswert der »wahren« Verteilung der Samplemittelwerte zwischen $E_A(\bar{X}_n)$ und $E_B(\bar{X}_n)$, also innerhalb $\bar{x}_n \pm 2SE(\bar{X}_n)$ liegen.

Zu einem Stichprobenmittelwert $\bar{X}_n$ kann also allgemein ein $(1-\alpha)$-Konfidenzintervall für μ als

$$\left[E(\bar{X}_n) - z_{1-\alpha/2} SE(\bar{X}_n), E(\bar{X}_n) + z_{1-\alpha/2} SE(\bar{X}_n) \right]$$

formuliert und nach Einsetzung der entsprechenden Formeln für $E(\bar{X}_n)$ und $SE(\bar{X}_n)$ berechnet werden als

$$\bar{X}_n \pm z_{1-\alpha/2} \frac{\sigma}{\sqrt{n}}.$$

Dabei entspricht $z_{1-\alpha/2}$ dem $(1-\alpha/2)$-Quantil der Standardnormalverteilung. Für $\alpha = 0.05$ (95%-Konfidenzintervall) ist z zum Beispiel gleich 1.96, für $\alpha = 0.01$ (99%-Konfidenzintervall) ist z gleich 2.58. Die Quantile der Standardnormalverteilung werden hier verwendet, weil die Schätzfunktion $\bar{X}_n$ wie bereits angesprochen mit μ und $\sigma/\sqrt{n}$ normalverteilt verteilt ist bzw. die standardisierte Schätzfunktion $Z_n = (\bar{X}_n - \mu)/(\sigma/\sqrt{n})$ einer Standardnormalverteilung folgt, kurz

$$Z_n = \frac{\bar{X}_n - \mu}{\sigma/\sqrt{n}} \sim N(0,1).$$

Die Schätzer für die Quantile der Verteilung von $\bar{X}_n$ können daher durch Umkehrung des Standardisierungsvorganges mit Hilfe der Quantile z_p der Standardnormalverteilung als $\bar{X}_{n;p} = E(\bar{X}_n) + z_p SE(\bar{X}_n)$ berechnet werden, was bei der Spezifizierung der Grenzen von Konfidenzintervallen ausgenützt wird.

Ein Konfidenzintervall wie oben dargestellt – um nochmals auf die Interpretation zurückzukommen – besagt, dass der »wahre« Mittelwert μ der Variable X mit einer Wahrscheinlichkeit von $1-\alpha$ (also z.B. mit 95%-iger Wahrscheinlichkeit für $\alpha = 0.05$) innerhalb der spezifizierten Grenzen liegt. Es bleibt jedoch ein Restrisiko α (Irrtumswahrscheinlichkeit) bestehen, dass sich der Parameter μ *ausserhalb* des Intervalls befindet. Bei einem symmetrischen Konfidenzintervall verteilt sich die Irrtumswahrscheinlichkeit zu gleichen Teilen auf den Bereich unterhalb und den Bereich oberhalb des Konfidenzintervalls. Es besteht also je eine Wahrscheinlichkeit von $\alpha/2$, dass der Parameter μ kleiner als die Untergrenze bzw. grösser als die Obergrenze des Intervalls ist. Bei einer Irrtumswahrscheinlichkeit von $\alpha = 0.05$ wird also z.B. beidseitig des Konfidenzintervalles eine Fehlerwahrscheinlichkeit von $\alpha/2 = 0.025$ zugelassen (vgl. Diagramm 5.15).

Es bleibt jedoch noch ein Problem bestehen: Zur Schätzung des Konfidenzintervalls wurde die Varianz σ^2 bzw. die Standardabweichung σ der interessierenden Variable X verwendet. Üblicherweise ist aber die Varianz σ^2 genau gleich wie der Erwartungswert $E(X)$, für den ein Konfidenzintervall geschätzt werden soll, nicht bekannt. Das Problem kann gelöst werden, indem die Varianz σ^2 aus den Stichprobendaten geschätzt wird. Setzt man also den erwartungstreuen Schätzer für die Varianz σ^2 von X, also

Diagramm 5.15:   Verteilung der Irrtumswahrscheinlichkeit

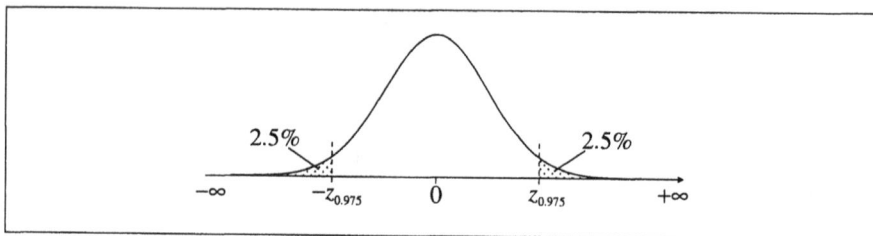

$$\hat{\sigma}_n^2 = S_n^2 = \frac{1}{n-1} \sum_{i=1}^{n} (X_i - \bar{X}_n)^2$$

in die Formel zur Berechnung des Standardfehlers der Verteilung der Stichprobenmittelwerte ein, so ergibt sich der Schätzer

$$\widehat{SE}(\bar{X}_n) = \frac{S_n}{\sqrt{n}} = \frac{\sqrt{\frac{1}{n-1} \sum_{i=1}^{n} (X_i - \bar{X}_n)^2}}{\sqrt{n}}.$$

Die Tatsache, dass der Schätzer $\widehat{SE}(\bar{X}_n)$ nur aymptotisch erwartungstreu ist (für kleine n wird $SE(\bar{X}_n)$ systematisch unterschätzt), hat zur Folge, dass die mit $\widehat{SE}(\bar{X}_n)$ standardisierte Variable der Stichprobenmittelwerte nicht standardnormal-, sondern t-verteilt ist, wobei $n-1$ Freiheitsgrade bestehen. Es gilt also

$$T_n = \frac{\bar{X}_n - \mu}{S_n / \sqrt{n}} \sim t(n-1).$$

Für die Berechnung des Vertrauensbereiches müssen folglich die Quantile $t_p(n-1)$ der t-Verteilung eingesetzt werden, was zu folgender Definition des Konfidenzintervalls führt:

$$\bar{X}_n \pm t_{1-\alpha/2}(n-1) \frac{S_n}{\sqrt{n}}.$$

Wiederum gilt, dass der Parameter μ mit einer Wahrscheinlichkeit von $1-\alpha$ in dem angegebenen Intervall liegt. Die Bestimmung eines *einseitigen* Konfidenzintervalls erfolgt analog, ausser dass in der Schätzformel $t_{1-\alpha/2}$ durch $t_{1-\alpha}$ ersetzt und lediglich eine Unter- bzw. Obergrenze geschätzt wird. Anzumerken ist zudem, dass bei grösserem n die Unterschiede zwischen der Standardnormalverteilung und der t-Verteilung vernachlässigbar klein sind. Die Befunde zur Intervallschätzung für Erwartungswerte gelten überdies aufgrund des zentralen Grenzwertsatzes zumindest approximativ, auch wenn die Ausgangsvariable X – anders als zu Beginn dieses Abschnitts vorausgesetzt – *nicht* normalverteilt ist. Eine gute Approximation ist allerdings erst ab genügend grossem n gegeben (Faustregel: $n > 30$), wobei die Qualität der Approximation zusätzlich auch von der Stärke der Abweichung der Verteilung von einer Normalverteilung beeinflusst wird. Ist z. B. anzunehmen, dass die Verteilung von X besonders schief ist, dann sollten für eine verlässliche Schätzung unter

Umständen wesentlich mehr Beobachtungswerte vorliegen. Eine Anwendung der Intervallschätzung für einen Erwartungswert gibt Beispiel 5.2.

Konfidenzintervall für eine Varianz

Ein Konfidenzintervall für die Varianz σ^2 einer metrischen Variable X mit unbekanntem Erwartungswert μ berechnet sich als

$$\frac{(n-1)S_n^2}{\chi_{1-\alpha/2}^2(n-1)} = \frac{\sum_{i=1}^n(X_i-\bar{X}_n)^2}{\chi_{1-\alpha/2}^2(n-1)} \leq \sigma^2 \leq \frac{(n-1)S_n^2}{\chi_{\alpha/2}^2(n-1)} = \frac{\sum_{i=1}^n(X_i-\bar{X}_n)^2}{\chi_{\alpha/2}^2(n-1)}.$$

Zur Bestimmung der Intervallgrenzen wird also die empirische Gesamtvariation der Variable durch das $(1-\alpha/2)$- bzw. das $\alpha/2$-Quantil der χ^2-Verteilung mit $n-1$ Freiheitgraden geteilt (vgl. Beispiel 5.2).

Konfidenzintervall für einen Anteilswert

Gegeben sei eine kategoriale Variable X mit den Ausprägungen 0 und 1 sowie $X_1,\ldots,X_n$ unabhängige Wiederholungen von X. Der zugehörige Zufallsvorgang zu den Stichprobenvariablen $X_1,\ldots,X_n$ entspricht jeweils einem Bernoulli-Experiment. Folglich ist die Summe über alle X_i binomialverteilt, also

$$\sum_{i=1}^n X_i \sim B(n,\pi),$$

und ein erwartungstreuer Schätzer für den Anteilswert $\pi = P(X=1)$ ist gegeben als

$$\hat{\pi}_n = \bar{X}_n = \frac{1}{n}\sum_{i=1}^n X_i = \frac{h(X=1)}{n}.$$

Dieser ist gemäss dem zentralen Grenzwertsatz für grössere n approximativ normalverteilt und es gilt

$$\frac{\bar{X}_n - E(\bar{X}_n)}{\sqrt{Var(\bar{X}_n)}} \overset{a}{\sim} N(0,1) \quad \text{mit} \quad E(\bar{X}_n) = \pi \quad \text{und} \quad Var(\bar{X}_n) = \frac{\pi(1-\pi)}{n}.$$

Ein approximatives $(1-\alpha)$-Konfidenzintervall für einen Anteilswert π kann somit geschätzt werden als

$$\left[\bar{X}_n - z_{1-\alpha/2}\sqrt{\frac{\bar{X}_n(1-\bar{X}_n)}{n}}, \bar{X}_n + z_{1-\alpha/2}\sqrt{\frac{\bar{X}_n(1-\bar{X}_n)}{n}}\right],$$

wie es in Beispiel 5.3 veranschaulicht wird. Einschränkend muss jedoch bemerkt werden, dass die Schätzung für kleine Fallzahlen erheblich verzerrt sein kann. Das Verfahren sollte deshalb nur bei $n \geq 30$ verwendet werden. Zudem gilt allgemein, dass n umso grösser sein sollte, je näher $\hat{\pi}$ bei 0 oder 1 liegt (weil da die Approximation an die Normalverteilung langsamer erfolgt). Wenn die Fallzahl klein ist

Beispiel 5.2:   Konfidenzintervall für einen Erwartungswert, eine Varianz und einen Median

In einem Mathematiktest mit Studierenden (MATH99) wurden die folgenden Masszahlen für die erreichte Punktezahl berechnet:

$$\bar{x} = 22.71, \quad \tilde{x} = 23, \quad s^2 = 10.74, \quad s = 3.28 \quad \text{und} \quad n = 87$$

Bei einer Irrtumswahrscheinlichkeit $\alpha = 0.05$ ist das für die Intervallschätzung des Erwartungswertes zu verwendende Quantil der t-Verteilung gegeben als $t_{1-\alpha/2}(n-1) = t_{0.975}(86) = 1.988$ und die Berechnung des $(1-\alpha)$-Konfidenzintervalls kann erfolgen als

$$\left[22.71 - 1.988 \frac{3.28}{\sqrt{87}} = 22.0, 22.71 + 1.988 \frac{3.28}{\sqrt{87}} = 23.4 \right].$$

Der Erwartungswert der Punktezahl liegt also mit einer Wahrscheinlichkeit von 0.95 zwischen 22.0 und 23.4 Punkten, also $P(22.0 \leq \mu \leq 23.4) = 0.95$. Es bleibt ein Restrisiko von $\alpha = 0.05$ bestehen, dass der Parameter μ ausserhalb dieses Intervalls liegt.[a]

Für die Berechnung des 95%-Konfidenzintervalls der Varianz σ^2 der Punktezahlen müssen zuerst die entsprechenden Quantile der χ^2-Verteilung ermittelt werden. Diese betragen $\chi^2_{1-\alpha/2}(n-1) = \chi^2_{0.975}(86) = 113.54$ und $\chi^2_{\alpha/2}(n-1) = \chi^2_{0.025}(86) = 62.24$. Das Konfidenzintervall kann dann geschätzt werden als

$$\frac{(87-1) \cdot 10.74}{113.54} = 8.13 \leq \sigma^2 \leq \frac{(87-1) \cdot 10.74}{62.24} = 14.84.$$

Die zur Bestimmung des Konfidenzintervalls für den Median $\tilde{\mu}$ benötigte Rangzahl k beträgt

$$k = \frac{1}{2}(n - 1 - z_{1-\alpha/2}\sqrt{n}) = \frac{1}{2}(87 - 1 - 1.96\sqrt{87}) = 33.86 \approx 34.$$

Das Konfidenzintervall kann somit geschätzt werden als

$$x_{(34)} = 22 \leq \tilde{\mu} \leq x_{(87-34+1)} = x_{(54)} = 24.$$

Die Intervallgrenzen entprechen also dem 34. und 54. Beobachtungswert der nach Grösse geordneten Urliste.[b] Diese Werte betragen 22 und 24. Sie wurden durch Betrachtung der geordneten Urliste, die hier nicht abgebildet ist, ermittelt.

---

[a]Anzumerken ist allerdings, dass es sich bei den TeilnehmerInnen des Mathematiktests keineswegs um eine Zufallsstichprobe aus einer definierten Grundgesamtheit handelt. Insofern macht die Berechnung eines Konfidenzintervalls hier genau genommen wenig Sinn.

[b]Anstatt die Rangzahl k zu runden, könnte man auch den exakten Wert übernehmen und die Intervallgrenzen mittels Interpolation bestimmen (was in dem vorliegenden Beispiel allerdings zum gleichen Ergebnis führen würde).

Beispiel 5.3: Intervallschätzung für einen Anteilswert

In einer Stichprobe von Umfang $n = 3028$ sind $x = 1417$ Personen männlich. Ein approximatives 95%-Konfidenzintervall für den Männeranteil π in der Gesamtbevölkerung ergibt sich gemäss den Berechnungen

$$\hat{\pi} \pm z_{0.975} \sqrt{\frac{\hat{\pi}(1-\hat{\pi})}{n}} = \frac{1417}{3028} \pm 1.96 \sqrt{\frac{\frac{1417}{3028}(1-\frac{1417}{3028})}{3028}} = 0.468 \pm 0.018$$

als

$$[0.450, 0.486].$$

Der Männeranteil π in der Gesamtbevölkerung liegt also mit 95%-iger Wahrscheinlichkeit zwischen 45% und 48.6%.

Hinweis: Die Resultate einer exakten Schätzung des Konfidenzintervalls wären hier praktisch identisch. Liegen wenige Fälle vor und ist die Verteilung sehr schief, können aber durchaus gröbere Abweichungen entstehen. So wird das approximative 95%-Konfidenzintervall beispielsweise bei $n = 20$ und $x = 2$ bzw. $\hat{\pi} = 2/20 = 0.1$ geschätzt als $[-0.031, 0.231]$. Eine exakte Schätzung ergibt jedoch ein erheblich unterschiedliches Intervall von $[0.012, 0.3169]$. Man beachte auch, dass das exakte Konfidenzintervall hier sinnvollerweise nicht symmetrisch um $\hat{\pi}$ liegt.

und/oder $\hat{\pi}$ nahe bei 0 oder 1, sollte auf eine exakte Schätzung für binomialverteilte Daten ausgewichen werden (vgl. Rinne 1997: 504f. oder Sachs 1999: 433ff.).

Konfidenzintervall für einen Median

Gegeben die geordnete Urliste $x_{(1)} \leq \cdots \leq x_{(n)}$ und $n > 50$ kann ein zweiseitiges $(1 - \alpha)$-Konfidenzintervall für den Median $\tilde{\mu}$ approximiert werden als

$$\left[x_{(k)}, x_{(n-k+1)} \right] \quad \text{mit} \quad k = \frac{1}{2}(n - 1 - z_{1-\alpha/2}\sqrt{n})$$

(zur Berechnung vgl. Beispiel 5.2). Für die Bestimmung von einseitigen Konfidenzintervallen ersetze man $\alpha/2$ durch α. Zu einer exakten Schätzung für kleine Fallzahlen siehe z. B. Rinne (1997: 507ff.)

Weitere Konfidenzintervalle

Konfindenzintervalle können für verschiedenste Parameter definiert werden, also etwa auch für Zusammenhangsmasse. Eine relativ breite Zusammenstellung an Schätzformeln findet sich in Sachs (1999). Zudem bestehen zwischen der Intervallschätzung und der Methode des statistischen Testens gewisse Überschneidungen, so dass die Formeln zur Berechnung eines Konfidenzintervalls häufig aus den Formeln des Signifikanztests für einen bestimmten Parameter abgeleitet werden können.

Alternative Schätzverfahren

Das vorgestellte Verfahren zur Schätzung von Konfidenzintervallen und Standardfehlern beruht auf Annahmen über die Verteilung von Stichprobenmasszahlen bei
vielfacher Wiederholung der Stichprobenziehung. Eine Verletzung dieser Vertei-
lungsannahmen relativiert die Gültigkeit der Schätzungen. Alternative Verfahren,
die mit weniger Annahmen auskommen, sind das Bootstrap- oder das (heute weniger gebräuchliche) Jackknife-Verfahren (vgl. z. B. Efron und Tibshirani 1993; Davison und Hinkley 1997; Jöckel et al. 1992; Mooney und Duval 1996). Den Verfahren
liegt die Idee zu Grunde, aus den vorliegenden Daten nach bestimmten Methoden
eine Vielzahl von Stichproben zu ziehen und so eine Verteilung der Stichprobenkennwerte zu simulieren (beim Bootstrap-Verfahren werden die Stichproben *mit
Zurücklegen* gezogen, d. h. die gezogenen Stichproben haben den gleichen Umfang
wie die Originalstichprobe, aber jeweils eine leicht andere Zusammensetzung, da
gewisse Elemente mehrmals oder auch gar nicht auftreten können; beim Jackknive-
Verfahren wird bei der Ziehung der Stichproben jeweils eine Beobachtung wegge-
lassen). Mit Hilfe dieser simulierten Verteilung können dann relativ robuste Aussagen über Konfidenzintervalle getroffen werden. Als gewichtigster Nachteil der Verfahren ist zu nennen, dass sie relativ grosse Rechenkapazitäten benötigen. Zudem
ist bei der Anwendung darauf zu achten, dass der Ziehungsprozess, der zur Originalstichprobe führte, genau nachgebildet wird (falls er – wie oftmals bei Bevöl-
kerungsstichproben – von einer einfachen Wahrscheinlichkeitsauswahl abweicht).

5.6 Testtheorie

Ein mit der Intervallschätzung verwandtes Verfahren ist die Methode des inferenzstatistischen Testens. Es wird dabei ausgehend von einer Nullhypothese H_0 über die
Lage des Parameters θ geprüft, ob sich die vorliegenden empirischen Daten noch im
»Bereich des Wahrscheinlichen« befinden. Im Allgemeinen entspricht das Verfahren dem Vergleich der Lage des hypothetischen Parameters θ_0 aus Hypothese H_0 mit
der Lage des aus den Beobachtungswerten geschätzen $(1 - \alpha)$-Konfidenzintervalls.
Liegt der hypothetische Parameter ausserhalb des Konfidenzintervalls, wird die
Nullhypothese H_0 zu Gunsten der Alternativhypothese H_1, die das Gegenteil von H_0
besagt, verworfen. Es besteht also eine Wahrscheinlichkeit von mindestens $1 - \alpha$,
dass H_0 *keine* Gültigkeit besitzt, bzw. eine Wahrscheinlichkeit kleiner als α, dass
die vorliegenden Daten unter Gültigkeit von H_0 entstanden sind.

Ein solcher Test wird auch *Signifikanztest* genannt. Von einem *signifikanten* Ergebnis spricht man, wenn die empirischen Daten in signifikantem Gegensatz zur Nullhypothese stehen, so dass diese verworfen werden kann. Signifikanz bedeutet also,
dass, gegeben die empirischen Daten, die *Wahrscheinlichkeit der Gültigkeit* von H_0
nur gering ist. Signifikanztests liefern keine *sicheren* Ergebnisse, denn im Fall der

Verwerfung der Nullhypothese bleibt eine Irrtumswahrscheinlichkeit von maximal α bestehen, d. h. die Nullhypothese wird mit einer Wahrscheinlichkeit von maximal α fälschlicherweise verworfen.

Wie bereits angesprochen, besteht eine enge Verwandtschaft zwischen der Intervallschätzung und der Testtheorie. So werden i. d. R. für beide Verfahren die gleichen Schätzer verwendet. Kennt man also für einen Parameter θ die Formeln zur Bestimmung des Konfidenzintervalls, so kann man auch leicht einen Signifikanztest ableiten. Umgekehrt kann man mit den Schätzern eines Signifikanztests meistens auch ein Konfidenzintervall konstruieren.

5.6.1 Ablauf eines Signifikanztests

Der schematische Ablauf eines Signifikanztests lässt sich in verschiedene Schritte unterteilen und wird hier am Beispiel des approximativen Tests einer Prozentsatzdifferenz exemplarisch erläutert.

1. Schritt: Festlegung von H_0 und H_1

Bei einem Signifikanztest müssen ausgehend von theoretischen Überlegungen als erstes die Nullhypothese und die Gegenhypothese formuliert werden. Sollen zum Beispiel die Anteilswerte π_1 und π_2 in zwei Subpopulationen verglichen werden, könnte die Nullhypothese etwa lauten, dass sich die beiden Anteilswerte in der Grundgesamtheit nicht unterscheiden, also

$$H_0 : \pi_1 - \pi_2 = 0.$$

Dem wird dann eine Alternativhypothese gegenübergestellt, die besagt, dass eine Differenz besteht, also

$$H_1 : \pi_1 - \pi_2 \neq 0.$$

Allgemein werden Hypothesen so formuliert, dass die Alternativhypothese die eigentliche (theoretisch begründete) Annahme des Forschers über den Zustand in der Population wiederspiegelt, während die Nullhypothese den gegenteiligen Fall umfasst.

Ein Test mit Hypothesen, wie sie oben dargestellt sind, wird *zweiseitig* genannt, da in den Hypothesen keine Annahme über die Richtung der Differenz zwischen den Parametern enthalten ist, d. h. es besteht keine Vorstellung darüber, ob es sich – wenn überhaupt – um eine positive oder negative Abweichung handeln soll. Ein *einseitiger* Test hingegen würde vorliegen, wenn die mutmassliche *Richtung* der Abweichung bei der Hypothesenbildung berücksichtigt wird. Die Null- und Alternativhypothese würden dann etwa lauten

$$H_0 : \pi_1 - \pi_2 \leq 0 \quad \text{und} \quad H_1 : \pi_1 - \pi_2 > 0$$

oder

$$H_0 : \pi_1 - \pi_2 \geq 0 \quad \text{und} \quad H_1 : \pi_1 - \pi_2 < 0.$$

Diekmann und Jann (2001a) berichten von einem Methodenexperiment zur Prüfung der Auswirkung von Geschenken auf die Bereitschaft, an einer postalischen Befragung teilzunehmen. So wurde den Personen in Versuchsgruppe 1 ein Geschenk (Telefonkarte im Wert von 10 Schweizer Franken) versprochen, falls der Fragebogen retourniert wird. In der Versuchgruppe 2 hingegen wurde das Geschenk dem Fragebogen gleich beigelegt. Bei einem zweiseitigen Test würde die Nullhypothese nun lauten, dass zwischen den zu erwartenden Rücklaufquoten von VG1 und VG2 kein Unterschied besteht, die Hypothesen wären also $H_0 : \pi_1 - \pi_2 = 0$ und $H_1 : \pi_1 - \pi_2 \neq 0$. Man könnte nun aber argumentieren, dass nach der Hypothese strikter Rationalität in der Versuchsgruppe 1 ein höherer Rücklauf erzielt werden sollte, da das versprochene Geschenk das Nutzenkalkül positiv beeinflusst (Belohnung). Die Hypothesen wären dann gerichtet und würden lauten $H_0 : \pi_1 - \pi_2 \leq 0$ und $H_1 : \pi_1 - \pi_2 > 0$ (einseitiger Test). Andererseits könnte man auch zum Schluss kommen, dass im Falle des beigelegten Geschenkes ein höherer Rücklauf zu erwarten ist, weil eine Reziprozitätsnorm aktiviert wird. Die Hypothesen wären dann $H_0 : \pi_1 - \pi_2 \geq 0$ und $H_1 : \pi_1 - \pi_2 < 0$.

2. Schritt: Wahl des Signifikanzniveaus Alpha

Das Signifikanzniveau α entspricht der maximal zugelassenen Wahrscheinlichkeit, dass die Nullhypothese H_0 abgelehnt wird, obwohl sie in Wirklichkeit zutreffen würde. Die Höhe des Signifikanzniveaus muss vom Forscher festgesetzt werden. In den Sozialwissenschaften gebräuchlich ist ein α von 0.05, es wird also eine 5%-ige Irrtumswahrscheinlichkeit zugelassen. Manchmal wird auch ein strengeres Niveau von $\alpha = 0.01$ oder $\alpha = 0.001$ verwendet (1%-ige bzw. 0.1%-ige Irrtumswahrscheinlichkeit).

Das *irrtümliche Verwerfen* von H_0 wird als *Fehler erster Art* oder α-*Fehler* bezeichnet. Die Wahrscheinlichkeit, einen Fehler erster Art zu begehen, ist an die Höhe von α gebunden (sie ist durch Vorgabe von α *unter Kontrolle*). Je kleiner α, desto unwahrscheinlicher wird ein Fehler erster Art. Allerdings steigt mit kleinerem α die Wahrscheinlichkeit β eines *irrtümlichen Nicht-Verwerfens* von H_0. Dieses Nicht-Verwerfen von H_0, obwohl H_0 falsch ist, wird als *Fehler zweiter Art* oder β-*Fehler* bezeichnet. Die Wahrscheinlichkeit β ist nicht unter Kontrolle und kann Werte bis zu $1 - \alpha$ annehmen. Die genaue Grösse von β hängt von verschiedenen Dingen wie etwa dem Stichprobenumfang n und dem α-Niveau ab (vgl. Diekmann 1995: 593f., Riedwyl 1992: 119). Diagramm 5.16 gibt eine Übersicht zu den verschiedenen Entscheidungskonstellationen und den zugehörigen Wahrscheinlichkeiten.

3. Schritt: Festlegung einer Prüfgrösse

Es soll eine Prüfgrösse bzw. Teststatistik formuliert werden, anhand derer die Diskrepanz zwischen den Sampledaten und der Nullhypothese gemessen werden kann.

Diagramm 5.16: Wahrscheinlichkeiten für richtige und falsche Entscheidungen bei Signifikanztests

Unbekannte Realität	Entscheidung für H_0	Entscheidung für H_1
H_0 ist wahr	richtiger Entscheid mit Wahrscheinlichkeit $> 1 - \alpha$	Fehler 1. Art mit Wahrscheinlichkeit $\leq \alpha$
H_1 ist wahr	Fehler 2. Art mit Wahrscheinlichkeit $< \beta$	richtiger Entscheid mit Wahrscheinlichkeit $\geq 1 - \beta$

Zudem muss die Verteilung der Prüfgrösse bestimmt werden (z. B. normalverteilt, t-verteilt etc.). Zum Beispiel kann der Vergleich zweier Anteilswerte als der Vergleich der Werte zweier Binomialverteilungen angesehen werden. Die Differenz der Anteilsschätzer $\hat{\pi}_1 = \bar{X}_1$ und $\hat{\pi}_2 = \bar{X}_2$ ist daher approximativ normalverteilt mit dem Erwartungswert $E(\bar{X}_1 - \bar{X}_2) = \pi_1 - \pi_2$ und dem Standardfehler $SE(\bar{X}_1 - \bar{X}_2)$. Folglich ist die standardisierte Anteilsdifferenz approximativ standardnormalverteilt, also

$$\frac{(\bar{X}_1 - \bar{X}_2) - (\pi_1 - \pi_2)}{SE(\bar{X}_1 - \bar{X}_2)} \overset{a}{\sim} N(0,1).$$

Eine Testgrösse wird nun konstruiert, indem für den Erwartungswert der Anteilsdifferenz bzw. für die Differenz der Populationsparameter π_1 und π_2 der entsprechende Wert bei Gültigkeit der Nullhypothese eingesetzt wird. Für die Nullhypothese $H_0 : \pi_1 - \pi_2 = 0$ würde sich somit die Prüfgrösse

$$Z = \frac{\bar{X}_1 - \bar{X}_2}{SE(\bar{X}_1 - \bar{X}_2)} \overset{a}{\sim} N(0,1)$$

ergeben. Für den unbekannten Standardfehler der Anteilsdifferenz wird dabei üblicherweise die Schätzfunktion

$$\widehat{SE}(\bar{X}_1 - \bar{X}_2) = \sqrt{\hat{P}(1-\hat{P})\left(\frac{1}{n_1} + \frac{1}{n_2}\right)}$$

eingesetzt, wobei $\hat{P}$ dem gepoolten Anteilsschätzer

$$\hat{P} = \frac{n_1\bar{X}_1 + n_2\bar{X}_2}{n_1 + n_2}$$

enspricht. Für die Nullhypothese $H_0 : \pi_1 - \pi_2 = 0$ ergibt sich somit die approximativ normalverteilte Teststatistik

$$Z = \frac{\bar{X}_1 - \bar{X}_2}{\sqrt{\hat{P}(1-\hat{P})\left(\frac{1}{n_1} + \frac{1}{n_2}\right)}} \overset{a}{\sim} N(0,1).$$

4. Schritt: Konstruktion des Ablehnbereichs

Der Ablehnbereich für die Prüfgrösse wird unter Berücksichtigung des Signifikanz-niveaus α festgelegt, d. h. es wird ein Wertebereich für die Testfunktion definiert, für den die Nullhypothese verworfen wird. Bei der approximativ standardnormalver-teilten Testgrösse für eine Prozentsatzdifferenz lässt sich der Ablehnbereich mittels Quantilen der Standardnormalverteilung bestimmen. Von einer signifikanten Diffe-renz zwischen der Nullhypothese $\pi_1 - \pi_2 = 0$ und der empirischen Anteilsdifferenz $\bar{X}_1 - \bar{X}_2$ wird gesprochen, falls der Betrag der Prüfgrösse Z grösser als das Quantil $z_{1-\alpha/2}$ der Standardnormalverteilung ausfällt. Die Hypothese H_0 wird also verwor-fen, falls gilt

$$|Z| > z_{1-\alpha/2}.$$

Bei einseitigen Tests sind die Ablehnbereiche bestimmt als $Z > z_{1-\alpha}$ für $H_0 : \pi_1 - \pi_2 \leq 0$ und $Z < -z_{1-\alpha} = z_\alpha$ für $H_0 : \pi_1 - \pi_2 \geq 0$.

5. Schritt: Berechnung der Prüfgrösse und Entscheidung über die Verwerfung der Nullhypothese

Liegt die mit den Sampledaten berechnete Prüfgrösse im Ablehnbereich, so wird die Nullhypothese H_0 verworfen. Die Sampledaten stehen in signifikantem Wider-spruch zu ihr und die Alternativhypothese H_1 wird als bestätigt betrachtet. Die Ent-scheidung »Verwerfung von H_0« ist unter statistischer Kontrolle, da die Irrtums-wahrscheinlichkeit höchstens gleich dem vorgegebenen α ist (Fehler 1. Art). Kann die Nullhypothese jedoch nicht abgelehnt werden, weil die Prüfgrösse nicht im Ab-lehnbereich liegt und somit die Sampledaten nicht in signifikantem Widerspruch zu H_0 stehen, heisst das keineswegs, dass diese bestätigt ist. Es ist einzig nicht ge-lungen, sie zu verwerfen (Freispruch mangels Beweisen). Sie kann in diesem Fall als Arbeitshypothese beibehalten werden, bis eine Falsifikation gelingt. Die Ent-scheidung »Nichtablehnung von H_0« ist nicht unter statistischer Kontrolle, da für diese Situation keine maximale Irrtumswahrscheinlichkeit β vorgegeben ist (Fehler 2. Art).

Alternative zu Schritt 4 und 5: Berechnung des empirischen Signifikanzniveaus p

In Statistikprogrammen wird oft ein alternativer Weg verfolgt, indem das *empirische Signifikanzniveau p* berechnet wird (*p*-Wert). Der *p*-Wert entspricht dem Signifi-kanzniveau, bei dem die Nullhypothese *gerade noch* abgelehnt würde. Bei $p < \alpha$ wird die Nullhypothese auf dem Signifikanzniveau α verworfen.

Beispiel 5.4 illustriert die Durchführung des approximativen Tests einer Prozent-satzdifferenz anhand der Daten des auf Seite 142 vorgestellten Methodenexperi-ments. Zum Test auf Prozentsatzdifferenz, wie er hier vorgestellt wurde, ist zu bemerken, dass er nur bei genügend grossen Fallzahlen angewendet werden sollte (vgl. auch Seite 154, wo auf den exakten Test nach Fisher und Yates hingewiesen wird).

Es gibt eine Vielzahl von Situationen, für die man einen Signifikanztest konstruieren kann, und manchmal bestehen für die gleiche Situation sogar mehrere konkurrierende Testverfahren. Eine Übersicht über eine Vielzahl von Tests gibt z. B. Kanji (1993). Eine breite Zusammenstellung verschiedener Signifikanztests geben zudem u. a. Sachs (1999), Hartung et al. (1999) oder Bortz (1999). Im Folgenden werden einige der wichtigsten Tests kurz besprochen, ohne im Detail auf die theoretischen Herleitungen einzugehen.

5.6.2 Signifikanztests im Einstichprobenfall

Eine erste Gruppe von Signifikanztests befasst sich mit der Prüfung von Masszahlen und Verteilungen eines Merkmals bei Vorliegen *einer* Stichprobe. Es soll also zum Beispiel geprüft werden, ob sich ein Lagemass von einem hypothetischen Parameter unterscheidet, oder ob eine empirische Verteilung einer theoretischen Verteilung entspricht.

Test für einen Mittelwert

Getestet werden soll, ob sich der unbekannte Erwartungswert μ einer normalverteilten Zufallsvariable X von einem hypothetischen Erwartungswert μ_0 unterscheidet (wobei die Varianz σ^2 ebenfalls unbekannt ist). Die Hypothesen sind somit gegeben als

$$H_0 : \mu = \mu_0 \quad \text{und} \quad H_1 : \mu \neq \mu_0$$

für den zweiseitigen Test bzw. $H_0 : \mu \geq \mu_0$ und $H_1 : \mu < \mu_0$ sowie $H_0 : \mu \leq \mu_0$ und $H_1 : \mu > \mu_0$ für einseitige Tests. Die Testgrösse beträgt

$$T_n = \frac{\bar{X}_n - \mu_0}{S_n / \sqrt{n}} \sim t(n-1),$$

wobei $\bar{X}_n$ dem Mittelwert und S_n der Standardabweichung der unabhängigen Wiederholungen $X_1, \ldots, X_n$ entspricht (Mittelwert und Standardabweichung in der Stichprobe). Ist die Zufallsvariable X *nicht* normalverteilt, so ist T_n *approximativ t*-verteilt und der Test sollte nur bei nicht zu kleiner Fallzahl ($n > 30$) verwendet werden. Die Ablehnbereiche sind gegeben als

$$|T_n| > t_{1-\alpha/2}(n-1)$$

im Falle eines zweiseitigen Tests bzw. $T_n < t_\alpha(n-1) = -t_{1-\alpha}(n-1)$ sowie $T_n > t_{1-\alpha}(n-1)$ für einseitige Tests.

Beispiel 5.4: Approximativer Test einer Prozentsatzdifferenz

In dem Methodenexperiment von Diekmann und Jann (2001a; vgl. auch Seite 142) liegen zwei Versuchsgruppen VG1 (Geschenk versprochen) und VG2 (Geschenk beigelegt) vor. Nach Abzug neutraler Ausfälle ergeben sich die Stichprobengrössen $n_1 = 191$ und $n_2 = 192$ sowie die Ausschöpfungsquoten $\bar{X}_1 = 0.738$ und $\bar{X}_2 = 0.844$ (d. h. aus VG1 haben 141 Personen an der Befragung teilgenommen und aus VG2 162 Personen).

▷ Nullhypothese: Die Teilnahmebereitschaft an postalischen Befragungen ist unabhängig von der Art der Überreichung des Geschenkes, also

$$H_0 : \pi_1 - \pi_2 = 0; \quad H_1 : \pi_1 - \pi_2 \neq 0$$

▷ Das Signifikanzniveau wird auf $\alpha = 0.05$ festgelegt.

▷ Die Prüfgrösse ist gegeben als

$$Z = \frac{\bar{X}_1 - \bar{X}_2}{\sqrt{\hat{P}(1 - \hat{P})\left(\frac{1}{n_1} + \frac{1}{n_2}\right)}} \overset{a}{\sim} N(0,1) \quad \text{mit} \quad \hat{P} = \frac{n_1 \bar{X}_1 + n_2 \bar{X}_2}{n_1 + n_2}$$

▷ Ablehnbereich: Die Nullhypothese wird abgelehnt falls

$$|Z| > z_{1-\alpha/2} = z_{0.975} = 1.96$$

▷ Berechnung der Prüfgrösse:

$$\hat{P} = \frac{191 \cdot 0.738 + 192 \cdot 0.844}{191 + 192} = \frac{141 + 162}{191 + 192} = 0.791$$

$$Z = \frac{0.738 - 0.844}{\sqrt{0.791(1 - 0.791)\left(\frac{1}{191} + \frac{1}{192}\right)}} = \frac{-0.106}{0.0416} = -2.55$$

Da $|Z| = 2.55 > z_{0.975} = 1.96$, wird die Nullhypothese verworfen. Aufgrund des Tests kann mit einer Irrtumswahrscheinlichkeit von maximal $\alpha = 0.05$ geschlossen werden, dass die Art der Überreichung des Geschenks tatsächlich einen Einfluss auf die Rücklaufquote hat (und zwar im Sinne der Reziprozitätshypothese).[a]

[a]Das empirische Signifikanzniveau beträgt $p = 0.011$. Der exakte Test nach Fischer und Yates ergibt ein empirisches Signifikanzniveau von $p = 0.012$, also fast ein identisches Resultat. Bei einseitigem Test für $H_0 : \pi_1 - \pi_2 \geq 0$ ergeben sich Werte von $p = 0.006$ für den approximativen Test und $p = 0.008$ für den exakten Test.

Test für eine Varianz

Getestet werden Hypothesen über eine unbekannte Varianz σ^2 einer normalverteilten Variable X mit unbekanntem Erwartungswert μ. Die Hypothesen sind gegeben als

$$H_0 : \sigma^2 = \sigma_0^2 \quad \text{und} \quad H_1 : \sigma^2 \neq \sigma_0^2$$

für den zweiseitigen Test bzw. $H_0 : \sigma^2 \geq \sigma_0^2$ und $H_1 : \sigma^2 < \sigma_0^2$ sowie $H_0 : \sigma^2 \leq \sigma_0^2$ und $H_1 : \sigma^2 > \sigma_0^2$ für einseitige Tests. Die Testgrösse beträgt

$$\chi_n^2 = \frac{(n-1)S_n^2}{\sigma_0^2} = \frac{\sum_{i=1}^{n}(X_i - \bar{X}_n)^2}{\sigma_0^2} \sim \chi^2(n-1),$$

wobei $\bar{X}_n$ dem arithmetischen Mittel der unabhängigen Wiederholungen $X_1, \ldots, X_n$ entspricht. Die Nullhypothese wird bei einem zweiseitigen Test abgelehnt, falls

$$\chi_n^2 < \chi_{\alpha/2}^2(n-1) \quad \text{oder} \quad \chi_n^2 > \chi_{1-\alpha/2}^2(n-1),$$

bzw. bei einseitigen Tests, falls $\chi_n^2 < \chi_\alpha^2(n-1)$ respektive $\chi_n^2 > \chi_{1-\alpha}^2(n-1)$.

Approximativer Binomialtest für einen Anteilswert

Getestet werden Hypothesen über den unbekannten Parameter π einer binomialverteilten Zufallsvariable. Die Hypothesen sind gegeben als

$$H_0 : \pi = \pi_0 \quad \text{und} \quad H_1 : \pi \neq \pi_0$$

für den zweiseitigen Test sowie $H_0 : \pi \geq \pi_0$ und $H_1 : \pi < \pi_0$ bzw. $H_0 : \pi \leq \pi_0$ und $H_1 : \pi > \pi_0$ für einseitige Tests. Eine approximative Testgrösse für nicht zu kleine Fallzahlen beträgt

$$Z_n = \frac{\hat{\pi}_n - \pi_0}{\sqrt{\frac{\pi_0(1-\pi_0)}{n}}} \stackrel{a}{\sim} N(0,1),$$

wobei $\hat{\pi}_n = \bar{X}_n = h(X=1)/n$ dem empirischen Anteilswert bzw. dem Mittelwert der binären Wiederholungen $X_1, \ldots, X_n$ entspricht. Die Nullhypothese wird bei zweiseitigem Test abgelehnt, falls

$$|Z_n| > z_{1-\alpha/2},$$

bzw. bei einseitigem Test, falls $Z_n < z_\alpha = -z_{1-\alpha}$ respektive $Z_n > z_{1-\alpha}$. Bessere Ergebnisse erzielt man insbesondere bei kleinen Fallzahlen mit dem exakten Binomialtest (vgl. dazu z. B. Hartung et al. 1999: 206; Fahrmeir et al. 2001: 391ff.; Rinne 1997: 539f.; Siegel 1985: 36ff.).

Test für einen Median

Getestet werden Hypothesen über den unbekannten Median $\tilde{\mu}$ einer stetigen Zufallsvariable X. Die Hypothesen sind gegeben als

$$H_0 : \tilde{\mu} = \tilde{\mu}_0 \quad \text{und} \quad H_1 : \tilde{\mu} \neq \tilde{\mu}_0$$

für den zweiseitigen Test sowie $H_0 : \tilde{\mu} \geq \tilde{\mu}_0$ und $H_1 : \tilde{\mu} < \tilde{\mu}_0$ bzw. $H_0 : \tilde{\mu} \leq \tilde{\mu}_0$ und $H_1 : \tilde{\mu} > \tilde{\mu}_0$ für einseitige Tests. Bei dem *Vorzeichentest* werden die unabhängigen Wiederholungen $X_1, \ldots, X_n$ mit dem hypothetischen Parameter $\tilde{\mu}_0$ verglichen und nach der Grössenrelation kategorisiert. Eine approximative Testgrösse für nicht zu kleine Fallzahlen lässt sich berechnen als

$$Z_n = \frac{2h(X_i > \tilde{\mu}_0) - n}{\sqrt{n}} \overset{a}{\sim} N(0,1),$$

wobei $h(X_i > \tilde{\mu}_0)$ für die Anzahl Fälle steht, bei der X_i den hypothetischen Parameter $\tilde{\mu}_0$ überschreitet.[6] Die Hypothese H_0 wird bei zweiseitigem Test verworfen, falls

$$|Z_n| > z_{1-\alpha/2},$$

bzw. bei einseitigen Test, falls $Z_n < z_\alpha = -z_{1-\alpha}$ respektive $Z_n > z_{1-\alpha}$. Da die Grösse $h(X_i > \tilde{\mu}_0)$ bei Gültigkeit der Nullhypothese gerade binomialverteilt ist mit den Parametern n und $\pi = 0.5$, lässt sich auch ein exakter Test durchführen (vgl. Fahrmeir et al. 2001: 425ff.; Hartung et al. 1999: 242f.; Rinne 1997: 554ff.).[7] Ein erweiterter Test für den Median ist der Vorzeichenrangtest nach Wilcoxon, bei dem zusätzlich zur Stetigkeit von X metrisches Skalenniveau und symmetrische Verteilung vorausgesetzt wird. Zur Durchführung des Tests siehe z. B. Fahrmeir et al. (2001: 428ff.), Graf et al. (1987: 193ff.), Hartung et al. (1999: 243ff.) oder Sachs (1999: 391).

Anpassungstests

Bei einem Anpassungstest soll geprüft werden, ob die unbekannte Verteilung $F(x)$ einer Zufallsvariable von einer hypothetischen Verteilung $F_0(x)$ abweicht. Ein diesbezüglich einfacher Test ist der χ^2-Anpassungstest, der für kategoriale oder *klassierte* stetige Merkmale angewendet werden kann. Die Hypothesen des χ^2-Anpassungstests sind

$$H_0 : P(X = j) = \pi_j, \ j = 1, \ldots, k \quad \text{und} \quad H_1 : P(X = j) \neq \pi_j \ \text{für mindestens ein } j,$$

wobei mit $P(X = j)$ die Auftretenswahrscheinlichkeiten der Kategorien von X und mit π_j die entsprechenden Wahrscheinlichkeiten der vorgegebenen theoretischen Verteilung $F_0(x)$ symbolisiert werden. Es wird also getestet, ob die Wahrscheinlichkeiten der Kategorien von X, die mit Hilfe der empirisch realisierten Häufigkeiten geschätzt werden, für mindestens eine Kategorie von der theoretischen Verteilung abweichen. Die Werte von π_j werden dabei aus der theoretischen Verteilung abgeleitet (beispielsweise wäre bei einer Gleichverteilung über sechs Kategorien $\pi_j = 1/6$ für alle j). Eine approximative Testgrösse ergibt sich dann als

$$\chi^2 = \sum_{j=1}^{k} \frac{(h_j - n\pi_j)^2}{n\pi_j} \overset{a}{\sim} \chi^2(k-1),$$

---

[6]Fälle mit $X_i = \tilde{\mu}_0$ können entweder ausgeschlossen (was zur Folge hat, dass n angepasst werden muss), oder halb gezählt werden.

[7]Hinweis: Der Vorzeichentest entspricht einem approximativen Binomialtest für einen Anteilswert mit $\hat{\pi} = h(X_i > \tilde{\mu}_0)/n$ und $\pi_0 = 0.5$.

wobei h_j der Auftretenshäufigkeit einer Kategorie in der Stichprobe entspricht und kein $n\pi_j$ kleiner als 1 sowie höchstens 20% der $n\pi_j$ kleiner als 5 sein sollten (was ggf. unter Umständen durch geeignete Zusammenfassung von Klassen bzw. Anpassung der Klassengrenzen gewährleistet werden kann).[8] Die Nullhypothese, dass die Verteilung von X gleich der theoretischen Verteilung $F_0(x)$ ist, wird verworfen, falls $\chi^2 > \chi^2_{1-\alpha}(k-1)$.

Werden zur Bestimmung von π_j einige Parameter der theoretischen Verteilung anhand der vorliegenden Daten geschätzt (z. B. μ und σ im Falle einer Normalverteilung), dann ist die Testgrösse $\chi^2(k-p-1)$ verteilt, wobei p der Anzahl geschätzter Parameter entspricht. Der Ablehnbereich muss entsprechend angepasst werden. Ein weiterer Anpassungstest, der sich vor allem für die Prüfung der Verteilung eines stetigen Merkmals eignet, da auf eine Klassierung des Merkmals verzichtet wird, ist der Kolmogoroff-Smirnov-Anpassungstest (vgl. z. B. Hartung et al. 1999: 183ff.; Sachs 1999: 426ff.; Rinne 1997: 553f.; Siegel 1985: 46ff.).

5.6.3 Signifikanztests bei unabhängigen Stichproben

Eine zweite Gruppe von Signifikanztests befasst sich mit dem Problem der Unterschiedlichkeit bzw. Gleichheit von Parametern und Verteilungen aus verschiedenen Stichproben. Es sollen zum Beispiel die Mittelwerte eines Merkmals für verschiedene Gruppen auf Unterschiedlichkeit, oder die Verteilungen eines Merkmals für verschiedene Gruppen auf Homogenität geprüft werden. Um Unklarheiten zu vermeiden, ist darauf hinzuweisen, dass es sich bei den betrachteten unabhängigen Stichproben meistens um Teilstichproben aus einer Gesamtstichprobe handelt (eine allgemeine Bevölkerungsstichprobe wird also z. B. in die Teilstichproben der Männer und der Frauen aufgeteilt). In diesem Zusammenhang wird einmal mehr das Unabhängigkeitskriterium für Zufallsstichproben begründet: unabhängige Teilstichproben können nur dann gebildet werden, wenn die Elemente der Gesamtstichprobe unabhängig gezogen wurden.

Test zum Vergleich von zwei Mittelwerten (T-Test)

Es sollen die Erwartungswerte μ_1 und μ_2 zweier Normalverteilungen, die die Varianzen σ_1^2 und σ_2^2 aufweisen, miteinander verglichen werden (also z. B. die Mittelwerte eines normalverteilten Merkmals X für zwei Subgruppen; dies entspricht dem Test einer punkt-biserialen Korrelation). Die Hypothesen lauten

$$H_0: \mu_1 - \mu_2 = \delta \quad \text{und} \quad H_1: \mu_1 - \mu_2 \neq \delta$$

für einen zweiseitigen Test sowie $H_0: \mu_1 - \mu_2 \geq \delta$ und $H_1: \mu_1 - \mu_2 < \delta$ bzw. $H_0: \mu_1 - \mu_2 \leq \delta$ und $H_1: \mu_1 - \mu_2 > \delta$ bei einseitigen Tests (Hinweis: meistens

---

[8]Hinweis: Der approximative Binomialtest für einen Anteilwert entspricht einem χ^2-Anpassungstest, bei dem die Verteilung eines dichotomen Merkmals gegen eine dichotome Gleichverteilung geprüft wird.

wählt man $\delta = 0$). Eine Teststatistik für die Differenz zweier Mittelwerte lässt sich formulieren als

$$Z = \frac{(\bar{X}_1 - \bar{X}_2) - \delta}{\sqrt{\frac{\sigma_1^2}{n_1} + \frac{\sigma_2^2}{n_2}}} \sim N(0,1),$$

wobei der Nenner dem Standardfehler $SE(\bar{X}_1 - \bar{X}_2) = \sqrt{Var(\bar{X}_1) + Var(\bar{X}_2)}$ der Mittelwertsdifferemnz entspricht. Sind die Merkmale X_1 und X_2 *nicht* normalverteilt, so ist Z lediglich *approximativ* normalverteilt und der Test sollte nur bei nicht zu kleinen Fallzahlen verwendet werden. Da die Varianzen σ_1^2 und σ_2^2 normalerweise nicht bekannt sind, müssen sie geschätzt werden. In der Regel werden die folgenden Situationen unterschieden:

1. Grosse Fallzahlen oder unterschiedliche Varianzen

Sind die Fallzahlen gross ($n_1, n_2 \geq 30$) oder kann $\sigma_1^2 \neq \sigma_2^2$ angenommen werden (was mit einem Test zum Vergleich von Varianzen geprüft werden kann; siehe unten), werden die Stichprobenvarianzen S_1^2 und S_2^2 als Schätzer für die Varianzen eingesetzt. Als Testgrösse erhält man somit

$$T = \frac{(\bar{X}_1 - \bar{X}_2) - \delta}{\sqrt{\frac{S_1^2}{n_1} + \frac{S_2^2}{n_2}}} \sim t(k) \quad \text{mit} \quad k = \frac{\left(\frac{S_1^2}{n_1} + \frac{S_2^2}{n_2}\right)^2}{\frac{1}{n_1-1}\left(\frac{S_1^2}{n_1}\right)^2 + \frac{1}{n_2-1}\left(\frac{S_2^2}{n_2}\right)^2}.$$

Die Teststatistik T ist also t-verteilt mit k Freiheitsgraden (wobei bei kleinen Fallzahlen zusätzlich Normalverteilung von X_1 und X_2 gefordert wird) und die Nullhypothese wird bei einem zweiseitigen Test abgelehnt, falls

$$|T| > t_{1-\alpha/2}(k)$$

bzw. bei einseitigen Tests, falls $T < t_\alpha(k) = -t_{1-\alpha}(k)$ respektive $T > t_{1-\alpha}(k)$. Bei Vorliegen grosser Fallzahlen ist T auch bei Nicht-Normalverteilung von X_1 und X_2 unabhängig von der Gleichheit bzw. Ungleichheit der Varianzen approximativ standardnormalverteilt, so dass sich die Ablehnbereiche ergeben als

$$|T| > z_{1-\alpha/2}$$

für einen zweiseitigen Test und $T < z_\alpha = -z_{1-\alpha}$ respektive $T > z_{1-\alpha}$ für einseitige Tests.

2. Kleine Fallzahlen

Sind die Fallzahlen klein ($n_1, n_2 < 30$) und kann die Hypothese der Gleichheit der Varianzen (siehe unten) nicht abgelehnt werden, verwendet man in der Regel eine Prüfgrösse, die definiert ist als

$$T = \frac{(\bar{X}_1 - \bar{X}_2) - \delta}{\sqrt{\left(\frac{1}{n_1} + \frac{1}{n_2}\right) \frac{(n_1-1)S_1^2 + (n_2-1)S_2^2}{n_1+n_2-2}}} \sim t(n_1 + n_2 - 2),$$

Beispiel 5.5: T-Test zum Vergleich von zwei Mittelwerten

In der Studie »Ungleichheit und Gerechtigkeit 2001« (SUGS01) wurden die Befragten gebeten, die Einkommenssituation einer beschriebenen Person zu bewerten (Vignettenmethode; vgl. z. B. Rossi 1979, Rossi und Nock 1982, Jasso und Opp 1997, Beck und Opp 2001). Bei der Beschreibung der Person wurden die Eigenschaften Geschlecht, familiäre Situation und berufliches Engagement zwischen den Befragten variiert, d. h. dass z. B. ungefähr je die Hälfte der Befragten das Erwerbseinkommen einer Frau bzw. eines Mannes beurteilen mussten. Das Einkommen wurde dabei konstant gehalten. Die Bewertung erfolgte auf einer Skala von $-5 = $»viel zu tiefes Einkommen« bis $+5 = $»viel zu hohes Einkommen«. Die Frage, ob die Variation des Geschlechts in der Personenbeschreibung einen signifikanten Einfluss auf die Einkommensbewertung hat, kann mit nun einem T-Test zum Vergleich von Mittelwerten beantwortet werden (wobei hier zur Vereinfachung angenommen wird, dass es sich um eine metrische Bewertungsskala handelt). Die Stichprobenkennwerte sind im Fall der weiblichen Person $\bar{x}_F = -.657$, $s_F = 2.134$ sowie $n_F = 268$ und im Fall der männlichen Person $\bar{x}_M = -1.430$, $s_M = 1.969$ sowie $n_M = 256$. Man erkennt, dass das Einkommen der männlichen Person stärker als zu tief bewertet wurde. Als Teststatistiken für den Test der Nullhypothese $H_0 : \mu_F - \mu_M = 0$ erhält man nach der Formel für ungleiche Varianzen bzw. grosse Fallzahlen

$$T = \frac{-.657 + 1.430}{\sqrt{\frac{2.134^2}{268} + \frac{1.969^2}{256}}} = 4.31.$$

Die Nullhypothese, dass die Mittelwerte gleich sind, wird auf einem Signifikanzniveau von $\alpha = 0.05$ verworfen, da $|T| > z_{0.975} = 1.96$.[a]

---

[a]Man kann sogar von einem *hochsignifikanten* Ergebnis sprechen: Das empirische Signifikanzniveau beträgt $p = 0.00001$. Nach der Formel für gleiche Varianzen ergibt sich ein fast identischer T-Wert von 4.30. Da die Bewertung genau genommen lediglich auf Ordinalskalenniveau durchgeführt wurde, könnte alternativ ein Test für den Vergleich von zwei Zentralwerten durchgeführt werden (Vorzeichentest oder U-Test nach Wilcoxon, Mann und Whitney; siehe unten), was allerdings mehr oder weniger zu den gleichen Ergebnissen führt (approximativer Vorzeichentest: $Z = 3.67$, U-Test: $Z = 4.16$).

wobei S_1^2 und S_2^2 wiederum den Stichprobenvarianzen entsprechen und X_1 sowie X_2 normalverteilt sein müssen. Die Nullhypothese wird bei einem zweiseitigen Test abgelehnt, falls

$$|T| > t_{1-\alpha/2}(n_1 + n_2 - 2)$$

bzw. bei einseitigen Tests, falls $T < -t_{1-\alpha}(n_1 + n_2 - 2)$ respektive $T > t_{1-\alpha}(n_1 + n_2 - 2)$.

Beispiel 5.5 illustriert die Durchführung eines Signifikanztests auf Mittelwertsdifferenzen.

Test zum Vergleich mehrerer Mittelwerte (Varianzanalyse)

Sollen mehr als zwei Mittelwerte auf Gleichheit getestet werden, so begibt man sich in den Bereich der so genannten Varianzanalyse, die sich an dem Konzept der Streuungszerlegung orientiert (vgl. Seite 46) und mit dem Zusammenhangsmass η^2 verwandt ist (vgl. Seite 96). Bei der *einfachen* bzw. *einfaktoriellen* Varianzanalyse wird ausgehend von den Hypothesen

$$H_0 : \mu_1 = \mu_2 = \ldots = \mu_k \quad \text{und} \quad H_1 : \mu_i \neq \mu_j \text{ für mindestens ein Paar } i \neq j$$

die mittlere quadratische Variation *zwischen* den Gruppen (MQ_b) ins Verhältnis zur mittleren quadratischen Variation *innerhalb* der Gruppen (MQ_w) gesetzt. Die Prüfgrösse ergibt sich als

$$F = \frac{MQ_b}{MQ_w} = \frac{\frac{1}{k-1}\sum_{j=1}^{k} n_j(\bar{X}_j - \bar{X})^2}{\frac{1}{n-k}\sum_{j=1}^{k}\sum_{i=1}^{n_j}(X_{ij} - \bar{X}_j)^2} = \frac{\frac{1}{k-1}\sum_{j=1}^{k} n_j(\bar{X}_j - \bar{X})^2}{\frac{1}{n-k}\sum_{j=1}^{k}(n_j - 1)S_j^2} \sim F(k-1, n-k),$$

wobei mit $j = 1, \ldots, k$ die Gruppen und $i = 1, \ldots, n_j$ die Beobachtungen innerhalb der Gruppen indiziert werden. X_{ij} ist somit die *i*te Beobachtung der *j*ten Gruppe, $\bar{X}_j$ und S_j^2 symbolisieren den Mittelwert und die Varianz der *j*ten Gruppe und $\bar{X}$ sowie n entsprechen dem Gesamtmittelwert und der Gesamtzahl an Beobachtungen über alle Gruppen. Die Nullhypothese, dass die Mittelwerte gleich sind, wird verworfen, falls

$$F > F_{1-\alpha}(k-1, n-k).$$

Zu bemerken ist, dass der Test Normalverteilung und Gleichheit der Varianzen voraussetzt. Für den Fall, dass die Normalverteilungsannahme verletzt ist, wird der verteilungsfreie Test nach Kruskal und Wallis vorgeschlagen (vgl. z. B. Hartung et al. 1999: 613). Falls eine Varianzanalyse Unterschiede in den Mittelwerten anzeigt, können durch paarweise Vergleiche der Mittelwerte oder durch Vergleiche von Linearkombinationen die Unterschiede lokalisiert werden. Zu entsprechenden Verfahren siehe z. B. Hartung et al. (1999: 614ff.) oder Sachs (1999: 649ff.). Zudem besteht die Möglichkeit, Mittelwerte simultan nach mehreren Gruppierungsmerkmalen zu analysieren, was zur *mehrfaktoriellen* Varianzanalyse führt (eine Einführung geben z. B. Backhaus et al. 2000: 80ff., Fahrmeir et al. 2001: 507ff., Sachs 1999: 634ff. oder Hartung et al. 1999: 624ff.).

Test zum Vergleich von Varianzen

Soll geprüft werden, ob sich die Varianzen σ_1^2 und σ_2^2 zweier normalverteilter Zufallsvariablen X_1 und X_2 unterscheiden (was insbesondere im Rahmen des Tests einer Mittelwertdifferenz von Bedeutung ist), kann ein so genannter F-Test angewendet werden. Die Hypothesen lauten

$$H_0 : \sigma_1^2 - \sigma_2^2 = 0 \quad \text{und} \quad H_0 : \sigma_1^2 - \sigma_2^2 \neq 0$$

und als Testgrösse erhält man

$$F = \frac{S_1^2}{S_2^2} \sim F(n_1 - 1, n_2 - 1),$$

wobei S_1^2 und S_2^2 den Stichprobenvarianzen von X_1 und X_2 entsprechen. Die Nullhypothese, dass die Varianzen gleich sind, kann abgelehnt werden, falls

$$F < F_{\alpha/2}(n_1 - 1, n_2 - 1) \quad \text{oder} \quad F > F_{1-\alpha/2}(n_1 - 1, n_2 - 1).$$

Der F-Test ist nur dann zuverlässig, wenn X_1 und X_2 ungefähr normalverteilt sind. Bei Abweichungen von der Normalverteilung werden robustere Resultate z. B. mit dem Test für Gleichheit der Varianzen nach Levene erzielt – einem Test, der zudem auch dem Vergleich von mehr als zwei Varianzen dienen kann. Sei X_{ij} die $i$te Beobachtung der $j$ten Gruppe mit dem Gruppenmittelwert $\bar{X}_j$. Beim Levene's Test wird dann eine einfache Varianzanalyse mit den absoluten Abweichungen $D_{ij} = |X_{ij} - \bar{X}_j|$ durchgeführt,[9] also

$$F = \frac{\frac{1}{k-1} \sum_{j=1}^{k} n_j (\bar{D}_j - \bar{D})^2}{\frac{1}{n-k} \left(\sum_{j=1}^{k} \sum_{i=1}^{n_j} (D_{ij} - \bar{D}_j)^2 \right)} \sim F(k-1, n-k),$$

wobei $\bar{D}_j$ die Gruppenmittelwerte der absoluten Abweichungen, $\bar{D}$ das Gesamtmittel der Abweichungen, k die Anzahl Gruppen, n_j die Anzahl Beobachtungen innerhalb der $j$ten Gruppe und $n = \sum_j n_j$ die Gesamtzahl an Beobachtungen symbolisiert. Die Hypothese $H_0 : \sigma_1^2 = \sigma_2^2 = \ldots = \sigma_k^2$ wird zu Gunsten der Alternativhypothese, dass sich mindestens zwei Varianzen unterscheiden, abgelehnt, falls

$$F > F_{1-\alpha}(k-1, n-k).$$

Weitere Prüfverfahren zum Vergleich von mehr als zwei Varianzen sind z. B. die Tests nach Barlett, Hartley, Cochran oder Scheffé (vgl. Sachs 1999: 613ff., Hartung 1999: 617f. und Rinne 1997: 544).

Test zum Vergleich von Anteilswerten und Homogenitätstests

Der approximative Test für eine Prozentsatzdifferenz bzw. der approximative Test zum Vergleich von zwei Anteilswerten wird im Abschnitt zum Ablauf eines Signifikanztests detailliert besprochen (Seiten 141–145 und Beispiel 5.4). Die Hypothesen sind

$$H_0 : \pi_1 - \pi_2 = 0 \quad \text{und} \quad H_1 : \pi_1 - \pi_2 \neq 0$$

---

[9]In einer Variation nach Browne and Forsythe werden alternativ die Abweichungen vom Median oder vom 10% getrimmten Mittelwert verwendet (vgl. Sachs 1999: 349f.; Stata Corp. 2001b: 192ff.).

für einen zweiseitigen Test sowie $H_0 : \pi_1 - \pi_2 \geq 0$ und $H_1 : \pi_1 - \pi_2 < 0$ bzw. $H_0 :$ $\pi_1 - \pi_2 \leq 0$ und $H_1 : \pi_1 - \pi_2 > 0$ bei einseitigen Tests. Die Prüfgrösse beträgt

$$Z = \frac{\bar{X}_1 - \bar{X}_2}{\sqrt{\hat{P}(1-\hat{P})\left(\frac{1}{n_1}+\frac{1}{n_2}\right)}} \overset{a}{\sim} N(0,1) \quad \text{mit} \quad \hat{P} = \frac{n_1\bar{X}_1 + n_2\bar{X}_2}{n_1 + n_2},$$

wobei mit $\bar{X}_1$ und $\bar{X}_2$ die beiden Anteilswerte symbolisiert werden (relative Häufigkeit der 1-Kategorie). Die Nullhypothese wird bei zweiseitigem Test abgelehnt, falls

$$|Z| > z_{1-\alpha/2},$$

bzw. bei einseitigen Tests, falls $Z < -z_{1-\alpha} = z_\alpha$ respektive $Z > z_{1-\alpha}$. Da es sich nur um einen approximativen Test handelt, sollte er nur bei genügend grossen Fallzahlen und nicht zu extremen Anteilswerten angewendet werden (Faustregel: $n_1 + n_2 > 40$, $\bar{X} \in [0.1, 0.9]$). Ein Test, der ohne diese Beschränkungen auskommt und in den meisten Statistikprogrammen zur Verfügung gestellt wird, ist der exakte Test nach Fisher und Yates (vgl. z. B. Graf et al. 1987: 182ff.; Sachs 1992: 477ff.; Hartung et al. 1999: 414ff.; Siegel 1985: 94ff.).

Sollen mehr als zwei Anteilswerte oder allgemein k Stichproben eines kategorialen Merkmals mit m Ausprägungen verglichen werden, so bietet sich der χ^2-Homogenitätstest an.[10] Bei dem χ^2-Homogenitätstest wird geprüft, ob sich die k Verteilungen eines kategorialen Merkmals X signifikant voneinander unterscheiden. Der Test soll hier nicht genauer besprochen werden, weil er formal identisch ist mit dem χ^2-Unabhängigkeitstest, bei dem die Abhängigkeit zweier kategorialer Merkmale X und Y geprüft wird (siehe Seite 160). Ein weiterer Homogenitätstest ist der Kolmogoroff-Smirnov-Homogenitätstest, der allerdings nur zum Vergleich von maximal zwei Verteilungen verwendet werden kann (vgl. z. B. Rinne 1997: 550f.; Sachs 1999: 378ff.; Siegel 1985: 123ff.).

Test zum Vergleich von Zentralwerten

Ein einfacher Test, um die Gleichheit der Zentralwerte zweier unabhängiger Merkmale X_1 und X_2 zu prüfen, ist der Median-Test mit den Hypothesen

$$H_0 : \tilde{\mu}_1 = \tilde{\mu}_2 \quad \text{und} \quad H_1 : \tilde{\mu}_1 \neq \tilde{\mu}_2.$$

[10]Der approximative Test einer Prozentsatzdifferenz kann als Spezialfall des χ^2-Homogenitätstests betrachtet werden: Die beiden Tests führen im Falle des Vergleichs zweier Anteilswerte, d. h. bei Vorliegen einer (2×2)-Tabelle zum gleichen Ergebnis (die χ^2-Prüfgrösse entspricht dann gerade dem Quadrat der Z-Grösse des Tests einer Prozentsatzdifferenz).

Man bestimme dazu den Median $\tilde{X}$ der gemeinsamen Verteilung von X_1 und X_2 und bilde eine (2×2)-Tabelle, die für die beiden Stichproben jeweils die Häufigkeiten der Beobachtungswerte kleiner bzw. grösser $\tilde{X}$ aufführt,[11] also

$h(X_1 > \tilde{X})$	$h(X_2 > \tilde{X})$
$h(X_1 < \tilde{X})$	$h(X_2 < \tilde{X})$

Die Tabelle kann dann mit den üblichen Instrumenten für den Vergleich zweier Binomialverteilungen analysiert werden (approximativer Test einer Prozentsatzdifferenz bzw. χ^2-Test bei grosser Fallzahl, exakter Test nach Fisher und Yates bei kleinen Fallzahlen). Zeigen diese Instrumente einen signifikanten Unterschied an, so kann die Hypothese, dass die Mediane gleich sind, verworfen werden. Der Test setzt lediglich mindestens ordinales Skalenniveau von X_1 und X_2 voraus und stellt keine besonderen Anforderungen an die Verteilungen der Merkmale. Er kann zudem für den Vergleich von mehr als zwei Zentralwerten verallgemeinert werden (indem nach analogem Verfahren eine $(k \times 2)$-Tabelle gebildet und mit dem χ^2-Test analysiert wird, vgl. Siegel 1985: 171ff.; Sachs 1999: 390f.).

Ein weiterer Test für den Vergleich von zwei Zentralwerten ist der U-Test nach Wilcoxon, Mann und Whitney, der stetige Verteilungsfunktionen sowie zumindest *annähernd gleiche Verteilungsformen* von X_1 und X_2 voraussetzt (wobei sich die Varianzen unterscheiden dürfen). Bei dem Test werden die Unterschiede der mittleren Ränge bzw. die Rangsummen, die die Beobachtungswerte von X_1 und X_2 in der gemeinsamen Verteilung annehmen, analysiert. Das Verfahren kann somit als Test einer rang-biserialen Korrelation angesehen werden (vgl. Seite 96). Eine approximative Testgrösse der U-Tests für grössere Fallzahlen ist gegeben als

$$Z = \frac{|\overline{rg}_1 - \overline{rg}_2|}{\sqrt{\frac{(n_1+n_2)^2(n_1+n_2+1)}{12n_1 n_2}}} \overset{a}{\sim} N(0,1),$$

wobei mit $\overline{rg}_1$ sowie $\overline{rg}_2$ die mittleren Ränge und mit n_1 sowie n_2 die Stichprobengrössen von X_1 und X_2 symbolisiert werden. Die Nullhypothese, dass die Zentralwerte gleich sind, wird abgelehnt, falls $Z > z_{1-\alpha/2}$. Zu einer exakten Berechnung sowie einer Korrekturformel bei Vorliegen von Bindungen siehe z. B. Siegel (1985: 112ff.), Sachs (1999: 380ff.), Hartung et al. (1999: 513ff.) oder Bortz (1999: 146ff.). Ähnlich wie der einfache Median-Test lässt sich der U-Test zudem verallgemeinern für den Vergleich von mehr als zwei Zentralwerten (H-Test bzw. Rangvarianzanalyse von Kruskal und Wallis; vgl. z. B. Siegel 1985: 176ff. oder Sachs 1999: 393ff.).

---

[11]Werte, die gerade gleich dem Gesamtmedian sind, werden entweder ausgeschlossen oder zu der Gruppe der kleineren Werte gezählt (vgl. Siegel 1985: 109).

5.6.4 Signifikanztests bei verbundenen Stichproben

Eine besondere Problemstellung ergibt sich, wenn für die gleiche Stichprobe verschiedene Messungen verglichen werden sollen (man spricht dann von verbundenen oder abhängigen Stichproben; z. B. Vorher-Nachher-Studien, Panel-Studien etc.).

Test zum Vergleich von verbundenen Mittelwerten

Zur Prüfung der Unterschiedlichkeit zweier Mittelwerte $\bar{X}$ und $\bar{Y}$ aus verbundenen Stichproben werden die Paardifferenzen

$$D_i = X_i - Y_i$$

gebildet und deren Mittelwert $\bar{D}$ gemäss dem Test für einen Mittelwert gegen $\mu_0 = 0$ geprüft (vgl. Seite 145). Die Hypothesen des Tests lauten also $H_0 : \mu_D = 0$ sowie $H_1 : \mu_D \neq 0$ und als Testgrösse ergibt sich

$$T = \frac{\bar{D}}{S_D/\sqrt{n}} \sim t(n-1).$$

Die Nullhypothese wird verworfen, falls $|T| > t_{1-\alpha/2}(n-1)$. Beispiel 5.6 illustriert die Anwendung des Tests.

Test zum Vergleich von verbundenen Anteilswerten

Sollen zwei Anteilswerte aus verbundenen Stichproben verglichen werden, so kann ein χ^2-Test nach McNemar durchgeführt werden. Gegeben sei die folgende Kreuztabelle der beiden verbundenen Merkmale X und Y:

$$
\begin{array}{cc|cc}
 & & \multicolumn{2}{c}{Y} \\
 & & 0 & 1 \\
\hline
X & 0 & h_{11} & h_{12} \\
 & 1 & h_{21} & h_{22} \\
\end{array}
$$

Die Hypothesen

$$H_0 : \pi_X = \pi_Y, \quad H_1 : \pi_X \neq \pi_Y$$

lassen sich dann für grössere Fallzahlen ($h_{12} + h_{21} \geq 30$) mit der approximativen Teststatistik

$$\chi^2 = \frac{(h_{12} - h_{21})^2}{h_{12} + h_{21}} \stackrel{a}{\sim} \chi^2(1)$$

prüfen. Die Nullhypothese wird verworfen, falls $\chi^2 > \chi^2_{1-\alpha}(1)$.[12] Bei einseitigen Tests ist die Grenze des Ablehnbereichs gegeben durch $\chi^2_{1-2\alpha}(1)$. Beispiel 5.7 illustriert die Durchführung des Tests. Eine Verallgemeinerung des McNemar-Tests

---

[12]Der Test entspricht dem approximativen Binomialtest für einen Anteilswert (vgl. Seite 147; bzw. einem χ^2-Anpassungstest an eine Gleichverteilung für ein dichotomes Merkmal), wobei der empirische Anteilswert $\hat{\pi} = h_{12}/(h_{12} + h_{21})$ gegen den hypothetischen Anteilswert $\pi_0 = 0.5$ bei einer Fallzahl von $n = h_{12} + h_{21}$ geprüft wird. Konsequenterweise kann auch hier insbesondere bei Vorliegen kleiner Fallzahlen ein exakter Binomialtest durchgeführt werden.

Beispiel 5.6: T-Test zum Vergleich von verbundenen Mittelwerten

---

Im Rahmen des Schweizer Arbeitsmarktsurveys (SAMS98) wurde die Nutzungsinten-sität des Internets für berufliche Zwecke erhoben (in Stunden pro Woche). Nach einer Dauer von zwei Jahren wurde eine Teilstichprobe des Surveys zum gleichen Thema ein zweites Mal befragt. Es soll nun getestet werden, ob sich die mittlere Nutzungsdauer für Personen, die in beiden Wellen über einen Internetanschluss am Arbeitsplatz ver-fügten, zwischen den beiden Befragungszeitpunkten verändert hat. Die Kennwerte der Nutzungsdauer in den beiden Wellen sind $\bar{x}_1 = 2.12$ und $s_1 = 4.25$ sowie $\bar{x}_2 = 2.77$ und $s_2 = 2.83$ ($n = 144$). Für die Differenz $D = X_1 - X_2$ betragen die Kennwerte $\bar{d} = -0.65$ und $s_d = 4.19$. Als Teststatistik ergibt sich somit

$$T = \frac{-0.65}{4.19/\sqrt{144}} = -1.86.$$

Die Nullhypothese, dass sich die Mittelwerte in den beiden Wellen unterscheiden, kann auf einem Sinifikanzniveau von $\alpha = 0.05$ nicht verworfen werden, da $|T| < t_{0.975}(143) \approx z_{0.975} = 1.96$.[a]

---

[a]Ein einseitiger Test mit der Hypothese, dass die Nutzungsdauer zugenommen hat, würde allerdings zu einem signifikanten Ergebniss führen (der kritische t-Wert wäre dann $t_{0.05}(143) \approx z_{0.05} = -1.65$). Anzumerken ist auch, dass sich Schiefe und Standardabweichung der Nutzungs-dauer zwischen den beiden Wellen stark unterscheiden, was die Angemessenheit des Tests in Frage stellt. So erhält man hochsignifikante Resultate, wenn anstatt der Mittelwerte die gegen Ausreisser robusteren Zentralwerte getestet werden (z. B. mit dem Vorzeichentest oder dem Wilcoxon-Paardifferenztest; siehe unten). Zudem darf nicht vergessen werden, dass hier nur Personen verglichen werden, die in beiden Wellen Zugang zum Internet hatten, was zu Selekti-onsverzerrungen führt.

für mehr als zwei Anteilswerte bietet der Q-Test nach Cochran (vgl. z. B. Sachs 1999: 608; Bortz 1999: 157f.; Siegel 1985: 155ff.; Hartung 1999: 423f.).

Test zum Vergleich verbundener Zentralwerte

Zur Prüfung der Unterschiedlichkeit zweier verbundener Mediane $\tilde{X}$ und $\tilde{Y}$ werden wie beim Test zum Vergleich von verbundenen Mittelwerten die Paardifferenzen $D_i = X_i - Y_i$ gebildet. Mit der Variable D wird nun ein Vorzeichentest für $\tilde{\mu}_0 = 0$ durchgeführt (vgl. Seite 147). Die Hypothesen des Tests lauten also $H_0 : \tilde{\mu}_D = 0$ sowie $H_1 : \tilde{\mu}_D \neq 0$ und als Testgrösse ergibt sich

$$Z = \frac{2h(D_i > 0) - n}{\sqrt{n}} \overset{a}{\sim} N(0, 1),$$

wobei $h(D_i > 0)$ für die Anzahl positiver Differenzen steht.[13] Die Nullhypothe-se wird verworfen, falls $|Z| > z_{1-\alpha/2}$. Bei kleinen Fallzahlen sollte mit $h(D_i > 0)$

---

[13]Fälle mit $D_i = 0$ werden normalerweise zur Berechnung von Z eliminiert, wodurch auch die Fallzahl n verkleinert wird.

Beispiel 5.7: McNemar-Test für verbundene Anteilswerte

Auf die Frage, ob Jugendliche ausländischer Nationalität, die ihre ganze Schulzeit in der Schweiz verbracht haben, einen Rechtsanspruch auf Einbürgerung erhalten sollen, erhält man in Abhängigkeit des Herkunftlandes (Kosovo bzw. Italien) die folgenden Antworten:

Kosovo	Italien		Total
	ja	nein	
ja	80	2	82
nein	11	30	41
Total	91	32	123

Bei Jugendlichen aus Kosovo sind also 66.7% der befragten Personen für eine Einbürgerung, bei Jugendlichen aus Italien 74%. Da die beiden Fragen den gleichen Personen gestellt wurden, handelt es sich um verbundene Messungen, und Unterschiedlichkeit der Anteilswerte kann mit dem McNemar-Test geprüft werden. Als Teststatistik ergibt sich

$$\chi^2 = \frac{(2-11)^2}{2+11} = \frac{81}{13} = 6.23.$$

Die Nullhypothese, dass die Anteilswerte in der Grundgesamtheit gleich sind, wird auf einem Signifikanzniveau von $\alpha = 0.05$ verworfen, da $6.23 > \chi^2_{0.95}(1) = 3.84$.[a]

---

[a]Das empirische Signifikanzniveau beträgt $p = 0.013$. Bei Durchführung eines exakten Binomialtests, erhält man ein empirisches Signifikanzniveau von $p = 0.022$.

und n ein exakter Binomialtest durchgeführt werden.[14] Ein erweiterter Test ist der Wilcoxon-Paardifferenztest, bei dem mit den Differenzen D ein Vorzeichenrangtest nach Wilcoxon durchgeführt wird (vgl. z. B. Sachs 1999: 410ff.; Siegel 1985: 72ff.; Bortz 1999: 149f.). Die Unterschiedlichkeit von mehr als zwei verbundenen Zentralwerten kann mit dem Friedman-Test geprüft werden (vgl. z. B. Siegel 1985: 159ff.; Sachs 1999: 664ff.).

5.6.5   Signifikanztests für Zusammenhänge

Eine spezielle Gruppe von Signifikanztests befasst sich mit der Abhängigkeit bzw. Unabhängigkeit verschiedener Merkmale aus der gleichen Stichprobe.

Test einer linearen Korrelation

Ein Bravais-Pearson-Korrelationskoeffizient r_{XY} wird oftmals dahingehend getestet, ob anzunehmen ist, dass auch in der Grundgesamtheit eine Korrelation ρ_{XY} ungleich null besteht. Die Hypothesen sind also

---

[14]Hinweis: Das Verfahren entspricht dem McNemar-Test mit $h_{12} = h(D_i > 0)$ und $h_{21} = n - h(D_i > 0)$.

Beispiel 5.8: Signifikanztest für einen Korrelationskoeffizienten

Für den Zusammenhang zwischen der politischen Links-Rechts-Orientierung (von $1 =$ »ganz links« bis $10 =$ »ganz rechts« und der selbst zugewiesenen gesellschaftlichen Position (von $1 =$ »ganz unten« bis $10 =$ »ganz oben«) wird bei einer Fallzahl von $n = 504$ ein linearer Korrelationskoeffizient von $r = 0.134$ gemessen (SUGS01). Für die Nullhypothese $H_0 : \rho = 0$ berechnet sich die Teststatistik als

$$T = \frac{0.134}{\sqrt{1 - 0.134^2}} \sqrt{504 - 2} = 3.03.$$

Es besteht also ein für $\alpha = 0.05$ signifikanter Zusammenhang zwischen den beiden Variablen, da $|T| > t_{0.975}(502) \approx z_{0.975} = 1.96$ (das empirische Signifikanzniveau beträgt $p = 0.003$).

Da die betrachteten Variablen genau genommen lediglich ordinalskaliert sind, kann man die Angemessenheit eines linearen Koeffizienten in Frage stellen und z. B. den Rangkorrelationskoeffizienten r_S nach Spearman, Kendall's τ_b oder Goodman und Kruskal's γ berechnen. Spearman's Rangkorrelation beträgt $r_S = 0.125$ und ist ebenfalls signifikant, da

$$T = \frac{0.125}{\sqrt{1 - 0.125^2}} \sqrt{504 - 2} = 2.82 > z_{0.975} = 1.96$$

(das approximative empirische Signifikanzniveau beträgt $p = 0.005$). Für die Masse τ_b und γ berechnen sich Zusammenhangswerte von 0.098 und 0.117 sowie ein approximativer T-Wert von 2.72 ($p = 0.006$).

$$H_0 : \rho_{XY} = 0, \quad H_1 : \rho_{XY} \neq 0$$

und eine Teststatistik ist gegeben als

$$T = \frac{r_{XY}}{\sqrt{1 - r_{XY}^2}} \sqrt{n - 2} \sim t(n - 2).$$

Die Nullhypothese wird abgelehnt falls $|T| > t_{1-\alpha/2}(n - 2)$. Eine Anwendung des Tests findet sich in Beispiel 5.8. Der Test setzt Normalverteilung von X und Y voraus, und gilt bei Verletzung dieser Annahme lediglich approximativ. Zum Test der Gleichheit von zwei oder mehr Korrelationskoeffizienten aus unabhängigen oder verbundenen Stichproben siehe Sachs (1999: 537ff.), Hartung et al. (1999: 548ff.) oder Bortz (1999: 209ff.).

Test einer Rangkorrelation

Der Test eines Rangkorrelationskoeffizienten r_S nach Spearman gestaltet sich dem Test eines linearen Korrelationskoeffizienten ähnlich. Für die Hypothesen

$$H_0 : \rho_S = 0, \quad H_1 : \rho_S \neq 0$$

ist eine Testgrösse gegeben als

$$T = \frac{r_S}{\sqrt{1 - r_S^2}} \sqrt{n - 2} \overset{a}{\sim} t(n - 2).$$

Die Nullhypothese wird abgelehnt, falls $|T| > t_{1-\alpha/2}(n - 2)$. Da es sich lediglich um einen approximativen Test handelt, sollten die Fallzahlen nicht zu klein sein ($n \geq 30$; für exakte Testverfahren vgl. die Literaturhinweise in Bortz 1999: 223f.).

Test einer monotonen Korrelation

Der Test der monotonen Zusammenhangsmasse Kendall's τ_b und Goodman und Kruskal's γ ist etwas komplizierter, wird aber in den meisten Statistikprogrammen standardmässig angeboten. Zu den Details der Tests siehe etwa Kendall und Gibbons (1990: 60ff.) sowie Agresti (1984: 179ff.).[15]

Chi²-Unabhängigkeitstest

Einer der am breitesten anwendbaren Signifikanztests ist der χ^2-Unabhängigkeits-test. Ausgehend von einer $(k \times m)$-Kontingenztabelle wird getestet, ob sich die beobachteten Zellhäufigkeiten von den bei Unabhängigkeit aufgrund der Randverteilungen erwarteten Zellhäufigkeiten signifikant unterscheiden. Es wird also getestet, ob die Nullhypothese, dass die beiden Merkmale X und Y statistisch unabhängig sind, verworfen werden kann, wobei keine spezifische Zusammenhangsform unterstellt wird. In anderen Worten wird geprüft, ob die bedingten Verteilungen in der Tabelle jeweils den Randverteilungen entsprechen oder nicht. Aus diesem Grund wird der Test auch χ^2-Homogenitätstest genannt. Die Hypothesen des χ^2-Tests lassen sich formulieren als

$$H_0 : P_{ij} = P_i \cdot P_j \text{ für alle } i, j \quad \text{und} \quad H_1 : P_{ij} \neq P_i \cdot P_j \text{ für mind. ein Paar } (i, j),$$

wobei $P_{ij} = P(X = i, Y = j)$ die Wahrscheinlichkeit des gemeinsamen Auftretens von $X = i$ und $Y = j$ symbolisiert. Definitionsgemäss ist diese bei statistischer Unabhängigkeit für alle i, j gleich dem Produkt der getrennten Wahrscheinlichkeiten von $X = i$ und $Y = j$ (vgl. Seiten 66, 105, 108 und 114). Die Teststatistik entspricht gerade dem χ^2-Koeffizienten, der in Kapitel 4.2.2 vorgestellt wurde, also

$$\chi^2 = \sum_{i=1}^{k} \sum_{j=1}^{m} \frac{(h_{ij} - \tilde{h}_{ij})^2}{\tilde{h}_{ij}} \quad \text{mit} \quad \tilde{h}_{ij} = \frac{h_{i\cdot} h_{\cdot j}}{n},$$

und ist approximativ χ^2-verteilt mit $(k-1)(m-1)$ Freiheitsgraden (h_{ij} steht für die Zell- und $h_{i\cdot}$ bzw. $h_{\cdot j}$ für die Randhäufigkeiten). Die Nullhypothese wird abgelehnt, falls

$$\chi^2 > \chi^2_{1-\alpha}((k-1)(m-1)).$$

---

[15]Hinweis: Der Test führt bei identischen Daten für beide Masse zum gleichen Ergebnis.

Beispiel 5.9: Chi^2-Unabhängigkeitstest und Likelihood-Ratio-Test

In dem Methodenexperiment von Diekmann und Jann (2001a; vgl. Seite 142 und Beispiel 5.4) war zusätzliche zu den beiden Versuchgruppen VG1 und VG2 eine Kontrollgruppe KG (kein spezieller Anreiz zur Teilnahme an der Befragung) enthalten. Die vervollständigte Kontingeztabelle der Auschöpfungsquoten lautet:

Teilnahme	VG1	VG2	KG	Total
ja	141	162	148	451
nein	50	30	45	125
Total	191	192	193	576

Für den χ^2-Unabhängigkeitstest und den Likelihood-Ratio-Test erhält man:

$$\chi^2 = \frac{(141 - 451 \cdot 191/576)^2}{451 \cdot 191/576} + \frac{(162 - 451 \cdot 192/576)^2}{451 \cdot 192/576} + \cdots = 6.72$$

$$LR = 2 \cdot (141 \cdot \ln[141/(451 \cdot 191/576)] + 162 \cdot \ln[162/(451 \cdot 192/576)] + \cdots) = 6.95$$

Bei beiden Tests wird die Nullhypothese, dass die Zeilen- und Spaltenvariablen unabhängig sind (bzw. dass die Ausschöpfungsquote nicht von der Form des Anreizes beeinflusst wird), auf einem Signifikanzniveau von $\alpha = 0.05$ verworfen, da die Teststatistiken grösser sind als der kritische Wert $\chi^2_{1-0.05}((3-1)(2-1)) = \chi^2_{0.95}(2) = 5.99$.[a]

---

[a]Die empirischen Signifikanzniveaus betragen $p = 0.035$ und $p = 0.031$. Wird ein exakter Test durchgeführt, erhält man ein empirisches Signifikanzniveau von $p = 0.032$.

Einschränkend für die Anwendung des χ^2-Unabhängigkeitstests gilt als Faustregel, dass keine der bei Unabhängigkeit erwarteten Häufigkeiten kleiner als eins sein darf. Zudem sollte der Anteil Zellen mit erwarteten Häufigkeiten kleiner 5 nicht mehr als 20% ausmachen. Im Falle von (2×2)-Tabellen ist der χ^2-Test mit dem approximativen Test einer Prozentsatzdifferenz identisch und es kann, falls die Voraussetzungen für einen χ^2-Test verletzt sind, ein exakter Test nach Fisher und Yates durchgeführt werden (vgl. die Literaturhinweise auf Seite 154). Für den Fall einer $(k \times m)$-Tabelle werden in manchen Statistikprogrammen mittlerweile Verallgemeinerungen des exakten Tests von Fisher und Yates angeboten (vgl. z. B. Stata Corp. 2001c: 154). Beispiel 5.9 illustriert die Anwendung eines χ^2-Unabhängigkeitstests.

Likelihood-Ratio-Test für Kontingenztabellen

Als Alternative zum χ^2-Unabhängigkeitstest kann bei Vorliegen einer $(k \times m)$-Kontingenztabelle auch ein so genannter Likelihood-Ratio-Test bzw. Likelihood-Quotienten-Test durchgeführt werden (vgl. auch Kühnel und Krebs 2001: 365f.).[16]

---

[16]Der Likelihood-Ratio-Test für Kontingenztabellen ist gleichzeitig ein Signifikanztest für den Unsicherheitskoeffizienten auf Seite 78.

Die Likelihood-Ratio-Teststatistik lässt sich bei Vorliegen einer $(k \times m)$-Kontingenztabelle berechnen als

$$LR = 2 \sum_{i=1}^{k} \sum_{j=1}^{m} h_{ij} \ln(h_{ij}/\tilde{h}_{ij}) \quad \text{mit} \quad \tilde{h}_{ij} = \frac{h_{i.}h_{.j}}{n}$$

und ist approximativ χ^2-verteilt mit $(k-1)(m-1)$ Freiheitsgraden.[17] Die Hypothese, dass die beiden Merkmale X und Y unabhängig sind, wird verworfen, falls $LR > \chi^2_{1-\alpha}((k-1)(m-1))$. Da die Teststatistiken des Likelihood-Ratio-Tests und des χ^2-Unabhängigkeitstests beide approximativ χ^2-verteilt sind, sind sie asymptotisch gleich, d. h. sie nähern sich mit steigendem Stichprobenumfang immer mehr an. In der Regel führen die beiden Tests somit zu den gleichen Ergebnissen.

5.7 Komplexe Stichprobenpläne und Gewichtung

In der empirischen Sozialforschung kann oftmals nicht mit Stichproben gearbeitet werden, die mit Hilfe einer einfachen Wahrscheinlichkeitsauswahl getroffen wurden. Weicht der Ziehungsprozess von einer einfachen Wahrscheinlichkeitsauswahl ab, so sind Verzerrungen der Schätzer zu erwarten. Je nach Art des Stichprobenplanes bestehen verschiedene Strategien, um den Verzerrungen zu begegnen. Ist zum Beispiel die Bedingung der gleichen Auswahlwahrscheinlichkeiten verletzt, so können unter Umständen durch Gewichtung der Daten verbesserte Punktschätzer erzielt werden.

Oftmals werden zweistufige Zufallsverfahren verwendet, bei denen auf eine Zufallsauswahl von Haushalten eine Zufallsauswahl je eines Haushaltsmitgliedes folgt. Angenommen, bei

---

[17]Der Likelihood-Quotient entspricht dem Verhältnis zwischen der Likelihood L_0 bei Gültigkeit der Nullhypothese und der uneingeschränkten Likelihood L_1, also L_0/L_1. Bei Gültigkeit der Nullhypothese (Unabhängigkeit von X und Y) ist die bedingte Verteilung von X gleich der Randverteilung, d. h. die Likelihood wird lediglich mit Hilfe der unbedingten Verteilung von X berechnet. Zur Berechnung der uneingeschränkten Likelihood kann hingegen die bedingte Verteilung verwendet werden. Die beiden Likelihoods für X sind somit gegeben als

$$L_0 = \prod_{i=1}^{k}(h_{i.}/n)^{h_{i.}} \quad \text{und} \quad L_1 = \prod_{i=1}^{k}\prod_{j=1}^{m}(h_{ij}/h_{.j})^{h_{ij}}$$

(zur Bestimmung von L_0 und L_1 vergleiche Seite 130; der Test ist symmetrisch und es könnten analog auch die Likelihoods für Y verwendet werden). Der Likelihood-Ratio-Test wird nun nicht direkt mit dem Likelihood-Quotienten durchgeführt, sondern mit der approximativ χ^2-verteilten Testgrösse

$$LR = -2\ln(L_0/L_1) = 2(\ln L_1 - \ln L_0),$$

die nach einigen Umformungen dem oben berichteten Ausdruck entspricht. Dem Likelihood-Quotienten-Test liegt ein sehr allgemeines Konzept zu Grunde und er kann unter entsprechender Modifikation von L_0 und L_1 für viele verschiedene Situationen verwendet werden (zu einer allgemeinen Diskussion des Likelihood-Ratio-Tests vgl. z. B. Schlittgen 1996: 317–330).

den beiden Prozessen handle es sich um einfache Wahrscheinlichkeitsauswahlen und es bestünden keine sonstigen Verzerrungen, dann verhalten sich die Auswahlwahrscheinlichkeiten der einzelnen Zielpersonen umgekehrt proportional zur Grösse des Haushalts, dem sie angehören: Sei π die konstante Auswahlwahrscheinlichkeit eines Haushalts, dann ist π/m_i die Auswahlwahrscheinlichkeit einer Zielperson, wobei m_i der Grösse des Haushalts entspricht, dem die Zielperson angehört.

Gewichtet wird im Allgemeinen mit der Inverse der gemäss Stichprobenplan bekannten relativen Auswahlwahrscheinlichkeiten (Designgewichtung), was zu so genannten Horvitz-Thompson-Quotienten-Schätzern führt (vgl. z. b. Stenger 1986: 201ff.; Rothe und Wiedenbeck 1994). Ist also die Auswahlwahrscheinlichkeit eines Elements zum Beispiel halb so gross wie die Auswahlwahrscheinlichkeit eines anderen, dann wird dieses Element bei der gewichteten Schätzung so behandelt, als ob es doppelt vorliegen würde. Durch die Gewichtung wird also eine Stichprobenzusammensetzung *simuliert*, wie sie vorliegen würde, wenn alle Elemente die gleiche Auswahlchance gehabt hätten. Mit diesem Verfahren können bei der Punktschätzung von Parametern wie z. B. Anteils- oder Mittelwerten zumindest theoretisch befriedigende Resultate erreicht werden.[18] Probleme ergeben sich aber bei der Schätzung von Standardfehlern, da diese auf der Anzahl *tatsächlich* vorliegender Beobachtungen beruhen. Konfidenzintervalle und statistische Testgrössen können somit bei Anwendung von Designgewichten verzerrt sein (dies auch dann, wenn die Summe der Gewichte auf die ursprüngliche Fallzahl normiert wird).

Gegeben sei eine Stichprobe, deren Elemente unterschiedliche (relative) Auswahlwahrscheinlichkeiten π_i, $i = 1, \ldots, n$, aufweisen.[19] Der Erwartungswert und die Varianz eines Merkmals X in der Grundgesamtheit können dann mit Hilfe der Gewichte $w_i = 1/\pi_i$ konsistent geschätzt werden als

$$\hat{\mu} = \frac{1}{W} \sum_{i=1}^{n} w_i X_i \quad \text{und} \quad \hat{\sigma}^2 = \frac{1}{W - W/n} \sum_{i=1}^{n} w_i (X_i - \bar{X})^2 \quad \text{mit } W = \sum_{i=1}^{n} w_i \text{ und } w_i > 0.$$

Der Schätzer für den Mittelwert entspricht also der gewichteten Merkmalssumme geteilt durch die Summe der Gewichte, der Schätzer für die Varianz der Summe der gewichte-

---

[18] Anzumerken ist, dass oftmals andere Gewichtungsverfahren verwendet werden, die aus theoretischer Sicht weniger angebracht erscheinen. Als negatives Beispiel ist die Nachgewichtung (Redressment, Post-Stratifikation, Strukturangleichung etc.) zu nennen, bei der gewisse Verteilungen der Stichprobe nachträglich an »bekannte« Verteilungen der Population (z. B. Geschlecher-, oder Altersverteilung) angepasst werden (etwa um Antwortausfälle zu kompensieren). Bezüglich der Nachgewichtung für Variablen mit bekannter Verteilung ist dem folgenden Zitat nicht mehr viel beizufügen: »... eine Gewichtung für solche Variablen [kann] nur einen Sinn haben, eine mögliche schlechte Repräsentanz *dieser* Variablen ... zu maskieren ...« (Alt und Bien 1994: 139). Es lässt sich zudem zeigen, dass durch Nachgewichtung die Verteilungen der anderen Variablen häufig sogar noch verschlechtert werden (vgl. z. B. Schnell 1993).

[19] Die Auswahlwahrscheinlichkeiten π_i müssen nicht vollständig bekannt sein. Es reicht aus, wenn man die Verhältnisse der Auswahlwahrscheinlichkeiten zwischen den Elementen kennt. In dem Beispiel oben könnten somit die Auswahlwahrscheinlichkeiten definiert werden als $\pi_i = 1/m_i$, wobei m_i der Grösse des Haushalts entspricht, dem das Individuum i angehört.

ten quadratischen Abweichungen geteilt durch die für die Freiheitsgrade korrigierte Summe der Gewichte. Die beiden Schätzer sind somit grundsätzlich gleich gebaut wie die entsprechenden Schätzer für unverzerrte Stichproben. Es läge nun nahe, bei der Konstruktion der Schätzfunktion für den Standardfehler des Mittelwerts analog zu verfahren, wodurch man je nachdem z. B. den Schätzer $\widehat{SE}(\bar{X}_n) = \hat{\sigma}/\sqrt{n}$ oder den Schätzer $\widehat{SE}(\bar{X}_n) = \hat{\sigma}/\sqrt{W}$ erhalten würde. Der korrekte, d. h. konsistente Schätzer lautet jedoch

$$\widehat{SE}(\bar{X}_n) = \sqrt{\frac{1}{W^2 - W^2/n} \sum_{i=1}^{n} w_i^2 (X_i - \bar{X})^2} \quad \text{mit} \quad \bar{X} = \frac{1}{W} \sum_{i=1}^{n} w_i X_i.$$

Hinweis: Bei $w_i = w_j \, \forall i, j$ führt der Schätzer zum gleichen Ergebnis wie der Schätzer für Stichproben mit unverzerrten Auswahlwahrscheinlichkeiten.

In der Praxis wird auch bei der Punktschätzung von Parametern trotz der Erwartungstreue des Horvitz-Thompson-Quotienten-Schätzers häufig auf eine Designgewichtung verzichtet. Dies ist vor allem damit zu begründen, dass meistens neben der bekannten Verzerrung zusätzliche Verzerrungen bestehen, die unter Umständen viel gravierender und der bekannten Verzerrung entgegengesetzt sein können. So könnte man im Beispiel der Abhängigkeit der Auswahlwahrscheinlichkeit von der Haushaltsgrösse einer Gewichtung engegenhalten, dass kleine Haushalte eher schwieriger erreichbar und somit im Sample untervertreten sind. Es bestünde dann eine nicht quantifizierbare Verzerrung in die entgegengesetzte Richtung der bekannten Verzerrung, so dass durch die Gewichtung *zu stark* korrigiert würde.

Neben der Anforderung identischer Auswahlwahrscheinlichkeiten wird an eine einfache Wahrscheinlichkeitsauswahl die Bedingung gestellt, dass die Elemente unabhängig voneinander gezogen werden. In der Praxis werden jedoch oft komplexe Stichprobenpläne verwendet, die auch diese Bedingung verletzen. So werden bei Klumpenstichproben zuerst so genannte Clusters ausgewählt (z. B. Gemeinden, Schulklassen), in denen in einem zweiten Schritt die Individualelemente bestimmt werden. Die Individualelemente werden also abhängig von der Zugehörigkeit zu einer übergeordneten Einheit gezogen und es ist anzunehmen, dass sich Elemente des gleichen Clusters ähnlicher sind als Elemente unterschiedlicher Cluster. Ein anderes Beispiel sind geschichtete Stichproben, bei denen die Population vollständig in Schichten zerlegt wird (z. B. Einkommensschichten, Regionen eines Landes). Aus jeder Schicht wird dann eine Auswahl an Individualelementen getroffen, wobei sich die Auswahlwahrscheinlichkeiten zwischen den Schichten unterscheiden können. Bei einer Klumpen- wie auch bei einer geschichteten Stichprobe müssen bei der Schätzung von Standardfehlern (auch wenn die Auswahlwahrscheinlichkeiten identisch sind) einige Anpassungen vorgenommen werden, um dem Ausmass an Homogenität innerhalb der Klumpen oder Schichten gerecht zu werden. Bei einer Klumpenstichprobe werden die Standardfehler dabei tendenziell umso grösser, je homogener die Elemente innerhalb der Klumpen (im Verhältnis zur Ähnlichkeit von Elementen aus verschiedenen Klumpen). Bei einer geschichteten Stichprobe verhält es sich genau umgekehrt: Die Schätzer werden umso präziser, je grösser die relative

Homogenität innerhalb der Schichten. Geschichtete Stichproben können somit ein wirksames Mittel sein, um die Aussagekraft einer Stichprobe bestimmten Umfangs zu erhöhen.

Die Analyse von Stichproben, die mit Hilfe komplexer Stichprobenpläne gewonnen wurden, gestaltet sich somit einiges aufwändiger als die in diesem Buch vorgestellte Analyse einer einfachen Wahrscheinlichkeitsauswahl (zu einer ausführlichen Behandlung des Themas siehe z. B. Levy und Lemeshow 1999, Scheaffer et al. 1990, Skinner et al. 1989, Stenger 1986 sowie Wolter 1985). Zudem bieten leider die meisten Standard-Statistikprogramme entsprechende Instrumente höchstens am Rande an. Meistens ist lediglich eine »einfache« Gewichtung vorgesehen, bei der die Gewichte w_i als Multiplikatoren der Fälle dienen, ohne dass die Schätzfunktionen speziell angepasst würden. Eine derartige Gewichtung führt nur dann zu allgemein korrekten Schätzern, wenn ein Fall jeweils w_i *tatsächliche, identische Messungen repräsentiert* (und keine Klumpen- oder geschichtete Stichprobe vorliegt). Werden die Gewichte aber als Korrekturfaktoren für unterschiedliche Auswahlwahrscheinlichkeiten verwendet, dann ist bei »einfacher« Gewichtung eine Reihe von Schätzern verzerrt (wie z. B. die Schätzer für die Standardabweichung eines Merkmals oder den Standardfehler eines Schätzers).[20]

---

[20]Hinweis: Werden die Gewichte normiert, so dass die Summe der Gewichte der tatsächlichen Fallzahl entspricht ($W = n$), können die Verzerrungen i. d. R. auf ein »verträgliches« Mass reduziert werden oder verschwinden manchmal sogar ganz (im Falle der Standardabweichung eines Merkmals). Dies gilt allerdings nicht, wenn es sich zusätzlich um eine Klumpenstichprobe oder eine geschichtete Stichprobe handelt. So werden die Standardfehler bei einer Klumpenstichprobe tendenziell unter- und bei einer geschichteten Stichprobe tendenziell überschätzt.

Kapitel 6

Lineare Regression

Wie in Abschnitt 4.6 erläutert, ist die Korrelationsanalyse ungerichtet, d. h. sie macht Aussagen über die Stärke und das Vorzeichen eines Zusammenhangs unabhängig von Hypothesen über Kausalitäten zwischen den betrachteten Variablen. Man stelle sich ein Streudiagramm von zwei Merkmalen X und Y vor: Der Bravais-Pearson-Korrelationskoeffizient ist nun ein Mass dafür, wie gut die abgebildete Punktewolke an eine Gerade angepasst ist (und ob es sich eher um eine ansteigende oder abfallende Gerade handelt). Ein Korrelationskoeffizient ist daher symmetrischer Natur, also $r_{XY} = r_{YX}$, d. h. die Rollen von X und Y können vertauscht werden, ohne dass der Koeffizient beeinflusst würde.

Die lineare Regressionsanalyse setzt an diesem Punkt an, indem sie nicht nur die Stärke eines Zusammenhangs bzw. die Deutlichkeit der Geradenanpassung misst, sondern auch den Betrag der in der Punktewolke erkennbaren Steigung in Betracht zieht. Da diese Steigung durch die Skalierung von X und Y manipuliert werden kann, sind bei der Regressionsanalyse – anders als bei der Korrelation – die Einheiten der betrachteten Variablen von Bedeutung. Bei der linearen Regression handelt es sich somit um ein gerichtetes Analyseinstrument. Nur in Spezialfällen bleibt nämlich bei Vertauschung von X und Y eine gegebene Steigung erhalten. Vor der Berechnung einer Regressionsgleichung sollten also mittels theoretischer Überlegungen Vorstellungen über das Abhängigkeitsverhältnis der Merkmale gebildet werden. Insbesondere muss festgelegt werden, welches Merkmal die *abhängige Variable* und welches Merkmal die *unabhängige Variable* sein soll.

▷ Abhängige Variable (AV): Regressand, Prädiktand, endogene Variable, zu erklärende Variable, Response; üblicherweise mit Y symbolisiert

▷ Unabhängige Variable (UV): Regressor, Prädiktor, exogene Variable, erklärende Variable, Stimulus; üblicherweise mit X symbolisiert

6.1   Lineare Einfachregression

Bei der Einfachregression wird versucht, den bedingten Erwartungswert einer Zufallsvariable Y, also den erwarteten Wert von Y gegeben $X = x_i$ als Funktion der Werte x_i auszudrücken, also

$$E(Y|X = x_i) = E(Y_i) = f(x_i).$$

Man bemerke, dass X deterministisch oder eine Zufallsvariable sein kann, d. h. die Werte x_i, $i = 1, \ldots, n$, sind entweder deterministisch vorgegeben (wie etwa in einem

Diagramm 6.1:   Grafische Veranschaulichung der Regressionsgeraden

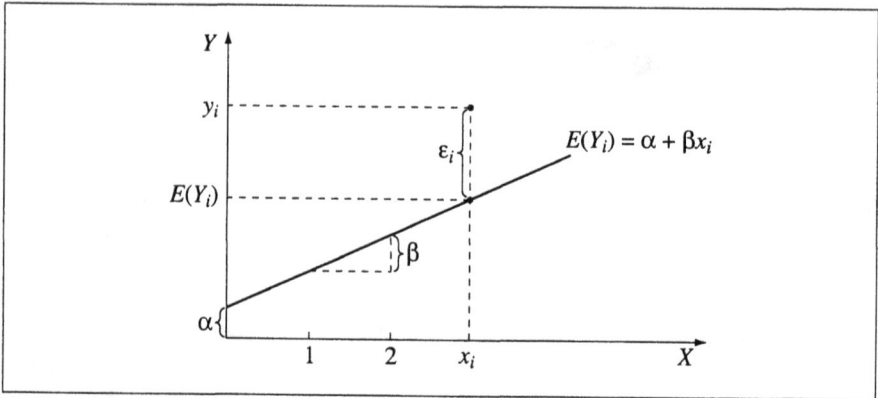

Experiment), oder sie sind Realisierungen von Zufallsvariablen X_i (z. B. wenn X und Y in einer Zufallsstichprobe beobachtet werden). Für $f(x_i)$ wird im einfachsten Fall der lineare Term $\alpha + \beta x_i$ gewählt, wodurch sich die *lineare* Regressionsfunktion

$$E(Y_i) = \alpha + \beta x_i$$

ergibt. Da die Werte von Y normalerweise für ein bestimmtes Niveau x_i von X um den bedingten Erwartungswert $E(Y_i)$ streuen, muss zur exakten Beschreibung von Y_i eine Zufallsvariable ε_i herbeigezogen werden, die die Abweichungen bzw. Residuen $Y_i - E(Y_i)$ erfasst. Die Zufallsvariable Y_i kann also beschrieben werden als

$$Y_i = E(Y_i) + \varepsilon_i = \alpha + \beta x_i + \varepsilon_i,$$

wobei ε_i als *zufälliger Fehlerterm* bezeichnet wird und (1) die Einflüsse aller anderen (unbeobachteten) Faktoren auf Y, (2) die Fehler bei der Messung Y und (3) die Fehler, die durch Missspezifikation von $f(X)$ entstehen, modelliert. Aus der Annahme, dass die Gerade $\alpha + \beta x_i$ die bedingten Erwartungswerte $E(Y_i)$ schneidet, folgt

$$E(\varepsilon | X = x_i) = 0 \; \forall \, i.$$

Der Erwartungswert der Residuen ε_i ist also für jedes Niveau x_i gleich null. Wird die Funktion $E(Y_i)$ in einem (x, y)-Koordinatensystem dargestellt, so erhält man eine Gerade mit der Steigung β und dem Achsenabschnitt α (vgl. Diagramm 6.1; Beispiel 6.1 zeigt zudem eine geschätzte Regressionsgerade für den Zusammenhang zwischen Arbeitszeit und Einkommen). Die Abweichung zwischen der Realisation y_i und der Geraden entspricht einer Realisation von ε_i. Das primäre Forschungsinteresse gilt normalerweise der Geradensteigung β. Sie ist das, was man als den »Effekt von X auf Y« bezeichnet, da sie gerade den so genannten »Einheitseffekt« wiedergibt. Der Parameter β beschreibt also die (systematische, durchschnittliche, bzw. zu erwartende) Veränderung der Variable Y, wenn X um *eine Einheit* erhöht wird. Ein

Beispiel 6.1:   Streudiagramm mit Regressionsgerade

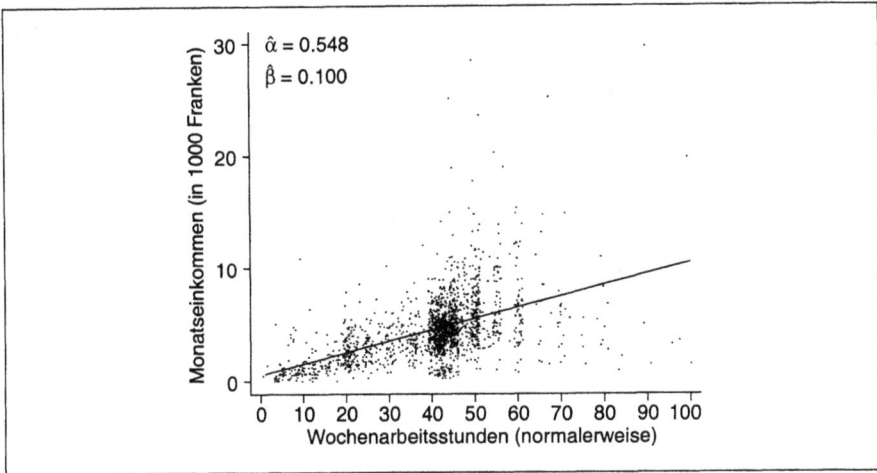

β von 0.1 für den Zusammenhang zwischen wöchentlicher Arbeitszeit und monatlichem Einkommen (in Tausend) bedeutet, dass pro zusätzliche wöchentliche Arbeitsstunde ein durchschnittlicher Zuwachs des Monatseinkommens von 1000*0.1=100 Franken zu verzeichnen ist. Der Zusammenhang kann dabei als Kausalitätsverhältnis, aber auch rein deskriptiv interpretiert werden. Eine Interpretation, die die Kausalität des Zusammenhangs weniger stark in den Vordergrund stellt, wäre etwa die deskriptive Feststellung, dass Personen, die pro Woche eine Stunde mehr arbeiten, ein im Durchschnitt um 100 Franken höheres Einkommen aufweisen. Es wird dabei nicht gesagt, dass sie mehr verdienen *weil* sie mehr arbeiten, oder dass die Erhöhung des Arbeitspensums einer Person i einen entsprechenden Einkommensgewinn nach sich ziehen würde.[1]

Ziel soll es nun sein, mit Hilfe von Stichprobendaten (x_i, y_i), $i = 1, \ldots, n$, die Funktion $Y_i = \alpha + \beta x_i + \varepsilon_i$ in der Grundgesamtheit zu schätzen. Man wird also bestrebt sein, eine Stichproben-Regressionsfunktion

$$\hat{E}(Y_i) = \hat{Y}_i = \hat{\alpha} + \hat{\beta} x_i \quad \text{bzw.} \quad Y_i = \hat{\alpha} + \hat{\beta} x_i + \hat{\varepsilon}_i = \hat{Y}_i + \hat{\varepsilon}_i$$

zu bestimmen, die als Schätzer für die Regressionsfunktion in der Grundgesamtheit dient.

---

[1]Die klassische Methode zur Ermittlung einer Kausalbeziehung ist das Experiment. Mit nicht-experimentellen Daten einen Kausaleffekt nachzuweisen ist i. d. R. äusserst anspruchsvoll (vgl. zu dem Thema z. B. Angrist et al. 1996; Rosenbaum und Rubin 1983; Sobel 2000; Winship und Morgan 1999). Regressionsschätzungen mit nicht-experimentellen Daten haben daher in der Praxis oftmals lediglich deskriptiven Charakter.

6.1.1 Schätzung der Regressionsgeraden

Es bestehen verschiedene Verfahren um eine Regressionsgerade zu schätzen. Die gebräuchlichste Methode ist die *Methode der Kleinsten Quadrate* (Ordinary Least Squares, OLS), bei der die Summe der quadrierten Residuen minimiert wird. Die Schätzer $\hat{\alpha}$ und $\hat{\beta}$ werden also so gewählt, dass die Funktion

$$Q(\hat{\alpha}, \hat{\beta}) = \sum_{i=1}^{n} \hat{\varepsilon}_i^2 = \sum_{i=1}^{n}(Y_i - \hat{Y}_i)^2 = \sum_{i=1}^{n}(Y_i - \hat{\alpha} - \hat{\beta}x_i)^2$$

den kleinstmöglichen Wert annimmt. Um die Kleinste-Quadrate-Schätzer $\hat{\alpha}$ und $\hat{\beta}$ zu erhalten, muss die Funktion $Q(\alpha, \beta)$ nach α bzw. β differenziert und gleich null gesetzt werden. Als Lösung ergeben sich

$$\hat{\alpha} = \bar{Y} - \hat{\beta}\bar{x} \quad \text{und} \quad \hat{\beta} = \frac{\sum_{i=1}^{n}(x_i - \bar{x})(Y_i - \bar{Y})}{\sum_{i=1}^{n}(x_i - \bar{x})^2} = \frac{S_{XY}}{S_X^2} = r_{XY}\frac{S_Y}{S_X},$$

wobei mit S_X und S_Y die Standardabweichungen und mit S_{XY} und r_{XY} die Kovarianz und lineare Korrelation zwischen X und Y symbolisiert werden. Der Schätzer für α entspricht also dem Mittel von Y abzüglich dem Mittel von X multipliziert mit $\hat{\beta}$; der Schätzer $\hat{\beta}$ ist gleich der Kovarianz geteilt durch die Varianz von X bzw. gleich dem Korrelationskoeffizienten r_{XY} mal dem Verhältnis der Standardabweichungen von X und Y.

Die Schätzer haben unter anderem die folgenden statistischen Eigenschaften:

▷ Die geschätze Regressionsgerade verläuft durch die Mittelwerte $\bar{x}$ und $\bar{Y}$ (was man an der Schätzformel für α sofort erkennen kann).

▷ Der Mittelwert der Vorhersagewerte $\hat{Y}_i$ ist gleich dem Mittelwert von Y.

▷ Die Summe und somit der Mittelwert der geschätzten Residuen ist gleich null ($\sum \hat{\varepsilon}_i = 0$).

▷ Die Residuen $\hat{\varepsilon}_i$ sind weder mit Y noch mit X korreliert.

Bei der Kleinste-Quadrate-Schätzung wird eine Reihe von Annahmen getroffen, unter deren Gültigkeit die Schätzer $\hat{\alpha}$ und $\hat{\beta}$ erwartungstreu und wirksamst sind bzw. BLUE-Eigenschaft aufweisen (Best Linear Unbiased Estimator). Die wichtigsten dieser Annahmen sind:

▷ Der Zusammenhang ist linear und die Regressionsfunktion ist korrekt spezifiziert.

▷ Der bedingte Erwartungswert $E(\varepsilon_i) = E(\varepsilon | X = x_i)$ ist gleich null für alle x_i. Es wird somit angenommen, dass sich die Effekt der in ε implizit modellierten Faktoren auf Y bei gegebenem x_i gegenseitig aufheben.

▷ Homoskedastizität: Die Varianz von ε ist für alle x_i gleich, also

$$Var(\varepsilon_i) = E(\varepsilon_i^2) = \sigma_\varepsilon^2 \quad \forall\, i.$$

(Diese Annahme scheint in Beispiel 6.1 verletzt zu sein.) Um die Standardfehler von $\hat{\alpha}$ und $\hat{\beta}$ schätzen zu können, wird zusätzlich angenommen, dass ε_i normalverteilt ist, also

$$\varepsilon_i \sim N(0, \sigma_\varepsilon^2) \quad \forall\, i.$$

Als Schätzer für σ_ε^2 verwendet man dabei

$$\hat{\sigma}_\varepsilon^2 = \frac{1}{n-2} \sum_{i=1}^n \hat{\varepsilon}_i^2 = \frac{1}{n-2} \sum_{i=1}^n (Y_i - \hat{\alpha} - \hat{\beta} x_i)^2.$$

▷ Keine Autokorrelation: Es besteht keine Korrelation zwischen den Fehlervariablen ε_i und ε_j auf unterschiedlichem Niveau von X, also

$$Cov(\varepsilon_i, \varepsilon_j) = E(\varepsilon_i \varepsilon_j) = 0 \quad \forall\, i \neq j,$$

wobei *Cov* für Kovarianz steht. Das heisst, es wird angenommen, dass Y_i nicht von ε_j, $i \neq j$, abhängt. Eine Annahme, die z. B. bei Zeitreihendaten oftmals verletzt ist.

▷ Sind die Werte x_i Realisationen der Zufallsvariablen X_i, wird zusätzlich lineare Unabhängigkeit zwischen ε und X angenommen ($\rho(\varepsilon, X) = 0$).

Zu Methoden der Überprüfung der verschiedenen Annahmen und Modellmodifikationen im Falle ihrer Verletzung siehe z. B. Greene (1993), Gujarati (1995) oder Maddala (1992). Insbesondere können zur Überprüfung der Annahmen auch grafische Methoden von grossem Nutzen sein (etwa in Form von so genannten Residualplots; vgl. z. B. Schnell 1994).

6.1.2 Standardfehler der Schätzer

Die Standardfehler von $\hat{\alpha}$ und $\hat{\beta}$ können geschätzt werden als

$$\hat{\sigma}_\alpha = \hat{\sigma}_\varepsilon \sqrt{\frac{\sum_{i=1}^n x_i^2}{n \sum_{i=1}^n (x_i - \bar{x})^2}} \quad \text{und} \quad \hat{\sigma}_\beta = \frac{\hat{\sigma}_\varepsilon}{\sqrt{\sum_{i=1}^n (x_i - \bar{x})^2}}.$$

Unter Annahme der Normalverteilung von ε_i gilt

$$T_\alpha = \frac{\hat{\alpha} - \alpha_0}{\hat{\sigma}_\alpha} \sim t(n-2) \quad \text{und} \quad T_\beta = \frac{\hat{\beta} - \beta_0}{\hat{\sigma}_\beta} \sim t(n-2).$$

Die Testgrössen T_α und T_β sind also beide t-verteilt mit $(n-2)$ Freiheitsgraden. So wird beispielsweise die Nullhypothese $H_0 : \beta = 0$ (der Parameter β sei in der Grundgesamt gleich null) verworfen, wenn $|T_\beta| = |\hat{\beta}/\hat{\sigma}_\beta| > t_{1-\alpha^*/2}(n-2)$, wobei α^* dem Fehlerrisiko entspricht. $(1-\alpha^*)$-Konfidenzintervalle für α und β können geschätzt werden als

$$\hat{\alpha} \pm \hat{\sigma}_\alpha t_{1-\alpha^*/2}(n-2) \quad \text{und} \quad \hat{\beta} \pm \hat{\sigma}_\beta t_{1-\alpha^*/2}(n-2).$$

Diagramm 6.2:   Grafische Veranschaulichung der Streuungszerlegung

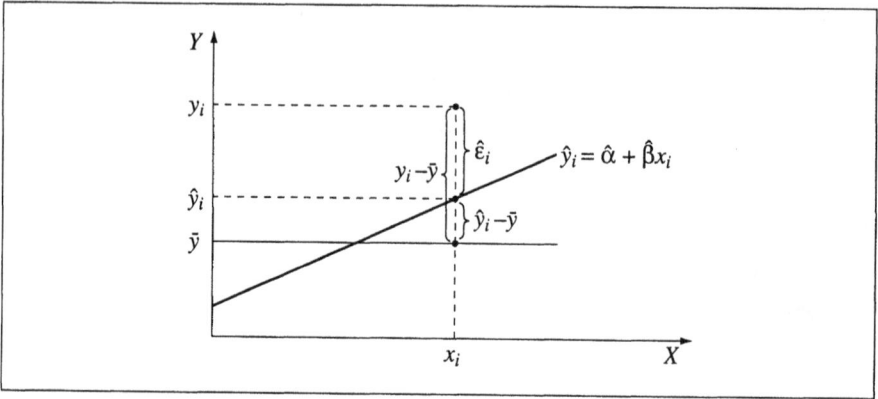

6.1.3 Anpassungsgüte

Das Ausmass der Streuung der Datenpunkte um die geschätzte Regressionsgerade bestimmt die *Güte* des Regressionsmodells (die *Stärke* des Zusammenhangs im Sinne einer Korrelation). Die Abweichungen der Daten von der Regressionsgeraden (die Residuen) werden bekanntlich geschätzt als

$$\hat{\varepsilon}_i = Y_i - \hat{Y}_i = Y_i - (\hat{\alpha} + \hat{\beta}x_i), \quad i = 1,\ldots,n.$$

Um die Güte eines Regressionsmodells zu messen wird nun das so genannte *Bestimmtheitsmass* R^2 berechnet. Das Bestimmtheitsmass gibt an, welcher Anteil der Gesamtstreuung von Y mit Hilfe der Regressionsgleichung *erklärt* werden kann. Die *Gesamtstreuung* von Y

$$SQT = \sum_{i=1}^{n}(Y_i - \bar{Y})^2$$

(Sum of Squares Total; die Summe der quadrierten Abweichungen vom Mittelwert der Variable) wird dabei aufgeteilt in die *erklärte Streuung*

$$SQE = \sum_{i=1}^{n}(\hat{Y}_i - \bar{Y})^2$$

(Sum of Squares Explained; die Summe der quadrierten Differenzen zwischen den durch die Regressionsgerade geschätzten Werten und dem Mittelwert) und die *Rest-* oder *Residualstreuung*

$$SQR = \sum_{i=1}^{n}(Y_i - \hat{Y}_i)^2 = \sum_{i=1}^{n}\hat{\varepsilon}_i^2$$

(Sum of Squared Residuals; die Summe der quadrierten Residuen). Es gilt $SQT = SQE + SQR$. Diagramm 6.2 illustriert die Aufteilung einer Abweichung ε_i in die verschiedenen Streuungsteile. Das Bestimmtheitsmass R^2 ist nun definiert als der Anteil der erklärten Streuung an der Gesamtstreuung, also

$$R^2 = \frac{SQE}{SQT} = \frac{\sum_{i=1}^{n}(\hat{Y}_i - \bar{Y})^2}{\sum_{i=1}^{n}(Y_i - \bar{Y})^2} = 1 - \frac{SQR}{SQT} = 1 - \frac{\sum_{i=1}^{n}(Y_i - \hat{Y}_i)^2}{\sum_{i=1}^{n}(Y_i - \bar{Y})^2}.$$

Es gilt $0 \leq R^2 \leq 1$, wobei hohe Werte auf eine hohe Erklärungskraft des Modells, also auf eine hohe Güte hinweisen. Eine hohe Güte bedeutet, dass ein *starker* bzw. *deutlicher* Zusammenhang besteht. Bei der linearen Einfachregression entspricht das Bestimmtheitsmass R^2 gerade gleich der quadrierten Korrelation zwischen den beiden Variablen, also $R^2 = r_{XY}^2$, und kann vereinfacht berechnet werden als

$$R^2 = \left(\frac{S_{XY}}{S_X S_Y}\right)^2 = \frac{S_{XY}^2}{S_X^2 S_Y^2}.$$

Beispiel 6.2 illustriert die Berechnung von Regressionsgerade und Bestimmtheitsmass.

6.2 Multiple lineare Regression

Die Annahme $\rho(\varepsilon, X) = 0$, also dass der Einfluss von X auf Y nicht in systematischem Zusammenhang mit den restlichen in ε modellierten Faktoren steht, ist bei der Analyse von nichtexperimentellen Daten meistens nicht haltbar. Oftmals gibt es dritte Faktoren, die X und Y gleichzeitig beeinflussen, oder X hat einen direkten Effekt auf Y sowie zusätzlich einen indirekten, über dritte Variablen vermittelten Einfluss. Die Parameterschätzer sind dann nach oben oder unten verzerrt und geben nicht den »wahren« Einfluss von X auf Y wieder. Eine Möglichkeit besteht darin, das Regressionsmodell um die in Frage kommenden zusätzlichen Faktoren zu erweitern. Die Parameter, die dann geschätzt werden, können als *partielle* Regressionskoeffizienten interpretiert werden. Sie entsprechen dem Effekt einer Variable X auf die Variable Y *unter Kontrolle* der zusätzlichen Faktoren Z (also dem Effekt von X auf Y unter *Konstanthaltung* von Z).

Als Beispiel sei etwa das Bildungsniveau der Eltern genannt, das einen positiven Effekt auf das spätere Einkommen der Kinder hat. Wird nun als zusätzlicher Faktor das entsprechende Bildungsniveau der Kinder eingeführt, so verschwindet der Effekt bzw. wird kleiner (d. h. das Bildungsniveau hat hauptsächlich einen indirekten Effekt auf das Einkommen der Kinder, der über die Bildung der Kinder vermittelt wird, bzw. für Personen mit *gleichem* Bildungsniveau, hat die Bildung der Eltern keinen oder nur einen kleinen Einfluss auf das Einkommen). Ein anderes Beispiel wäre der positive Einfluss des Besitzes eines Autos auf die Grösse der Wohnung, in der ein Haushalt untergebracht ist. Wird als zusätzlicher Faktor das Haushaltseinkommen herbeigezogen, so verkleinert sich der Effekt des Autobesitzes substantiell, da Autobesitz und Wohnungsgrösse beide gemeinsam vom Haushaltseinkommen

Beispiel 6.2:   Lineare Einfachregression

Alter (X) und monatliches Nettoeinkommen (Y):

i	x_i	y_i
1	18	600
2	19	540
3	19	620
4	20	630
5	21	1800
6	22	1600
7	22	1600
8	22	2100
9	23	1200
10	23	1800
11	24	1500
12	24	2000
13	24	2200
	281	18190

$\sum x_i^2 = 6125$

$\sum y_i^2 = 29972900$

$\sum x_i y_i = 405640$

$\bar{x} = \frac{1}{n}\sum x_i = \frac{1}{13} \cdot 281 = 21.615$

$\bar{y} = \frac{1}{n}\sum y_i = \frac{1}{13} \cdot 18190 = 1399.231$

$s_X^2 = \frac{1}{n}\sum x_i^2 - \bar{x}^2 = \frac{1}{13} \cdot 6125 - (21.615)^2 = 3.946$

$s_Y^2 = \frac{1}{n}\sum y_i^2 - \bar{y}^2 = \frac{1}{13} \cdot 29972900 - (1399.231)^2$
$\quad = 347760.301$

$s_{XY} = \frac{1}{n}\sum x_i y_i - \bar{x}\bar{y} = \frac{1}{13} \cdot 405640 - 21.615 \cdot 1399.231$
$\quad = 958.699$

Als Schätzer für die Parameter α und β der Regressionsgleichung $Y = \alpha + \beta X$ ergeben sich

$$\hat{\beta} = \frac{s_{XY}}{s_X^2} = \frac{958.699}{3.946} \approx 243, \quad \hat{\alpha} = \bar{y} - \hat{\beta}\bar{x} = 1399.231 - 243 \cdot 21.615 \approx -3853.$$

Die geschätze Regressionsgleichung ist in dem nebenstehenden Streudiagramm dargestellt. Berechnungsbeispiel $x_i = 22$:

$$\hat{y}_i = \hat{\alpha} + \hat{\beta}x_i = -3853 + 243 \cdot 22 = 1493$$

Für eine Person mit Alter 22 sagt die geschätzte Regressionsgleichung also ein Einkommen von knapp 1500 voraus.

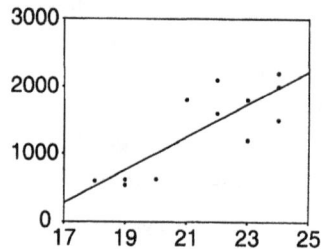

Das Bestimmtheitsmass kann berechnet werden als

$$R^2 = \frac{s_{XY}^2}{s_X^2 s_Y^2} = \frac{(958.699)^2}{3.946 \cdot 347760.301} = 0.67.$$

Es lassen sich also 67% der Gesamtstreuung durch die Regressionsgleichung erklären.

abhängen. Der Effekt verkleinert sich weiter, wenn z. B. auch noch die Anzahl Personen, die im Haushalt leben, berücksichtigt wird, usw.

Bei der multiplen linearen Regression wird also Y auf mehrere erklärende Variablen $X_1, \ldots, X_p$ regressiert. Dazu wird das Grundmodell der linearen Einfachregression erweitert zu

$$Y_i = \beta_0 + \beta_1 x_{i1} + \cdots + \beta_p x_{ip} + \varepsilon_i = \sum_{j=0}^{p} \beta_j x_{ij} + \varepsilon_i, \quad E(\varepsilon_i) = 0$$

(man merke, dass die Regressionskonstante α mit dem Symbol β_0 ersetzt wurde). Zur Schätzung der Regressionsgeraden anhand von Stichprobendaten wird wiederum die Funktion

$$Q(\beta_0, \ldots, \beta_p) = \sum_{i=1}^{n} \varepsilon_i^2 = \sum_{i=1}^{n} (Y_i - \beta_0 - \beta_1 x_{i1} - \cdots - \beta_p x_{ip})^2$$

bezüglich $\beta_0, \ldots, \beta_p$ minimiert (indem die partiellen Ableitungen nach $\beta_0, \ldots, \beta_p$ null gesetzt werden; die Lösung des resultierenden linearen Gleichungssystems mit $p + 1$ Unbekannten überlässt man normalerweise dem Computer). Als Schätzer für die Regressionskonstante β_0 erhält man

$$\hat{\beta}_0 = \bar{Y} - \hat{\beta}_1 \bar{x}_1 - \ldots - \hat{\beta}_p \bar{x}_p.$$

Die Schätzer für die Parameter $\beta_1, \ldots, \beta_p$ sind relativ kompliziert und werden normalerweise mit Hilfe der Matrix-Notation dargestellt (vgl. dazu z. B. Gujarati 1995: 282ff. und viele andere). Ähnlich wie bei der linearen Einfachregression ergibt sich ein Schätzer für die Varianz der Residuen zudem als

$$\hat{\sigma}_\varepsilon^2 = \frac{1}{n-p-1} \sum_{i=1}^{n} \hat{\varepsilon}_i^2 = \frac{1}{n-p-1} \sum_{i=1}^{n} (Y_i - \hat{Y}_i)^2.$$

Die Annahmen und statistischen Eigenschaften der Kleinste-Quadrate-Schätzer der multiplen linearen Regression sind analog zu den Annahmen und Eigenschaften der linearen Einfachregressionen. Die folgenden Punkte sollten jedoch hervorgehoben werden:

▷ Stichprobengrösse: Um eine Regressionsgleichung schätzen zu können, müssen mindestens gleich viele Fälle wie unbekannte Parameter vorliegen, also $n \geq p + 1$.

▷ Keine perfekte Multikollinearität: Das Gleichungssystem ist nur dann eindeutig lösbar, wenn keine Variable X_j mit Hilfe einer Linearkombination der anderen Variablen $X_k, k \neq j$, perfekt dargestellt werden kann. Wenn hohe Multikollinearität besteht (eine Variable X_j kann annähernd als Linearkombination der anderen Variablen dargestellt werden), ergibt sich zwar eine eindeutige Lösung, es ist jedoch keine präzise Schätzung mehr möglich (grosse Varianzen der Schätzer).

▷ Die Standardfehler

$$\hat{\sigma}_j = \sqrt{\widehat{Var(\hat{\beta}_j)}}, \quad j = 0,\ldots,p,$$

der Schätzer $\hat{\beta}_0,\ldots,\hat{\beta}_1$ (die normalerweise ebenfalls mit dem Computer berechnet werden) bewegen sich ceteris paribus direkt proportional zur Varianz der Residuen. Nimmt also σ_ε^2 zu, so steigen auch die Standardfehler der Schätzer. Umgekehrt verringert sich der Standardfehler eines Schätzers $\hat{\beta}_j$, wenn die Variation von X_j, also $\sum_i^n (x_{ij} - \bar{x}_j)$ zunimmt (z. B. wenn die Fallzahl oder die Varianz des Merkmals X_j erhöht wird). Die Schätzungen werden also umso präziser, je grösser die Stichprobe und je grösser die Varianz der erklärenden Variablen.

Wie schon angesprochen, messen die Parameter des multiplen Regressionsmodells die partiellen Effekte der Variablen $X_1,\ldots,X_p$ auf Y, d. h. ein Parameter β_j entspricht dem Effekt der Veränderung von X_j um eine Einheit *unter Kontrolle* bzw. *bei Konstanthaltung* aller anderen Variablen $X_k, k \neq j$.

Mit den Daten der Einkommens- und Verbrauchserhebung 1998 (EVE98) des Schweizerischen Bundesamtes für Statistik wird ein bivariater Einfluss des Autobesitzes auf die Wohnungsgrösse eines Haushalts von $\hat{\beta} = 37.1$ geschätzt, wie man in der folgenden Tabelle erkennen kann (Modell 1):

	M1	M2	M3	M4
Autobesitz	37.1	21.3	14.3	8.4
ln(monatl. Haushaltseinkommen)		29.7	29.3	22.1
Stadtwohnung			−22.4	−18.5
Anzahl Haushaltsmitglieder				11.1
Konstante		76.5	−175.3	−160.3	−119.0
R^2		0.07	0.16	0.20	0.26

Abhängige Variable: Wohnungsgrösse in Quadratmetern; $n = 7277$

Haushalte, die ein Auto besitzen, bewohnen also im Schnitt eine um 37 Quadratmeter grössere Wohnung als Haushalte ohne Auto (Haushalte mit Auto verfügen im Schnitt über eine Wohnungsfläche von $\hat{\beta}_0 + \hat{\beta}_1 = 77 + 37 = 114$ Quadratmetern, Haushalte ohne Auto über $\hat{\beta}_0 = 77$ Quadratmeter). Wird nun zusätzlich das Haushaltseinkommen mit in die Regressionsgleichung aufgenommen, so schrumpft der Effekt des Autobesitzes auf $\hat{\beta} = 21.3$.[2] Werden zur Kontrolle noch der Wohnort (Stadt vs. Land) und die Anzahl Haushaltsmitglieder eingeführt, so reduziert sich der Effekt des Autobesitzes weiter zu $\hat{\beta} = 8.4$.

---

[2] Aus verschiedenen Gründen wurde das Haushaltseinkommen in logarithmierter Form aufgenommen (natürlicher Logarithmus). Der Effekt des Einkommens ist so zu interpretieren, dass eine Erhöhung des Einkommens um 1% mit einer durchschnittlichen Erhöhung der Wohnungsfläche um ca. $29.7/100 = 0.297$ (bzw. genauer $29.7 \cdot \ln(1.01) = 0.296$) Quadratmeter einhergeht.

6.2.1 Das korrigierte Bestimmtheitsmass

Das Bestimmtheitsmass R^2 ergibt sich bei der multiplen Regression wiederum als das Verhältnis zwischen der erklärten und der Gesamtstreuung, also

$$R^2 = \frac{SQE}{SQT} = 1 - \frac{SQR}{SQT}, \quad R^2 \in [0,1].$$

Die Wurzel aus R^2 wird als der multiple Korrelationskoeffizient zwischen Y und $X_1, \ldots, X_p$ bezeichnet.

Zur Beurteilung der Güte eines Modells wird in der Regel jedoch nicht R^2, sondern das korrigierte Bestimmtheitsmass $\tilde{R}^2$ verwendet, da R^2 auch bei Aufnahme unbedeutender Regressoren aufgrund von Zufallseffekten meistens steigt (und *nie* fällt). Durch Aufnahme möglichst vieler Regressoren kann daher unter Umständen ein sehr hohes R^2 erreicht werden, obwohl man kaum von einer Verbesserung des Modells sprechen würde (die Erhöhung von R^2 geht zu Lasten zusätzlicher, irrelevanter Parameter). Das korrigierte Bestimmtheitsmass sieht daher eine Korrektur für die Anzahl Parameter des Modells vor und ist definiert als

$$\tilde{R}^2 = 1 - \frac{SQR/(n-p-1)}{SQT/(n-1)} = 1 - \frac{\hat{\sigma}_\varepsilon^2}{S_Y^2} = 1 - \frac{n-1}{n-p-1}(1-R^2).$$

Beim Vergleich zweier Modelle zur Erklärung der Variable Y_i wird (bei gleichen Stichprobendaten) also normalerweise dasjenige Modell als besser beurteilt, das ein höheres korrigiertes Bestimmtheitsmass $\tilde{R}^2$ aufweist.[3]

6.2.2 Signifikanztests und Konfidenzintervalle

Der Overall-F-Test bzw. »Goodness of Fit«-Test prüft, ob die unabhängigen Variablen *gemeinsam* überhaupt zur Erklärung der Zielgrösse beitragen. Für die Hypothesen

$$H_0 : \beta_1 = \beta_2 = \cdots = \beta_p = 0, \quad H_1 : \beta_j \neq 0 \text{ für mindestens ein } j$$

ergibt sich die F-verteilte Prüfgrösse

$$F = \frac{R^2}{1-R^2} \frac{n-p-1}{p} = \frac{SQE}{SQR} \frac{n-p-1}{p} \sim F(p, n-p-1).$$

H_0 wird abgelehnt, falls $F > F_{1-\alpha}(p, n-p-1)$, wobei α dem Fehlerrisiko entspricht.

---

[3]Das Mass $\tilde{R}^2$ kann unter Umständen negative Werte annehmen. Dies ist gleichzusetzen mit $\tilde{R}^2 = 0$. Anzumerken ist zudem, dass bei grossen Stichproben und nicht zu vielen Regressoren die Unterschiede zwischen R^2 und $\tilde{R}^2$ vernachlässigbar klein werden.

Ein einzelner Parameter β_j kann mit der Teststatistik

$$T_j = \frac{\hat{\beta}_j - \beta_{0j}}{\hat{\sigma}_j} \sim t(n-p-1), \quad j = 0,\ldots,p,$$

geprüft werden, wobei $\hat{\sigma}_j$ dem geschätzten Standardfehler von $\hat{\beta}_j$ entspricht. Die Nullhypothese $H_0 : \beta_j = \beta_{0j}$ wird abgelehnt, falls $|T_j| > t_{1-\alpha/2}(n-p-1)$. Hinweis: Häufig wird $H_0 : \beta_j = 0$ geprüft, so dass sich die Prüfgrösse vereinfacht zu $T_j = \hat{\beta}_j/\hat{\sigma}_j$. Bei dem Test wird Normalverteilung der Residuen angenommen. Ist diese Annahme verletzt, so gelten die Testergebnisse lediglich approximativ.

6.2.3   Erweiterungen des multiplen Regressionsmodells

Das Basismodell der linearen Regression lässt sich in vielerlei Hinsicht erweitern. Hierzu nachfolgend einige der wichtigsten Beispiele.

Standardisiertes Regressionsmodell

Werden die Werte der Variablen Y und X gemäss

$$Y_i^z = \frac{Y_i - \bar{Y}}{S_Y} \quad \text{und} \quad x_i^z = \frac{x_i - \bar{x}}{S_X}, \quad i = 1,\ldots,n,$$

z-standardisiert, dann ergibt sich das *standardisierte* Regressionsmodell

$$Y_i^z = \beta^z x_i^z + \varepsilon_i^z \quad \text{bzw.} \quad Y_i^z = \beta_1^z x_{i1}^z + \cdots + \beta_p^z x_{ip}^z + \varepsilon_i^z.$$

Durch die Standardisierung entfällt einerseits die Konstante des Modells (weil die Regressionsgerade durch die Mittelwerte der Variablen verläuft, die bei standardisierten Variablen definitionsgemäss gleich null sind). Andererseits sind die Koeffizienten der standardisierten Regression nicht mehr an die Originaleinheiten der Variablen gebunden, sondern geben für alle X_j^z, $j = 1,\ldots,p$, die vergleichbare *Stärke* bzw. *Deutlichkeit* des Einflusses auf die abhängige Variable wieder. Allgemein gilt $\hat{\beta}_j^z = \hat{\beta}_j(S_j/S_Y)$, $j = 1,\ldots,p$, wobei mit S_j die Standardabweichung von X_j symbolisiert wird. Die standardisierten Regressionskoeffizienten beschreiben also die in Standardabweichungen ausgedrückte Veränderung von Y bei Erhöhung von X_j um eine Standardabweichung.[4] Man beachte, dass die standardisierten Regressionskoeffizienten nicht immer sinnvoll zu interpretieren sind (z. B. wenn es sich bei X_j um eine dichotome Variable handelt).

---

[4]Was im bivariaten Fall, d. h. bei der linearen Einfachregression gerade dem linearen Korrelationskoeffizienten entspricht, also $\hat{\beta}^z = r_{XY}$. Bei der multiplen Regression gilt diese Beziehung nicht, weil die Koeffizienten von den Einflüssen der anderen Variablen bereinigt sind. Es besteht aber eine enge Verwandschaft zu der partiellen Korrelation. Eine partielle Korrelation $r_{YX|Z}$ der Ordung $p-1$ zwischen Y und X ist gleich dem geometrischen Mittel aus $\hat{\beta}_{YX|Z}^z$ und $\hat{\beta}_{XY|Z}^z$, wobei $\hat{\beta}_{YX|Z}^z$

Beispiel 6.3: Transformation eines kategorialen Merkmals zu Dummy-Variablen

Um das Merkmal »Religionszugehörigkeit« in ein Regressionsmodell aufzunehmen, könnte man z. B. die Dummy-Variablen

$$X^{(1)} = \begin{cases} 1 & \text{falls katholisch} \\ 0 & \text{sonst} \end{cases} \qquad X^{(2)} = \begin{cases} 1 & \text{falls reformiert} \\ 0 & \text{sonst} \end{cases}$$

$$X^{(3)} = \begin{cases} 1 & \text{falls andere chr. Religion} \\ 0 & \text{sonst} \end{cases} \qquad X^{(4)} = \begin{cases} 1 & \text{falls nicht-chr. Religion} \\ 0 & \text{sonst} \end{cases}$$

bilden. Als Referenzkategorie dient die Ausprägung »keine Religionszugehörigkeit«, die gegeben ist, falls $X^{(1)} = X^{(2)} = X^{(3)} = X^{(4)} = 0$.

Dummy-Variablen

Die lineare Regression setzt im Allgemeinen metrisches Skalenniveau der verwendeten Variablen voraus. Eine Ausnahme bilden auf der Seite der unabhängigen Variablen dichotome Variablen mit $(0 - 1)$-Kodierung (z.B. Geschlecht mit $0 = $»männlich« und $1 = $»weiblich«). Die Konstante α des Regressionsmodells entspricht dann gerade dem Mittelwert von Y für die 0-Gruppe, also $\alpha = E(Y|X = 0)$, und der Parameter β entspricht der Mittelwertdifferenz zwischen den beiden Gruppen, also $\beta = E(Y|X = 1) - E(Y|X = 0)$ (vergleiche auch das Beispiel auf Seite 176).

Prinzipiell können mittels *Dichotomisierung* alle kategorialen Variablen in die Regressionsgleichung aufgenommen werden. Bei der Dichotomisierung eines Merkmales X mit k Ausprägungen werden $k - 1$ dichotome Variablen $X^{(j)}$, $j = 1, \ldots, k - 1$, gebildet (so genannte Dummy-Variablen), wobei

$$X^{(j)} = \begin{cases} 1 & \text{falls } X = j \\ 0 & \text{sonst} \end{cases}$$

(vgl. Beispiel 6.3, wo die Transformation eines kategorialen Merkmals zu Dummy-Variablen illustriert wird). Man beachte, dass zur Erfassung der k Ausprägungen lediglich $k - 1$ Dummy-Variablen benötigt werden. Es gilt $X = k$, falls $X^{(1)} = \ldots = X^{(k-1)} = 0$ (die Ausprägung k, die als *Referenzkategorie* bezeichnet wird, liegt also vor, wenn alle $k - 1$ Dummy-Variablen gleich null sind). In einem Regressionsmodell mit den Dummy-Variablen $X^{(j)}$, $j = 1, \ldots, k - 1$, enspricht dann die Konstante

---

dem standardisierten Koeffizienten für X bei Regression von Y auf $X, Z_1, \ldots, Z_{p-1}$ und $\hat{\beta}^z_{XY|Z}$ dem standardisierten Koeffizienten für Y bei Regression von X auf $Y, Z_1, \ldots, Z_{p-1}$ entspricht. Es gilt also

$$r_{YX|Z} = r_{XY|Z} = (\hat{\beta}^z_{YX|Z} \hat{\beta}^z_{XY|Z})^{1/2}.$$

Die standardisierten Regressionskoeffizienten können somit als das *gerichtete* Analogon zur partiellen Korrelation aufgefasst werden.

β_0 dem Mittelwert von Y für die Referenzkategorie k, also $\beta_0 = E(Y|X = k)$. Die Parameter $\beta^{(j)}$, $j = 1, \ldots, k - 1$ entsprechen jeweils der Differenz der Mittelwerte von Y für Kategorie j und für die Referenzkategorie, also $\beta^{(j)} = E(Y|X = j) - E(Y|X = k)$. Diese Differenzen können mit dem üblichen Signifikanztest für Regressionsparameter getestet werden. Soll der Einfluss der kategorialen Variable auf Y *als Ganzes* getestet werden, kann ein Overall-F-Test durchgeführt werden (sofern sich keine weiteren Variablen im Modell befinden).[5]

Linearisierende Transformationen

Die Linearitätsannahme der linearen Regression bezieht sich genau genommen auf die Linearität *in den Parametern* (Abbildung mit additiven Termen). Allgemeiner liesse sich ein lineares Regressionsmodell spezifizieren als

$$f(Y_i) = \alpha + \beta\, g(x_i) + \varepsilon_i,$$

wobei $f(.)$ und $g(.)$ Transformationsfunktionen der Originalwerte von Y und X entsprechen. Es lassen sich so nichtlineare Zusammenhänge modellieren, wobei aufgrund der Linearität in den Parametern die Kleinste-Quadrate-Methode (OLS) als Schätzverfahren beibehalten werden kann. Beliebt sind wegen der einfachen Interpretation (und der normalisierenden Wirkung auf rechtsschiefe Verteilungen) zum Beispiel logarithmische Funktionen: Wird in der Regressionsfunktion anstelle von Y der natürliche Logarithmus $\ln Y$ verwendet, misst der Parameter β ungefähr die relative Veränderung von Y bei Erhöhung von X um eine Einheit (ein $\beta = 0.05$ würde also ca. einer 5-prozentigen Zunahme von Y entsprechen; bei grösserem β wird die Entsprechung zunehmend ungenauer, der exakte anteilsmässige Effekt berechnet sich als $\exp(\beta) - 1$). Umgekehrt entspricht bei Verwendung von $\ln X$ die Grösse $\beta/100$ ungefähr der absoluten Veränderung von Y bei einer 1-prozentigen Erhöhung von X (ein Beispiel dafür findet sich auf Seite 176; der genaue Effekt einer 1-prozentigen Erhöhung von X beträgt $\beta \cdot \ln(1.01)$). Werden Y und X beide logarithmiert, dann enspricht β gerade der Elastizität, also etwa der prozentualen Veränderung von Y bei Erhöhung von X um ein Prozent (genauer berechnet sich der Prozenteffekt als $(1.01^\beta - 1) \cdot 100$). Eine übersichtliche Zusammenstellung weiterer Transformationen und ihrer Interpretationen findet sich z. B. bei Bahrenberg et al. (1985: 193; vgl. aber auch z. B. Gujarati 1995: 165ff., Greene 1993: 238ff., Hartung 1999: 587ff., Bortz 1999: 187ff., Rinne 1997: 103f., oder Sachs 1999: 567ff.).

Interaktionseffekte

Ein mit den im letzten Abschnitt besprochenen linearisierenden Transformationen verwandtes Verfahren ist die Modellierung von Interaktionseffekten. Es wird dabei

---

[5]Neben der hier vorgestellten Dummy-Codierung sind auch noch weitere Methoden üblich. So zum Beispiel die Effekt-Codierung, bei der die Regressionsparameter den Abweichungen vom Gesamtmittel von Y entsprechen (eine Zusammenstellung verschiedener Verfahren findet sich z. B. bei Tutz 2000: 18ff. oder Hardy 1993).

als zusätzliches Element das Produkt von unabhängigen Variablen in die Regressionsgleichung aufgenommen, also z. B.

$$Y_i = \beta_0 + \beta_1 x_{i1} + \beta_2 x_{i2} + \beta_3 x_{i1} x_{i2} + \varepsilon_i.$$

Es wird also zusätzlich zu den Primäreffekten der Effekt der Interaktion zweier Variablen modelliert. Dies bedeutet, dass die Stärke des Effekts von X_1 von dem Niveau einer weiteren Variable X_2 abhängig gemacht wird (und umgekehrt). Der Parameter β_3 entspricht dabei der Veränderung des Effektes von X_1 (bzw. X_2), wenn sich der Wert von X_2 (bzw. X_1) um eine Einheit erhöht. Der *Gesamteffekt* einer Veränderung von X_1 um eine Einheit ist somit gegeben als $\beta_1 + \beta_3 x_{i2}$. Bei gleichem Vorzeichen von β_1 und β_3 wird der Effekt von X_1 bei steigendem X_2 grösser, sind die Vorzeichen entgegengesetzt, so verringert sich der Effekt mit steigendem X_2. Die Modellierung von Interaktionseffekten ist besonders anschaulich, wenn mindestens eine der Variablen dichotom ist. Der Interaktionseffekt β_3 beschreibt dann die Differenz des Effektes für die zwei Gruppen.

Es soll der Effekt des Geschlechts und des Zivilstandes auf die wöchentliche Arbeitszeit untersucht werden. Eine Regressionsschätzung mit den Daten des Schweizer Arbeitsmarktsurveys (SAMS98) ergibt die folgende Gleichung

$$\hat{Y}_i = \underset{(85.4)}{35.5} + \underset{(8.1)}{4.8} x_{i1} - \underset{(-16.3)}{10.2}\, x_{i2} + \underset{(12.9)}{10.9} x_{i1} x_{i2}, \quad \tilde{R}^2 = 0.31, \; n = 1717,$$

wobei X_1 dem Geschlecht (0 = »weiblich«, 1 = »männlich«) und X_2 dem Zivilstand (0 = »nicht verheiratet«, 1 = »verheiratet«) entspricht (in Klammern stehen die T-Werte, $T = \hat{\beta}/\hat{\sigma}$). Verheiratet zu sein, verringert demnach die wöchentliche Arbeitszeit um 10 Stunden – allerdings nur für Frauen. Bei Männern ergibt sich der Effekt des Zivilstandes als $-10.2 + 10.9 = 0.7$ (da $x_{i1} x_{i2}$ für verheiratet Männer gleich 1 ist). Verheiratete Männer arbeiten also nicht weniger als unverheiratete.

Ein Spezialfall eines Interaktionsterms, der verwendet wird, um parabolische Effekte zu modellieren, ist die Interaktion einer Variable mit sich selbst, also

$$Y_i = \beta_0 + \beta_1 x_i + \beta_2 x_i^2 + \varepsilon_i.$$

Ist zum Beispiel β_1 positiv und β_2 negativ, so wächst Y bei steigendem X zuerst mit abnehmender Rate und beginnt ab einem bestimmten Punkt wieder zu schrumpfen. Der bedingte Erwartungswert von Y erreicht sein Maximum (bzw. Minimum) bei $X = \beta_1 / - 2\beta_2$. Beispiel 6.4 zeigt die Schätzung eines multiplen Regressionsmodells, das unter anderem einen parabolischen Effekt enthält. Weiterführende Überlegungen zur Modellierung von Interaktionseffekten finden sich z. B. in Jaccard et al. (1990).

6.3 Literaturhinweise zu verwandten Modellen

Die Regressionsanalyse ist eine sehr verbreitete Methode und findet in verschiedensten Variationen ihre Anwendung. Weiterführende Erläuterungen zur Regression

Beispiel 6.4: Multiple lineare Regression

Bei der Schätzung einer Einkommensregression für vollzeiterwerbstätige Frauen erhält man die folgenden Resultate (SAMS98):

ln(Stundenlohn)	$\hat{\beta}$	$\hat{\sigma}$	T	p
Bildungsjahre	0.122	0.0110	11.15	0.000
Berufserfahrung (BE)	0.072	0.0081	8.99	0.000
$BE^2/10$	−0.012	0.0018	−6.67	0.000
Mutter	0.122	0.2145	0.57	0.569
Bildung×Mutter	−0.040	0.0192	−2.11	0.035
Konstante	1.022	0.1456	7.02	0.000

Anmerkungen: $R^2 = 0.437$, $\bar{R}^2 = 0.429$, $n = 351$

Da die abhängige Variable logarithmiert wurde, sind die Effekte näherungsweise als anteilsmässige Einflüsse zu verstehen (vgl. Seite 180). Pro zusätzliches Bildungsjahr steigt der erwartete Stundenlohn somit um rund 12%. Der Effekt der Berufserfahrung (operationalisiert als Alter−Bildungsjahre−6.5) ist in parabolischer Form modelliert. Mit zunehmender Berufserfahrung steigt der erwartete Stundenlohn um anfänglich rund 7% pro Jahr, der Zuwachs nimmt aber kontinuierlich ab. Ab BE = $0.072/(-2 \cdot -0.0012) = 30$ (also nach 30 Jahren) wirkt sich zusätzliche Berufserfahrung sogar negativ auf den Stundenlohn aus. Als zusätzliche Komponente wurde berücksichtigt, ob eine Frau Mutter mindestens eines Kindes ist. Der Effekt dieser Variable beträgt zwar rund 12%, ist aber nicht signifikant von 0 verschieden (da $|T| < t_{0.975}(351 - 5 - 1) \approx 1.96$, bzw. $p = 0.569 \not< \alpha = 0.05$). Interessanter ist der signifikante Interaktionseffekt zwischen der Variable und den Bildungsjahren. Frauen, die Mutter mindestens eines Kindes sind, können anscheinend weniger Kapital aus ihrer Bildung schlagen. Der Effekt muss jedoch in Frage gestellt werden, wenn man bedenkt, dass die Anzahl Jahre Berufserfahrung für Frauen mit Kindern systematisch überschätzt wird (so ist der Interaktionseffekt tatsächlich nicht mehr signifikant, wenn z. B. pro Kind 3 Jahre von der Berufserfahrung abgezogen werden).

finden sich etwa in Backhaus et al. (2000), Brüderl (2000), Greene (1993), Gujarati (1995), Maddala (1992) oder Urban (1982). Zu speziellen Regressionsverfahren und verwandten Methoden sei überdies auf die folgenden Publikationen verwiesen:

▷ Logistische Regression (Logit) und Probit (dichotome abhängige Variable), multinomiale logistische Regression (kategoriale abhängige Variable), ordered Logit/Probit (ordinale abhängige Variable): Agresti (1984, 1990), Aldrich und Nelson (1984), Andreß et al. (1997), Long (1997), Maier und Weiss (1990), Tutz (2000), Urban (1993)

▷ Ereignisanalyse (die abhängige Variable ist eine Verweildauer): Allison (1991), Blossfeld und Rohwer (1995), Diekmann und Mitter (1984), Rower und Pötter (2001), Yamaguchi (1991)

▷ Zeitreihenanalyse: Schlittgen und Streitberg (1994), Stier (2001)

▷ Panelanalyse (Regressionsmodelle zur Analyse von Wiederholungsbefragungen): Baltagi (1996), Engel und Reinecke (1994), Finkel (1996), Hsiao (1986)

▷ Mehrebenenanalyse (Regressionsmodelle für hierarchisch strukturierte Daten): Ditton (1998), Engel (1998), Snijders und Bosker (1999)

Anhang

A.1 Datenquellen

Die Daten für die in diesem Buch dargestellten Beispiele stammen aus den folgenden Quellen (sofern sie nicht frei erfunden oder aus anderen Publikationen übernommen wurden):

CPS99   Annual Demographic File (March 1999) des Current Population Survey der USA (durchgeführt durch das Bureau of Labor Statistics und das Bureau of the Census). Ein Grossteil der CPS-Daten sind unter der Adresse »http://ferret.bls.census.gov« frei zugänglich.

EVE98   Einkommens- und Verbrauchserhebung 1998 des Schweizerischen Bundesamtes für Statistik (vgl. BFS 1999, 2000).

GSOEP97   Sozio-oekonomisches Panel des Deutschen Instituts für Wirtschaftsforschung (vgl. SOEP Group 2001). Verwendet wurde das "Public Use Sample" (95%-Stichprobe) der 1997er Welle.

ISSP97   International Social Survey Programme, Modul 1997 "Work Orientations II" (vgl. ZA 2001). Die Daten sind am Zentralarchiv für Empirische Sozialforschung (ZA) in Köln archiviert.

MATH99   Resultate eines Mathematik-Tests, der 1999 mit den Teilnehmerinnen und Teilnehmern einer Statistikvorlesung an der Universität Bern durchgeführt wurde. Der Test sollte zu Beginn der Vorlesung die mathematischen Vorkenntnisse prüfen und wurde von Hartmann (1998) adaptiert.

SAKE99   Schweizerische Arbeitskräfteerhebung des Schweizerischen Bundesamtes für Statistik (vgl. z. B. BFS 1996). Verwendet wurden die Daten des Jahres 1999.

SAMS98   Schweizer Arbeitsmarktsurvey 1998 der Institute für Soziologie und Politikwissenschaft der Universität Bern (vgl. Diekmann et al. 1999). Die Daten des Surveys können beim Schweizerischen Informations- und Datenarchivdienst für die Sozialwissenschaften (SIDOS) in Neuchâtel und beim ZA in Köln zu wissenschaftlichen Zwecken bezogen werden. Im Jahr 2000 wurde zudem mit einer Teilstichprobe des Surveys eine Wiederholungsbefragung durchgeführt (vgl. Diekmann und Jann 2001b).

SUGS01   Befragung "Ungleichheit und Gerechtigkeit 2001" des Instituts für Soziologie der Universität Bern (vgl. Jann 2001).

A.2   Griechisches Alphabet

α	A	Alpha	ι	I	Iota	ρ	P	Rho
β	B	Beta	κ	K	Kappa	σ, ς	Σ	Sigma
γ	Γ	Gamma	λ	Λ	Lambda	τ	T	Tau
δ	Δ	Delta	μ	M	My	υ	Υ	Ypsilon
ε	E	Epsilon	ν	N	Ny	φ, ϕ	Φ	Phi
ζ	Z	Zeta	ξ	Ξ	Xi	χ	X	Chi
η	H	Eta	o	O	Omikron	ψ	Ψ	Psi
θ, ϑ	Θ	Theta	π	Π	Pi	ω	Ω	Omega

A.3   Mengenlehre

Eine Menge entspricht der Zusammenfassung verschiedener Objekte bzw. Elemente zu einem Ganzen (Mengen können aber auch nur ein Element enthalten oder leer sein) und wird normalerweise mit einem lateinischen oder griechischen Grossbuchstaben symbolisiert.

Definitionen und Begriffe

$x \in A$ x ist Element von A (bzw. $x \notin A$: x ist kein Element von A)

$A \subset B$ A ist Teilmenge von B (jedes Element von A ist auch in B)

$A \cap B$ Schnittmenge von A und B: Alle Elemente, die sich sowohl in A als auch in B befinden

$A \cup B$ Vereinigungsmenge von A und B: Alle Elemente, die sich in A und/oder B befinden

$A \backslash B$ Differenzmenge von A und B: Alle Elemente, die sich in A befinden, nicht aber in B.

$A \triangle B$ Symmetrische Differenzmenge von A und B: Alle Elemente, die sich entweder in A oder in B befinden, nicht aber in A und B

$\bar{A}$ Komplementärmenge zu A: Alle Elemente die sich nicht in A befinden. Dies setzt voraus, dass Vorstellungen über die Menge aller möglichen Elemente bestehen. Diese Menge wird normalerweise mit Ω symbolisiert. Es gilt $\bar{A} = \Omega \backslash A$.

$\emptyset$ Leere Menge

Rechenregeln

Kommutativgesetz $A \cap B = B \cap A, \quad A \cup B = B \cup A$

Assoziativgesetz $(A \cap B) \cap C = A \cap (B \cap C), \quad (A \cup B) \cup C = A \cup (B \cup C)$

Distributivgesetz $(A \cup B) \cap C = (A \cap C) \cup (B \cap C)$
$(A \cap B) \cup C = (A \cup C) \cap (B \cup C)$

De Morgan-Gesetz $\quad \overline{A \cup B} = \bar{A} \cap \bar{B}, \quad \overline{A \cap B} = \bar{A} \cup \bar{B}$

Beziehungen zwischen Mengen

$A \cap B = \emptyset$	A und B sind disjunkt (einander ausschliessend)
$A \cap B \neq \emptyset$	A und B sind konjunkt (einander überschneidend)
$A \subset B \Leftrightarrow A \cap B = A$	A ist in B enthalten
$A \subset B \wedge B \subset A$	A und B sind identisch ($A = B$; das Symbol $\wedge$ steht für »und«)

A.4 Zeichen aus der Mathematik

$=; \neq$	gleich; ungleich
$\approx$	annähernd gleich
$>; <$	grösser; kleiner
$\geq; \leq$	grösser/gleich; kleiner/gleich
$\Sigma; \Pi$	Summenzeichen; Produktezeichen
a^n	n-te Potenz von a; a hoch n
$\sqrt[n]{a}$	n-te Wurzel aus a; $\sqrt{a} = \sqrt[2]{a}$ (Quadratwurzel)
$\log_a$	Logarithmus zur Basis a ($a > 0$, $a \neq 1$; $y = \log_a x \Leftrightarrow a^y = x$)
$\lg$	Zehnerlogarithmus, Logarithmus zur Basis 10 ($y = \lg x \Leftrightarrow 10^y = x$)
$\ln$	natürlicher Logarithmus, Logarithmus zur Basis e ($y = \ln x \Leftrightarrow e^y = x$; $e = 2.718281\ldots$)
ld	Zweierlogarithmus, Logarithmus zur Basis 2 ($y = \mathrm{ld}\,x \Leftrightarrow 2^y = x$) Hinweis: $\log_a x = \frac{\lg x}{\lg a} = \frac{\ln x}{\ln a} = \frac{\mathrm{ld}\,x}{\mathrm{ld}\,a}$
$!$	Fakultät: $n! = 1 \cdot 2 \cdot \ldots \cdot n$; $0! = 1$
$\binom{n}{x}$	n über x, Binomialkoeffizient: $\binom{n}{x} = \frac{n!}{x!(n-x)!}$
$\|x\|$	absoluter Betrag von x
$[x]_G$	Gauss-Klammer-Funktion: Runden auf die grösste ganze Zahl kleiner als x
$[a,b]$	abgeschlossenes Intervall: $a \leq x \leq b$
$[a,b)$	rechts offenes Intervall: $a \leq x < b$
$(a,b]$	links offenes Intervall: $a < x \leq b$
(a,b)	offenes Intervall: $a < x < b$
$\rightarrow$	strebt gegen
$\lim$	Limes, Grenzwert
∞	Unendlich
$\sup$	Supremum, kleinste obere Schranke einer Menge
$\inf$	Infimum, grösste untere Schranke einer Menge
$\max$	Maximum, grösstes Element einer Menge
$\min$	Minimum, kleinstes Element einer Menge
$\forall$	für alle
$f(\cdot); g(\cdot)$	Funktionen
$f^{-1}(\cdot)$	Inverse von $f(\cdot)$ (Umkehrfunktion)
$f'(x); \frac{df(x)}{dx}$	erste Ableitung von $f(x)$ (Differenzialquotient)

$\frac{\partial f(x_1,\ldots,x_n)}{\partial x_i}$	erste partielle Ableitung nach x_i
$\frac{\partial^2 f(x_1,\ldots,x_n)}{\partial x_i^2}$	zweite partielle Ableitung nach x_i
$\int f(x)\,dx$	unbestimmtes Integral der Funktion $f(x)$
$\int_a^b f(x)\,dx$	bestimmtes Integral von a bis b
$\exp(x); e^x$	Exponentialfunktion $(y = e^x \Leftrightarrow \ln y = x;\ \ln(e^x) = x)$
π	Kreiskonstante $(\pi = 3.141592\ldots)$

A.5 Zeichen aus der Statistik

Allgemeine Symbole

$X;Y;Z$	statistische Variablen, Merkmale
$i;j$	Indices
$n;m;k$	Fallzahl, Anzahl Kategorien etc. (z. B. $i = 1,\ldots,n$)
x_i	Beobachtungswert von X
$x_1,\ldots,x_n$	Urliste der Beobachtungswerte
$x_{(1)},\ldots,x_{(n)}$	geordnete Urliste der Beobachtungswerte $(x_{(1)} \leq \ldots \leq x_{(n)})$
$x_{\min};x_{\max}$	kleinster und grösster Beobachtungswert
$a_j;b_j$	Ausprägungen von Variablen
$O_i;U_j$	Objekte, Untersuchungseinheiten, statistische Einheiten
$[c_{j-1},c_j)$	rechts offenes Intervall mit den Grenzen c_{j-1} und c_j
d_j	Intervallbreite $(d_j = c_j - c_{j-1})$

Univariate Masse

$h_j = h(a_j)$	absolute Häufigkeit von Ausprägung a_j
$f_j = f(a_j)$	relative Häufigkeit von Ausprägung a_j
$H_j = H(a_j)$	kumulierte absolute Häufigkeit bis a_j
$F_j = F(a_j)$	kumulierte relative Häufigkeit bis a_j
$H(x)$	absolute kumulierte Häufigkeitsverteilung von X
$F(x)$	relative kumulierte Häufigkeitsverteilung von X, empirische Verteilungsfunktion
M	Modus, Modalwert
$\tilde{x}$	Median, Zentralwert
x_p	p-Quantil von X $(x_{0.5} = \tilde{x})$
$Q_1;Q_3$	unteres Quartil $(x_{0.25})$ und oberes Quartil $(x_{0.75})$
$D_1;D_9$	erstes Dezil $(x_{0.1})$ und neuntes Dezil $(x_{0.9})$
$\bar{x}$	arithmetisches Mittel
$\bar{x}_g$	geometrisches Mittel
R	Spannweite (Range)
d_Q	Interquartilsabstand
d_D	Dezilsabstand
AD	mittlere absolute Abweichung (Average Deviation)
MAD	mittlere absolute Differenz
s^2	empirische Varianz
$s;s_X$	empirische Standardabweichung
v	Variationskoeffizient

HF	Herfindahl-Streumass
RHS	normiertes Herfindahl-Streumass
H	Entropie
RH	relative Entropie
γ_1	Momentkoeffizient der Schiefe (Skewness)
γ_2	Momentkoeffizient der Wölbung (Kurtosis)
DR	Dezilverhältnis, Spreizung
$G; G^*$	Gini-Koeffizient und normierter Gini-Koeffizient

Bivariate Masse

$h_{ij} = h(a_i, b_j)$	absolute Häufigkeit der Merkmalskombination $X = a_i$ und $Y = b_j$
$f_{ij} = f(a_j, b_j)$	relative Häufigkeit der Merkmalskombination (a_j, b_j)
$h_{i.}; h_{.i}$	absoute Zeilensumme bzw. Spaltensumme
$f_{i.}; f_{.i}$	relative Zeilensumme bzw. Spaltensumme
$f_{j|i} = f_Y(b_j|a_i)$	Zeilenprozente (bedingte Häufigkeit von Y für $X = a_i$)
$f_{i|j} = f_X(a_i|b_j)$	Spaltenprozente (bedingte Häufigkeit von X für $Y = b_j$)
$\tilde{h}_{ij}$	bei statistischer Unabhängigkeit erwartete Häufigkeit der Merkmalskombination (a_j, b_j)
$d\%$	Prozentsatzdifferenz
OR	Odds-Ratio (relative Chancen, Kreuzproduktverhältnis)
χ^2	χ^2-Koeffizient (Kontingenztabelle)
$K; K^*$	Kontingenzkoeffizient und korrigierter Kontingenzkoeffizient
ϕ	ϕ-Koeffizient
V	Cramér's V
PRE	proportionale Fehlerreduktion (Proportional Reduction of Error)
$\lambda_X; \lambda_Y; \lambda_{XY}$	Guttman's bzw. Goodman und Kruskal's PRE-Mass λ
$\tau_X; \tau_Y; \tau_{XY}$	Goodman und Kruskal's PRE-Mass τ
$T(X, Y)$	Transinformation einer zweidimensionalen Verteilung
$NT_X; NT_Y; NT_{XY}$	Unsicherheitskoeffizient, normierte Transinformation
T	Tschuprow's T
Q	Yule's Q
Y	Yule's Verbundenheitskoeffizient Y
$C; D$	Anzahl konkordanter bzw. diskordanter Paare in einer Kontingenztabelle
$T_X; T_Y; T_{XY}$	Anzahl Paare mit Bindungen in X bzw. Y bzw. X und Y
$\tau_a; \tau_b$	Kendall's Konkordanzmasse τ_a und τ_b
γ	Goodman und Kruskal's Konkordanzmass γ
r	empirische Bravais-Pearson-Korrelation
r_{pb}	punkt-biseriale Korrelation
$r_{XY|Z}$	partielle Korrelation
s_{XY}	Kovarianz zwischen X und Y
r_S	Spearman's Rangkorrelation
r_{rb}	rang-biseriale Korrelation
rg_X	Ränge von X
$\eta; \eta^2$	Zusammenhangsmasse η und η^2 (Anteil erklärter Variation)

Inferenzstatistik

$\sim$	verteilt nach (z. B. $X \sim N(0,1)$)
$\overset{a}{\sim}$	approximativ verteilt nach
N	Umfang der Grundgesamtheit
n	Umfang einer Stichprobe
A	Zufallsereignis
$A|B$	bedingtes Zufallsereignis
Ω	Ergebnisraum eines Zufallsvorgangs
ω	Elementarereignis
$P(A)$	Wahrscheinlichkeit von Ereignis A
$P(A|B)$	bedingte Wahrscheinlichkeit von Ereignis A
$X;Y;Z$	Zufallsvariablen
x_i	Realisierung einer Zufallsvariable
P_i	Wahrscheinlichkeit einer Realisierung x_i
$f(x)$	Wahrscheinlichkeitsfunktion, Wahrscheinlichkeitsdichte
$F(x)$	Verteilungsfunktion
x_P	P-Quantil einer Zufallsvariable
$E(X) = \mu$	Erwartungswert einer Zufallsvariable
$Var(X) = \sigma^2$	Varianz einer Zufallsvariable
$SE(X) = \sigma$	Standardabweichung/Standardfehler einer Zufallsvariable
$B(n,\pi)$	Binomialverteilung mit den Parametern n und π
$f(x|\mu,\sigma)$	Wahrscheinlichkeitsdichte der Normalverteilung
$N(\mu,\sigma)$	Normalverteilung mit den Parametern μ und σ
$\varphi(z)$	Wahrscheinlichkeitsdichte der Standardnormalverteilung
$\Phi(z)$	Verteilungsfunktion der Standardnormalverteilung
$N(0,1)$	Standardnormalverteilung
z_P	P-Quantil der Standardnormalverteilung
$\chi^2(n)$	χ^2-Verteilung mit n Freiheitsgraden
df	Freiheitsgrade
$t(n)$	t-Verteilung mit n Freiheitsgraden
$F(m,n)$	F-Verteilung mit m und n Freiheitsgraden
$\bar{X}_n$	Mittelwert von n unabhängigen Wiederholungen einer Zufallsvariable
θ	allgemeiner Parameter
$\hat{\theta}_n$	Stichprobenfunktion, Schätzfunktion für θ
ϑ_n	Schätzwert für θ
$E(\hat{\theta}_n)$	Erwartungswert einer Schätzfunktion
$B(\hat{\theta}_n)$	Bias einer Schätzfunktion
$MSE(\hat{\theta}_n)$	Variabilität einer Schätzfunktion (Mean Squared Error)
$Var(\hat{\theta}_n)$	Varianz einer erwartungstreuen Schätzfunktion
$SE(\hat{\theta}_n)$	Standardfehler einer erwartungstreuen Schätzfunktion
ζ_P	P-Quantil der standardisierten Verteilung einer Schätzfunktion
α	Irrtumswahrscheinlichkeit (Fehler 1. Art)
β	Irrstumswahrscheinlichkeit (Fehler 2. Art)
$H_0;H_1$	Nullhypothese und Alternativhypothese
p	empirisches Signifikanzniveau

Regressionsanalyse

$\alpha; \beta_j$	Parameter/Koeffizienten einer Regressionsgleichung
$\hat{\alpha}; \hat{\beta}_j$	Schätzer der Parameter
β_j^z	standardisierter Regressionskoeffizient
σ_j	Standardfehler des Schätzers $\hat{\beta}_j$
ε_i	Residuen ·
σ_ε^2	Varianz der Residuen
SQT	Gesamtstreuung der abhängigen Variable (Summ of Squares Total)
SQE	erklärte Streuung (Sum of Squares Explained)
SQR	Rest-, Residualstreuung (Sum of Squared Residuals)
$R^2; \bar{R}^2$	Bestimmtheitsmass; korrigiertes Bestimmtheitsmass
$x^{(j)}$	Dummy-Variable für Kategorie j eines kategorialen Merkmals

A.6   Summen- und Produktezeichen

Zur Vereinfachung der Notation bei Summierung bzw. Multiplikation der Werte einer Variable können spezielle Symbole verwendet werden.

Definition des Summenzeichens

▷ $\sum_{i=1}^{n} x_i = x_1 + x_2 + \ldots + x_i + \ldots + x_n$

Rechenregeln

▷ $\sum_{i=1}^{n} x_i^2 = x_1^2 + x_2^2 + \ldots + x_n^2$ ▷ $\sum_{i=1}^{n} k(x_i \pm y_i) = k \left(\sum_{i=1}^{n} x_i \pm \sum_{i=1}^{n} y_i \right)$

▷ $\sum_{i=1}^{n} x_i y_i = x_1 y_1 + x_2 y_2 + \ldots + x_n y_n$ ▷ $\sum_{i=1}^{n} k = n \cdot k$

▷ $\sum_{i=1}^{n} (x_i - y_i)^2 = \sum_{i=1}^{n} (x_i^2 - 2x_i y_i + y_i^2) = \sum_{i=1}^{n} x_i^2 - 2 \sum_{i=1}^{n} x_i y_i + \sum_{i=1}^{n} y_i^2$

▷ $\sum_{i=1}^{n} (x_i - k)^2 = \sum_{i=1}^{n} (x_i^2 - 2kx_i + k^2) = \sum_{i=1}^{n} x_i^2 - 2k \sum_{i=1}^{n} x_i + nk^2$

Doppelsummen

▷ $\sum_{i=1}^{n} \sum_{j=1}^{m} x_i y_j = \sum_{i=1}^{n} x_i \sum_{j=1}^{m} y_j = (x_1 + \ldots + x_n)(y_1 + \ldots + y_m)$

$= x_1 y_1 + \ldots + x_1 y_m + \ldots + x_n y_1 + \ldots + x_n y_m$

▷ $\sum_{i=1}^{n} \left(\sum_{j=1}^{m} x_{ij} \right) = \sum_{i=1}^{n} \sum_{j=1}^{m} x_{ij} = \sum_{j=1}^{m} \sum_{i=1}^{n} x_{ij} = x_{11} + \ldots + x_{1m} + x_{21} + \ldots + x_{2m} + \ldots$

$+ x_{n1} + \ldots + x_{nm}$ (Datenmatrix)

Definition des Produktzeichens

▷ $\prod_{i=1}^{n} x_i = x_1 \cdot x_2 \cdot \ldots \cdot x_n$

Rechenregeln

▷ $\prod_{i=1}^{n} kx_i = k^n \cdot \prod_{i=1}^{n} x_i$ ▷ $\prod_{i=1}^{n} k = k^n$

▷ $\prod_{i=1}^{n} x_i^k = \left(\prod_{i=1}^{n} x_i \right)^k$ ▷ $\prod_{i=1}^{n} x_i y_i = \prod_{i=1}^{n} x_i \cdot \prod_{i=1}^{n} y_i$

A.7 Masszahlen und Skalenniveaus

Es folgt ein Überblick über die Anwendbarkeit von statistischen Instrumenten in Abhängigkeit vom Skalenniveau der untersuchten Variablen. Häufigkeits- und Kontingenztabellen können prinzipiell immer verwendet werden.

Lagemasse

Nominalskalenniveau:	Modus
Ordinalskalenniveau:	+ Median, Quantile
Intervallskalenniveau:	+ arithmetisches Mittel
Ratio- und Absolutskalenniveau:	+ geometrisches Mittel

Streuungsmasse

Topologisches Skalenniveau:	Herfindahl-Streumass, Entropie
Intervallskalenniveau:	+ Spannweite, Quartilsabstand, mittlere absolute Abweichung, mittlere absolute Differenzen, Varianz, Standardabweichung, Schiefe, Wölbung
Ratio-, Absolutskalenniveau:	+ relative Streuungsmasse (Variationskoeffizient)

Zusammenhangsmasse

Nominalskalenniveau:	χ^2-Koeffizient, Kontingenzkoeffizient, Cramér's V, Tschuprow's T, Guttman's λ, Goodman und Kruskal's τ, Unsicherheitskoeffizient; (2×2)-Tabelle: Prozentsatzdifferenz, ϕ-Koeffizient, relative Chancen (Odds Ratio), Yule's Q und Y
Ordinalskalenniveau:	+ Spearman's r_S, Kendalls τ_a und τ_b, Goodman und Kruskals γ, Somers' d
Metrisches Skalenniveau:	+ Korrelation, lineare Regression
Gemischtes Skalenniveau:	η und η^2 (Anteil erklärter Variation), punktbiseriale Korrelation, rang-biseriale Korrelation

Grafiken

Topologisches Skalenniveau:	Balken-, Säulen-, Kreis-, Liniendiagramm
Metrisches Skalenniveau:	+ Histogramm, Kerndichteschätzer, Box-Plot, Streudiagramm, empirische Verteilungsfunktion, Normal-Quantil-Plot

A.8 Tabellen

Auf den folgenden Seiten sind die Werte bzw. Quantile verschiedener Verteilungsfunktionen tabelliert.

▷ Standardnormalverteilung

Tabelle A.1 enthält die Werte der Verteilungsfunktion $\Phi(z) = P(Z \leq z)$ der Standardnormalverteilung für $z \in [0,4)$. Angegeben ist also jeweils der Wert der Fläche unterhalb $\varphi(z)$ im Intervall $[-\infty, z]$:

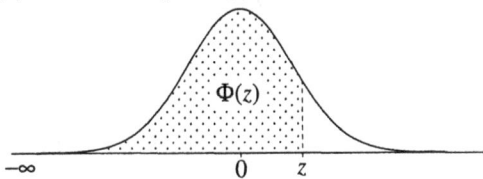

Die verschiedenen Spalten dienen zur Bestimmung der zweiten Kommastelle von z. Beispiel: $\Phi(1.75) = \Phi(1.7 + 0.05) = 0.9599$. Für negative z-Werte gilt: $\Phi(-z) = 1 - \Phi(z)$.

Durch Umkehrung der Betrachtungsweise können ausgehend von einem Wert P der Verteilungsfunktion die Quantile z_P bestimmt werden. Beispiel: $z_{0.975} = 1.9 + 0.06 = 1.96$.

▷ χ^2-Verteilung

Tabelle A.2 enthält die Quantile $\chi_P^2(n)$ der χ^2-Verteilung für verschiedene P-Werte und n Freiheitsgrade. Beispiel: $\chi_{0.95}^2(10) = 18.307$.

Approximation für $n > 30$: $\chi_P^2(n) \approx \frac{1}{2}(z_P + \sqrt{2n-1})^2$.

▷ t-Verteilung

Tabelle A.3 enthält die Quantile $t_P(n)$ der t-Verteilung für verschiedene P-Werte und n Freiheitsgrade. Beispiel: $t_{0.99}(20) = 2.528$. Hinweis: $t_{1-P}(n) = -t_P(n)$.

▷ F-Verteilung

Die Tabellen A.4 und A.5 enthalten die Quantile $F_P(m,n)$ der F-Verteilung für $P = 0.95$ und $P = 0.975$ und (m,n) Freiheitsgrade. Beispiel: $F_{0.99}(15,8) = 3.218$. Hinweis: $F_{1-P}(m,n) = \frac{1}{F_P(n,m)}$.

Tabelle A.1: Verteilungsfunktion $\Phi(z)$ der Standardnormalverteilung für $0 \leq z < 4$

z	0.00	0.01	0.02	0.03	0.04	0.05	0.06	0.07	0.08	0.09
0.0	0.5000	0.5040	0.5080	0.5120	0.5160	0.5199	0.5239	0.5279	0.5319	0.5359
0.1	0.5398	0.5438	0.5478	0.5517	0.5557	0.5596	0.5636	0.5675	0.5714	0.5753
0.2	0.5793	0.5832	0.5871	0.5910	0.5948	0.5987	0.6026	0.6064	0.6103	0.6141
0.3	0.6179	0.6217	0.6255	0.6293	0.6331	0.6368	0.6406	0.6443	0.6480	0.6517
0.4	0.6554	0.6591	0.6628	0.6664	0.6700	0.6736	0.6772	0.6808	0.6844	0.6879
0.5	0.6915	0.6950	0.6985	0.7019	0.7054	0.7088	0.7123	0.7157	0.7190	0.7224
0.6	0.7257	0.7291	0.7324	0.7357	0.7389	0.7422	0.7454	0.7486	0.7517	0.7549
0.7	0.7580	0.7611	0.7642	0.7673	0.7704	0.7734	0.7764	0.7794	0.7823	0.7852
0.8	0.7881	0.7910	0.7939	0.7967	0.7995	0.8023	0.8051	0.8078	0.8106	0.8133
0.9	0.8159	0.8186	0.8212	0.8238	0.8264	0.8289	0.8315	0.8340	0.8365	0.8389
1.0	0.8413	0.8438	0.8461	0.8485	0.8508	0.8531	0.8554	0.8577	0.8599	0.8621
1.1	0.8643	0.8665	0.8686	0.8708	0.8729	0.8749	0.8770	0.8790	0.8810	0.8830
1.2	0.8849	0.8869	0.8888	0.8907	0.8925	0.8944	0.8962	0.8980	0.8997	0.9015
1.3	0.9032	0.9049	0.9066	0.9082	0.9099	0.9115	0.9131	0.9147	0.9162	0.9177
1.4	0.9192	0.9207	0.9222	0.9236	0.9251	0.9265	0.9279	0.9292	0.9306	0.9319
1.5	0.9332	0.9345	0.9357	0.9370	0.9382	0.9394	0.9406	0.9418	0.9429	0.9441
1.6	0.9452	0.9463	0.9474	0.9484	0.9495	0.9505	0.9515	0.9525	0.9535	0.9545
1.7	0.9554	0.9564	0.9573	0.9582	0.9591	0.9599	0.9608	0.9616	0.9625	0.9633
1.8	0.9641	0.9649	0.9656	0.9664	0.9671	0.9678	0.9686	0.9693	0.9699	0.9706
1.9	0.9713	0.9719	0.9726	0.9732	0.9738	0.9744	0.9750	0.9756	0.9761	0.9767
2.0	0.9772	0.9778	0.9783	0.9788	0.9793	0.9798	0.9803	0.9808	0.9812	0.9817
2.1	0.9821	0.9826	0.9830	0.9834	0.9838	0.9842	0.9846	0.9850	0.9854	0.9857
2.2	0.9861	0.9864	0.9868	0.9871	0.9875	0.9878	0.9881	0.9884	0.9887	0.9890
2.3	0.9893	0.9896	0.9898	0.9901	0.9904	0.9906	0.9909	0.9911	0.9913	0.9916
2.4	0.9918	0.9920	0.9922	0.9925	0.9927	0.9929	0.9931	0.9932	0.9934	0.9936
2.5	0.9938	0.9940	0.9941	0.9943	0.9945	0.9946	0.9948	0.9949	0.9951	0.9952
2.6	0.9953	0.9955	0.9956	0.9957	0.9959	0.9960	0.9961	0.9962	0.9963	0.9964
2.7	0.9965	0.9966	0.9967	0.9968	0.9969	0.9970	0.9971	0.9972	0.9973	0.9974
2.8	0.9974	0.9975	0.9976	0.9977	0.9977	0.9978	0.9979	0.9979	0.9980	0.9981
2.9	0.9981	0.9982	0.9982	0.9983	0.9984	0.9984	0.9985	0.9985	0.9986	0.9986
3.0	0.9987	0.9987	0.9987	0.9988	0.9988	0.9989	0.9989	0.9989	0.9990	0.9990
3.1	0.9990	0.9991	0.9991	0.9991	0.9992	0.9992	0.9992	0.9992	0.9993	0.9993
3.2	0.9993	0.9993	0.9994	0.9994	0.9994	0.9994	0.9994	0.9995	0.9995	0.9995
3.3	0.9995	0.9995	0.9995	0.9996	0.9996	0.9996	0.9996	0.9996	0.9996	0.9997
3.4	0.9997	0.9997	0.9997	0.9997	0.9997	0.9997	0.9997	0.9997	0.9997	0.9998
3.5	0.9998	0.9998	0.9998	0.9998	0.9998	0.9998	0.9998	0.9998	0.9998	0.9998
3.6	0.9998	0.9998	0.9999	0.9999	0.9999	0.9999	0.9999	0.9999	0.9999	0.9999
3.7	0.9999	0.9999	0.9999	0.9999	0.9999	0.9999	0.9999	0.9999	0.9999	0.9999
3.8	0.9999	0.9999	0.9999	0.9999	0.9999	0.9999	0.9999	0.9999	0.9999	0.9999
3.9	1.0000	1.0000	1.0000	1.0000	1.0000	1.0000	1.0000	1.0000	1.0000	1.0000

Tabelle A.2: Quantile $\chi_P^2(n)$ der χ^2-Verteilung

$n\backslash P$	0.010	0.025	0.050	0.100	0.900	0.950	0.975	0.990
1	0.0002	0.0010	0.0039	0.0158	2.7055	3.8415	5.0239	6.6349
2	0.0201	0.0506	0.1026	0.2107	4.6052	5.9915	7.3778	9.2103
3	0.1148	0.2158	0.3518	0.5844	6.2514	7.8147	9.3484	11.345
4	0.2971	0.4844	0.7107	1.0636	7.7794	9.4877	11.143	13.277
5	0.5543	0.8312	1.1455	1.6103	9.2363	11.070	12.832	15.086
6	0.8721	1.2373	1.6354	2.2041	10.645	12.592	14.449	16.812
7	1.2390	1.6899	2.1673	2.8331	12.017	14.067	16.013	18.475
8	1.6465	2.1797	2.7326	3.4895	13.362	15.507	17.535	20.090
9	2.0879	2.7004	3.3251	4.1682	14.684	16.919	19.023	21.666
10	2.5582	3.2470	3.9403	4.8652	15.987	18.307	20.483	23.209
11	3.0535	3.8157	4.5748	5.5778	17.275	19.675	21.920	24.725
12	3.5706	4.4038	5.2260	6.3038	18.549	21.026	23.337	26.217
13	4.1069	5.0087	5.8919	7.0415	19.812	22.362	24.736	27.688
14	4.6604	5.6287	6.5706	7.7895	21.064	23.685	26.119	29.141
15	5.2294	6.2621	7.2609	8.5468	22.307	24.996	27.488	30.578
16	5.8122	6.9077	7.9616	9.3122	23.542	26.296	28.845	32.000
17	6.4077	7.5642	8.6718	10.085	24.769	27.587	30.191	33.409
18	7.0149	8.2307	9.3904	10.865	25.989	28.869	31.526	34.805
19	7.6327	8.9065	10.117	11.651	27.204	30.144	32.852	36.191
20	8.2604	9.5908	10.851	12.443	28.412	31.410	34.170	37.566
21	8.8972	10.283	11.591	13.240	29.615	32.671	35.479	38.932
22	9.5425	10.982	12.338	14.041	30.813	33.924	36.781	40.289
23	10.196	11.689	13.091	14.848	32.007	35.172	38.076	41.638
24	10.856	12.401	13.848	15.659	33.196	36.415	39.364	42.980
25	11.524	13.120	14.611	16.473	34.382	37.652	40.646	44.314
26	12.198	13.844	15.379	17.292	35.563	38.885	41.923	45.642
27	12.878	14.573	16.151	18.114	36.741	40.113	43.195	46.963
28	13.565	15.308	16.928	18.939	37.916	41.337	44.461	48.278
29	14.256	16.047	17.708	19.768	39.087	42.557	45.722	49.588
30	14.953	16.791	18.493	20.599	40.256	43.773	46.979	50.892
40	22.164	24.433	26.509	29.051	51.805	55.758	59.342	63.691
50	29.707	32.357	34.764	37.689	63.167	67.505	71.420	76.154
60	37.485	40.482	43.188	46.459	74.397	79.082	83.298	88.379
120	86.923	91.573	95.705	100.62	140.23	146.57	152.21	158.95

Tabelle A.3: Quantile $t_P(n)$ der t-Verteilung

$n\backslash P$	0.6	0.8	0.9	0.95	0.975	0.99	0.995	0.999	0.9995
1	0.3249	1.3764	3.0777	6.3137	12.706	31.821	63.657	318.31	636.62
2	0.2887	1.0607	1.8856	2.9200	4.3027	6.9646	9.9248	22.327	31.599
3	0.2767	0.9785	1.6377	2.3534	3.1824	4.5407	5.8409	10.215	12.924
4	0.2707	0.9410	1.5332	2.1318	2.7765	3.7469	4.6041	7.1732	8.6103
5	0.2672	0.9195	1.4759	2.0150	2.5706	3.3649	4.0321	5.8934	6.8688
6	0.2648	0.9057	1.4398	1.9432	2.4469	3.1427	3.7074	5.2076	5.9588
7	0.2632	0.8960	1.4149	1.8946	2.3646	2.9979	3.4995	4.7853	5.4079
8	0.2619	0.8889	1.3968	1.8595	2.3060	2.8965	3.3554	4.5008	5.0413
9	0.2610	0.8834	1.3830	1.8331	2.2622	2.8214	3.2498	4.2968	4.7809
10	0.2602	0.8791	1.3722	1.8125	2.2281	2.7638	3.1693	4.1437	4.5869
11	0.2596	0.8755	1.3634	1.7959	2.2010	2.7181	3.1058	4.0247	4.4370
12	0.2590	0.8726	1.3562	1.7823	2.1788	2.6810	3.0545	3.9296	4.3178
13	0.2586	0.8702	1.3502	1.7709	2.1604	2.6503	3.0123	3.8520	4.2208
14	0.2582	0.8681	1.3450	1.7613	2.1448	2.6245	2.9768	3.7874	4.1405
15	0.2579	0.8662	1.3406	1.7531	2.1315	2.6025	2.9467	3.7328	4.0728
16	0.2576	0.8647	1.3368	1.7459	2.1199	2.5835	2.9208	3.6862	4.0150
17	0.2573	0.8633	1.3334	1.7396	2.1098	2.5669	2.8982	3.6458	3.9651
18	0.2571	0.8620	1.3304	1.7341	2.1009	2.5524	2.8784	3.6105	3.9216
19	0.2569	0.8610	1.3277	1.7291	2.0930	2.5395	2.8609	3.5794	3.8834
20	0.2567	0.8600	1.3253	1.7247	2.0860	2.5280	2.8453	3.5518	3.8495
21	0.2566	0.8591	1.3232	1.7207	2.0796	2.5176	2.8314	3.5272	3.8193
22	0.2564	0.8583	1.3212	1.7171	2.0739	2.5083	2.8188	3.5050	3.7921
23	0.2563	0.8575	1.3195	1.7139	2.0687	2.4999	2.8073	3.4850	3.7676
24	0.2562	0.8569	1.3178	1.7109	2.0639	2.4922	2.7970	3.4668	3.7454
25	0.2561	0.8562	1.3163	1.7081	2.0595	2.4851	2.7874	3.4502	3.7251
26	0.2560	0.8557	1.3150	1.7056	2.0555	2.4786	2.7787	3.4350	3.7067
27	0.2559	0.8551	1.3137	1.7033	2.0518	2.4727	2.7707	3.4210	3.6896
28	0.2558	0.8546	1.3125	1.7011	2.0484	2.4671	2.7633	3.4082	3.6739
29	0.2557	0.8542	1.3114	1.6991	2.0452	2.4620	2.7564	3.3962	3.6594
30	0.2556	0.8538	1.3104	1.6973	2.0423	2.4573	2.7500	3.3852	3.6460
40	0.2550	0.8507	1.3031	1.6839	2.0211	2.4233	2.7045	3.3069	3.5510
50	0.2547	0.8489	1.2987	1.6759	2.0086	2.4033	2.6778	3.2614	3.4960
60	0.2545	0.8477	1.2958	1.6706	2.0003	2.3901	2.6603	3.2317	3.4602
120	0.2539	0.8446	1.2886	1.6576	1.9799	2.3578	2.6174	3.1595	3.3734
∞	0.2533	0.8416	1.2816	1.6449	1.9600	2.3263	2.5758	3.0903	3.2906

Tabelle A.4: Quantile $F_P(m,n)$ der F-Verteilung für $P = 0.95$

$n\backslash m$	1	2	3	4	5	6	7	8	9
1	161.4	199.5	215.7	224.6	230.2	234.0	236.8	238.9	240.5
2	18.51	19.00	19.16	19.25	19.30	19.33	19.35	19.37	19.38
3	10.13	9.55	9.28	9.12	9.01	8.94	8.89	8.85	8.81
4	7.71	6.94	6.59	6.39	6.26	6.16	6.09	6.04	6.00
5	6.61	5.79	5.41	5.19	5.05	4.95	4.88	4.82	4.77
6	5.99	5.14	4.76	4.53	4.39	4.28	4.21	4.15	4.10
7	5.59	4.74	4.35	4.12	3.97	3.87	3.79	3.73	3.68
8	5.32	4.46	4.07	3.84	3.69	3.58	3.50	3.44	3.39
9	5.12	4.26	3.86	3.63	3.48	3.37	3.29	3.23	3.18
10	4.96	4.10	3.71	3.48	3.33	3.22	3.14	3.07	3.02
15	4.54	3.68	3.29	3.06	2.90	2.79	2.71	2.64	2.59
20	4.35	3.49	3.10	2.87	2.71	2.60	2.51	2.45	2.39
25	4.24	3.39	2.99	2.76	2.60	2.49	2.40	2.34	2.28
30	4.17	3.32	2.92	2.69	2.53	2.42	2.33	2.27	2.21
40	4.08	3.23	2.84	2.61	2.45	2.34	2.25	2.18	2.12
60	4.00	3.15	2.76	2.53	2.37	2.25	2.17	2.10	2.04
120	3.92	3.07	2.68	2.45	2.29	2.18	2.09	2.02	1.96
∞	3.84	3.00	2.60	2.37	2.21	2.10	2.01	1.94	1.88

$n\backslash m$	10	15	20	25	30	40	60	120	∞
1	241.9	245.9	248.0	249.3	250.1	251.1	252.2	253.3	254.3
2	19.40	19.43	19.45	19.46	19.46	19.47	19.48	19.49	19.50
3	8.79	8.70	8.66	8.63	8.62	8.59	8.57	8.55	8.53
4	5.96	5.86	5.80	5.77	5.75	5.72	5.69	5.66	5.63
5	4.74	4.62	4.56	4.52	4.50	4.46	4.43	4.40	4.37
6	4.06	3.94	3.87	3.83	3.81	3.77	3.74	3.70	3.67
7	3.64	3.51	3.44	3.40	3.38	3.34	3.30	3.27	3.23
8	3.35	3.22	3.15	3.11	3.08	3.04	3.01	2.97	2.93
9	3.14	3.01	2.94	2.89	2.86	2.83	2.79	2.75	2.71
10	2.98	2.85	2.77	2.73	2.70	2.66	2.62	2.58	2.54
15	2.54	2.40	2.33	2.28	2.25	2.20	2.16	2.11	2.07
20	2.35	2.20	2.12	2.07	2.04	1.99	1.95	1.90	1.84
25	2.24	2.09	2.01	1.96	1.92	1.87	1.82	1.77	1.71
30	2.16	2.01	1.93	1.88	1.84	1.79	1.74	1.68	1.62
40	2.08	1.92	1.84	1.78	1.74	1.69	1.64	1.58	1.51
60	1.99	1.84	1.75	1.69	1.65	1.59	1.53	1.47	1.39
120	1.91	1.75	1.66	1.60	1.55	1.50	1.43	1.35	1.25
∞	1.83	1.67	1.57	1.51	1.46	1.39	1.32	1.22	1.00

Tabelle A.5: Quantile $F_P(m,n)$ der F-Verteilung für $P = 0.975$

$n\backslash m$	1	2	3	4	5	6	7	8	9
1	647.8	799.5	864.2	899.6	921.8	937.1	948.2	956.7	963.3
2	38.51	39.00	39.17	39.25	39.30	39.33	39.36	39.37	39.39
3	17.44	16.04	15.44	15.10	14.88	14.73	14.62	14.54	14.47
4	12.22	10.65	9.98	9.60	9.36	9.20	9.07	8.98	8.90
5	10.01	8.43	7.76	7.39	7.15	6.98	6.85	6.76	6.68
6	8.81	7.26	6.60	6.23	5.99	5.82	5.70	5.60	5.52
7	8.07	6.54	5.89	5.52	5.29	5.12	4.99	4.90	4.82
8	7.57	6.06	5.42	5.05	4.82	4.65	4.53	4.43	4.36
9	7.21	5.71	5.08	4.72	4.48	4.32	4.20	4.10	4.03
10	6.94	5.46	4.83	4.47	4.24	4.07	3.95	3.85	3.78
15	6.20	4.77	4.15	3.80	3.58	3.41	3.29	3.20	3.12
20	5.87	4.46	3.86	3.51	3.29	3.13	3.01	2.91	2.84
25	5.69	4.29	3.69	3.35	3.13	2.97	2.85	2.75	2.68
30	5.57	4.18	3.59	3.25	3.03	2.87	2.75	2.65	2.57
40	5.42	4.05	3.46	3.13	2.90	2.74	2.62	2.53	2.45
60	5.29	3.93	3.34	3.01	2.79	2.63	2.51	2.41	2.33
120	5.15	3.80	3.23	2.89	2.67	2.52	2.39	2.30	2.22
∞	5.02	3.69	3.12	2.79	2.57	2.41	2.29	2.19	2.11

$n\backslash m$	10	15	20	25	30	40	60	120	∞
1	968.6	984.9	993.1	998.1	1001	1006	1010	1014	1018
2	39.40	39.43	39.45	39.46	39.46	39.47	39.48	39.49	39.50
3	14.42	14.25	14.17	14.12	14.08	14.04	13.99	13.95	13.90
4	8.84	8.66	8.56	8.50	8.46	8.41	8.36	8.31	8.26
5	6.62	6.43	6.33	6.27	6.23	6.18	6.12	6.07	6.02
6	5.46	5.27	5.17	5.11	5.07	5.01	4.96	4.90	4.85
7	4.76	4.57	4.47	4.40	4.36	4.31	4.25	4.20	4.14
8	4.30	4.10	4.00	3.94	3.89	3.84	3.78	3.73	3.67
9	3.96	3.77	3.67	3.60	3.56	3.51	3.45	3.39	3.33
10	3.72	3.52	3.42	3.35	3.31	3.26	3.20	3.14	3.08
15	3.06	2.86	2.76	2.69	2.64	2.59	2.52	2.46	2.40
20	2.77	2.57	2.46	2.40	2.35	2.29	2.22	2.16	2.09
25	2.61	2.41	2.30	2.23	2.18	2.12	2.05	1.98	1.91
30	2.51	2.31	2.20	2.12	2.07	2.01	1.94	1.87	1.79
40	2.39	2.18	2.07	1.99	1.94	1.88	1.80	1.72	1.64
60	2.27	2.06	1.94	1.87	1.82	1.74	1.67	1.58	1.48
120	2.16	1.94	1.82	1.75	1.69	1.61	1.53	1.43	1.31
∞	2.05	1.83	1.71	1.63	1.57	1.48	1.39	1.27	1.00

Literaturverzeichnis

ADM Arbeitskreis Deutscher Markt- und Sozialforschungsinstitute e.V. und AG.MA Arbeitsgemeinschaft Media-Analyse e.V. (Hg.) (1999). Stichproben-Verfahren in der Umfrageforschung. Eine Darstellung für die Praxis. Opladen: Leske + Budrich.

Agresti, A. (1984). Analysis of Ordinal Categorical Data. New York: Wiley.

Agresti, A. (1990). Categorical Data Analysis. New York: Wiley.

Aldrich, J. H., F. D. Nelson (1984). Linear Probability, Logit, and Probit Models. Newbury Park: Sage.

Allison, P. D. (1978). Measures of Inequality. American Sociological Review 43: 865–880.

Allison, P. D. (1981). Inequality Measures for Nominal Data. American Sociological Review 46: 371–373.

Allison, P. D. (1991). Event History Analysis. Regression for Longitudinal Event Data, 6th pr. Newbury Park: Sage.

Alt, Ch., W. Bien (1994). Gewichtung, ein sinnvolles Verfahren in der Sozialwissenschaft? S. 124–140 in: S. Gabler, J. H. P. Hoffmeyer-Zlotnik, D. Krebs (Hg.). Gewichtung in der Umfragepraxis. Opladen: Westdeutscher Verlag.

Althoff, S. (1993). Auswahlverfahren in der Markt-, Meinungs- und empirischen Sozialforschung. Pfaffenweiler: Centaurus.

Andreß, H.-J., J. A. Hagenaars, S. Kühnel (1997). Analyse von Tabellen und kategorialen Daten. Log-Lineare Modelle, latente Klassenanalyse, logistische Regression und GSK-Ansatz. Berlin: Springer.

Angrist, J. D., G. W. Imbens, D. B. Rubin (1996). Identification of Causal Effects Using Instrumental Variables. Journal of the American Statistical Association 91: 444–455.

Atteslander, P. (2000). Methoden der empirischen Sozialforschung, 9. Aufl. Berlin: de Gruyter.

Bahrenberg, G., E. Giese, J. Nipper (1985). Statistische Methoden in der Geographie, 2. Aufl. Stuttgart: Teubner.

Backhaus, K., B. Erichson, W. Plinke, R. Weiber (2000). Multivariate Analysemethoden. Eine anwendungsorientierte Einführung, 9. Aufl. Berlin: Springer.

Baltagi, B. H. (1996). Econometric Analysis of Panel Data, 2nd repr. New York: Wiley.

Beck, M., K.-D. Opp (2001). Der Faktorielle Survey und die Messung von Normen. Kölner Zeitschrift für Soziologie und Sozialpsychologie 53: 283–306.

Benninghaus, H. (1998a). Deskriptive Statistik, 8. Aufl. Stuttgart: Teubner.

Benninghaus, H. (1998b). Einführung in die sozialwissenschaftliche Datenanalyse, 5. Aufl. München: Oldenbourg.

Blasius, J. (2001). Korrespondenzanalyse. München: Oldenbourg.

Blossfeld, H. P., G. Rohwer (1995). Techniques of Event History Modeling. New Approaches to Causal Analysis. Mahwah: Erlbaum.

Blümle, G. (1975). Theorie der Einkommensverteilung. Eine Einführung. Berlin: Springer.

Borg, I., P. Groenen (1997). Modern Multidimensional Scaling. Theory and Applications. New York: Springer.

Borg, I., Th. Staufenbiel (1997). Theorien und Methoden der Skalierung. Eine Einführung, 3. Aufl. Bern: Hans Huber.

Bortz, J. (1999). Statistik für Sozialwissenschaftler, 5. Aufl. Berlin: Springer.

Bosch, K. (1996). Grosses Lehrbuch der Statistik. München: Oldenbourg.

Bosch, K. (1998a). Statistik für Nichtstatistiker. Zufall oder Wahrscheinlichkeit, 3. Aufl. München: Oldenbourg.

Bosch, K. (1998b). Statistik-Taschenbuch, 3. Aufl. München: Oldenbourg.

Bosch, K. (1999). Grundzüge der Statistik. Einführung mit Übungen, 2. Aufl. München: Oldenbourg.

Braun, N., B. Nydegger Lory, R. Berger, C. Zahner (2001). Illegale Märkte für Heroin und Kokain. Bern: Haupt.

Brüderl, J. (2000). Regressionsverfahren in der Bevölkerungswissenschaft. S. 589–642 in: U. Mueller, B. Nauck, A. Diekmann (Hg.). Handbuch der Demographie, Band 1. Berlin: Springer.

Bundesamt für Statistik (1996). Die Schweizerische Arbeitskräfteerhebung (SAKE). Konzepte, methodische Grundlagen, praktische Ausführung. Bern: BFS.

Bundesamt für Statistik (1999). Einkommens- und Verbrauchserhebung 1998 (EVE98). Grundlagen. Neuchâtel: BFS.

Bundesamt für Statistik (2000). Einkommens- und Verbrauchserhebung 1998 (EVE98). Erste Ergebnisse. Neuchâtel: BFS.

Büschges, G., M. Abraham, W. Funk (1998). Grundzüge der Soziologie, 3. Aufl. München: Oldenbourg.

Clauß, G., F.-R. Finze, L. Partzsch (1999). Statistik für Soziologen, Pädagogen, Psychologen und Mediziner. Grundlagen, 3. Aufl. Thun und Frankfurt a/M: Harri Deutsch.

Coulter, Ph. B. (1989). Measuring Inequality. A Methodological Handbook. Boulder: Westview.

Cowell, F. A. (2000). Measurement of Inequality. S. 87–166 in: A. B. Atkinson, F. Bourguignon (eds.). Handbook of Income Distribution, Volume 1. Amsterdam: Elsevier.

Davison, A. C., D. V. Hinkley (1997). Bootstrap Methods and their Application. Cambridge: Cambridge Univ. Press.

Diekmann, A. (2000). Empirische Sozialforschung. Grundlagen, Methoden, Anwendungen, 6. Aufl. Reinbek bei Hamburg: Rowohlt.

Diekmann, A., H. Engelhardt, B. Jann (2000). Expansion of the Service Sector. A Comparison of the Labor Markets in the USA, West Germany and Switzerland. Universität Bern.

Diekmann, A., H. Engelhardt, B. Jann, K. Armingeon und G. Geissbühler (1999). Der Schweizer Arbeitsmarktsurvey 1998. Codebuch. Universität Bern.

Diekmann, A., B. Jann (2001a). Anreizformen und Ausschöpfungsquoten bei postalischen Befragungen. Eine Prüfung der Reziprozitätshypothese. ZUMA-Nachrichten 48: 18–27.

Diekmann, A., B. Jann (2001b). Der Schweizer Arbeitsmarktsurvey, Panel 2000. Ergebnisbericht und Codebuch. Universität Bern.

Diekmann, A., P. Mitter (1984). Methoden zur Analyse von Zeitverläufen. Stuttgart: Teubner.

Ditton, H. (1998). Mehrebenenanalyse. Grundlagen und Anwendungen des Hierarchisch Linearen Modells. Weinheim und München: Juventa.

Efron, B., R. J. Tibshirani (1993). An Introduction to the Bootstrap. New York: Chapman & Hall.

Eliason, S. R. (1993). Maximum Likelihood Estimation. Logic and Practice. Newbury Park: Sage.

Engel, A., M. Möhring, K. G. Troitzsch (1995). Sozialwissenschaftliche Datenanalyse. Mannheim: BI-Wissenschaftsverlag.

Engel, U. (1998). Einführung in die Mehrebenenanalyse. Grundlagen, Auswertungsverfahren und praktische Beispiele. Wiesbaden: Westdeutscher Verlag.

Engel, U., J. Reinecke (1994). Panelanalyse. Grundlagen, Techniken, Beispiele. Berlin: de Gruyter.

Engelhardt, H. (2000). Modelle zur Messung und Erklärung personeller Einkommensverteilungen. S. 1066–1091 in: U. Mueller, B. Nauck, A. Diekmann (Hg.). Handbuch der Demographie, Band 2. Berlin: Springer.

Esser, H. (1999). Soziologie. Allgemeine Grundlagen, 3. Aufl. Frankfurt a/M: Campus.

Fahrmeir, L., R. Künstler, I. Pigeot, G. Tutz (2001). Statistik. Der Weg zur Datenanalyse, 3. Aufl. Berlin: Springer.

Falk, M., R. Becker, F. Marohn (1995). Angewandte Statistik mit SAS. Eine Einführung. Berlin: Springer.

Finkel, S. E. (1996). Causal Analysis with Panel Data, 2nd pr. Thousand Oaks: Sage.

Flick, U., E. von Kardorff, I. Steinke (Hg.) (2000). Qualitative Forschung. Ein Handbuch. Reinbek bei Hamburg: Rowohlt.

Friedrichs, J. (1990). Methoden empirischer Sozialforschung, 14. Aufl. Opladen: Westdeutscher Verlag.

Gabler, G., J. H. P. Hoffmeyer-Zlotnik (Hg.) (1997). Stichproben in der Umfragepraxis. Opladen: Westdeutscher Verlag.

Giddens, A. (1999). Soziologie, 2. Aufl. Graz: Nausner & Nausner.

Graf, U., H.-J. Henning, K. Stange, P.-Th. Wilrich (1987). Formeln und Tabellen der angewandten mathematischen Statistik, 3. Aufl. Berlin: Springer.

Greene, W. H. (1993). Econometric Analysis, 2nd ed. Englewood Cliffs: Prentice-Hall.

Gujarati, D. (1995). Basic Econometrics, 3rd ed. New York: McGraw-Hill.

Hackl, P., W. Katzenbeisser (2000). Statistik für Sozial- und Wirtschaftswissenschaften. Lehrbuch mit Übungsaufgaben, 11. Aufl. München: Oldenbourg.

Hardy, M. A. (1993). Regression with Dummy Variables. Newbury Park: Sage.

Hartmann, P. H. (1985). Die Messung sozialer Ungleichheit. Pfaffenweiler: Centaurus.

Hartmann, P. (1998). Studierende im Kampf mit der Statistik. Ursachen und Lösungsansätze. Mitteilungsblatt der Deutschen Gesellschaft für Soziologie 2/98: 44–60.

Hartung, J., B. Elpelt, K.-H. Klösener (1999). Statistik. Lehr- und Handbuch der angewandten Statistik, 12. Aufl. München: Oldenbourg.

Hartung, J., B. Elpelt (1999). Multivariate Statistik. Lehr- und Handbuch der angewandten Statistik, 6. Aufl. München: Oldenbourg.

Hays, W. L. (1994). Statistics, 5th ed. Fort Worth: Holt, Rinehart and Winston.

Hippmann, H.-D. (1997). Statistik für Wirtschafts- und Sozialwissenschaftler, 2. Aufl. Stuttgart: Schäffer-Poeschel.

Hirsig, R. (1998). Statistische Methoden in den Sozialwissenschaften, Band 1, 2. Aufl. Zürich: Seismo.

Hirsig, R. (2000). Statistische Methoden in den Sozialwissenschaften, Band 2, 2. Aufl. Zürich: Seismo.

Hsiao, C. (1986). Analysis of Panel Data. Cambridge: Cambridge Univ. Press.

Jaccard, J., R. Turrisi, C. K. Wan (1990). Interaction Effects in Multiple Regression. Newbury Park: Sage.

Jann, B. (2001). Ungleichheit und Gerechtigkeit 2001. Codebuch und Dokumentation. Universität Bern.

Jasso, G., K.-D. Opp (1997). Probing the Character of Norms: A Factorial Survey Analysis of the Norms of Political Action. American Sociological Review 62: 947–964.

Jöckel, K.-H., G. Rothe, W. Sendler (eds.) (1992). Bootstrapping and Related Techniques. Proceedings of an International Conference Held in Trier, FRG, 1990. Berlin: Springer.

Kanji, G. P. (1993). 100 Statistical Tests. London: Sage.

Kendall, M. G., J. D. Gibbons (1990). Rank Correlation Methods, 5th ed. New York: Oxford Univ. Press.

Kennedy, G. (1993). Einladung zur Statistik, 2. Aufl. Frankfurt a/M: Campus Verlag.

Kerber, H., A. Schmieder (Hg.) (1991). Soziologie. Arbeitsfelder, Theorien, Ausbildung. Reinbeck bei Hamburg: Rowohlt.

Kish, L. (1995). Survey Sampling, Wiley Classics Library Ed. New York: Wiley.

Kohler, U., F. Kreuter (2001). Datenanalyse mit Stata. Allgemeine Konzepte der Datenanalyse und ihre prektische Anwendung. München: Oldenbourg.

König, E., P. Zedler (Hg.) (1995). Bilanz qualitativer Forschung, Band II: Methoden. Weinheim: Deutscher Studien Verlag.

Korte, H. (2000). Einführung in die Geschichte der Soziologie, 6. Aufl. Opladen: Leske + Budrich.

Krämer, W. (1997). So lügt man mit Statistik, 7. Aufl. Frankfurt a/M: Campus.

Krämer, W. (1998). Statistik verstehen. Eine Gebrauchsanweisung, 3. Aufl. Frankfurt a/M: Campus.

Kromrey, H. (2000). Empirische Sozialforschung: Modelle und Methoden der Datenerhebung und Datenauswertung, 9. Aufl. Opladen: Leske + Budrich.

Kruskal, J. B., M. Wish (1984). Multidimensional Scaling, 11th pr. Newbury Park: Sage.

Kühnel, S. M., D. Krebs (2001). Statistik für die Sozialwissenschaften. Grundlagen, Methoden, Anwendungen. Reinbek bei Hamburg: Rowohlt.

Laatz, W. (1993). Empirische Methoden: ein Lehrbuch für Sozialwissenschaftler. Thun: Harri Deutsch.

Lamnek, S. (1995). Qualitative Sozialforschung, Band 2: Methoden und Techniken, 3. Aufl. München und Weinheim: Psychologie Verlags Union.

Leiner, B. (1994). Stichprobentheorie. Grundlagen, Theorie und Technik, 3. Aufl. München: Oldenbourg.

Levy, P. S., S. Lemeshow (1999). Sampling of Populations, 3rd ed. New York: Wiley.

Long, J. S. (1997). Regression Models for Categorical and Limited Dependent Variables. Thousand Oaks: Sage.

Maddala, G. S. (1992). Introduction to Econometrics, 2nd ed. Englewood Cliffs: Prentice-Hall.

Maier, J., M. Maier, H. Rattinger (2000). Methoden der sozialwissenschaftlichen Datenanalyse. Arbeitsbuch mit Beispielen aus der Politischen Soziologie. München: Oldenbourg.

Maier, G., P. Weiss (1990). Modelle diskreter Entscheidungen: Theorie und Anwendung in den Sozial- und Wirtschaftswissenschaften. Wien: Springer.

Mikl-Horke, G. (1997). Soziologie. Historischer Kontext und soziologische Theorie-Entwürfe, 4. Aufl. München: Oldenbourg.

Mooney, Ch. Z., R. D. Duval (1996). Bootstrapping. A Nonparametric Approach to Statistical Inference. Newbury Park: Sage.

Pokropp, F. (1996). Stichproben: Theorie und Verfahren, 2. Aufl. München: Oldenbourg.

Polasek, W. (1994). EDA. Explorative Datenanalyse. Einführung in die deskriptive Statistik, 2. Aufl. Berlin: Springer.

Riedwyl, H. (1992). Angewandte Statistik, 2. Aufl. Bern: Haupt.

Rinne, H. (1997). Taschenbuch der Statistik. Thun und Frankfurt a/M: Harri Deutsch.

Robinson, W. S. (1950). Ecological Correlations and Behaviour of Individuals. In: American Sociological Review 15: 351–357.

Rohwer, G., U. Pötter (2001). Grundzüge der sozialwissenschaftlichen Statistik. Weinheim und München: Juventa.

Rohwer, G., U. Pötter (2002). Methoden sozialwissenschaftlicher Datenkonstruktion. Weinheim und München: Juventa.

Rosenbaum, P. R., D. B. Rubin (1983). The central role of the propensity score in observational studies for causal effects. Biometrika 70: 41–55.

Rossi, P. H. (1979). Vignette Analysis: Uncovering the Normative Structure of Complex Judgements. S. 176–186 in: R. K. Merton, J. S. Coleman, P. H. Rossi (eds.). Qualitative and Quantitative Social Research. Papers in Honor of Paul F. Lazarsfeld. New York: The Free Press.

Rossi, P. H., S. L. Nock (eds.) (1982). Measuring Social Judgments. The Factorial Survey Approach. Beverly Hills: Sage.

Roth, E. (Hg.) (1999). Sozialwissenschaftliche Methoden: Lehr- und Handbuch für Forschung und Praxis, 5. Aufl. München: Oldenbourg.

Rothe, G., M. Wiedenbeck (1994). Stichprobengewichtung: Ist Repräsentativität machbar? S. 46–61 in: S. Gabler, J. H. P. Hoffmeyer-Zlotnik, D. Krebs (Hg.). Gewichtung in der Umfragepraxis. Opladen: Westdeutscher Verlag.

Sachs, L. (1999): Angewandte Statistik. Anwendung statistischer Methoden, 9. Aufl. Berlin: Springer.

Sahner, H. (1997). Schliessende Statistik, 4. Aufl. Stuttgart: Teubner.

Scheaffer, R. L., W. Mendenhall, L. Ott (1990). Elementary Survey Sampling, 4th ed. Boston: PWS-Kent Publ.

Schlittgen, R. (1996). Statistische Inferenz. München: Oldenbourg.

Schlittgen, R. (2000). Einführung in die Statistik. Analyse und Modellierung von Daten, 9. Aufl. München: Oldenbourg.

Schlittgen, R., B. H. J. Streitberg (1994). Zeitreihenanalyse, 5. Aufl. München: Oldenbourg.

Schnell, R. (1993). Die Homogenität sozialer Kategorien als Voraussetzung für »Repräsentativität« und Gewichtungsverfahren. Zeitschrift für Soziologie 22: 16–32.

Schnell, R. (1994). Graphisch gestützte Datenanalyse. München: Oldenbourg.

Schnell, R., P. B. Hill, E. Esser (1999). Methoden der empirischen Sozialforschung, 6. Aufl. München: Oldenbourg.

Sen, A. (1997). On Economic Inequality, expanded ed. Oxford: Clarendon Press.

Siegel, S. (1985). Nichtparametrische statistische Methoden, 2. Aufl. Eschborn bei Frankfurt a/M: Fachbuchhandlung für Psychologie.

Simpson, E. H. (1949). Measurement of Diversity. Nature 163: 688.

Skinner, C. J., D. Holt, T. M. F. Smith (eds) (1989). Analysis of Complex Surveys. New York: Wiley.

Snijders, T., R. Bosker (1999). Multilevel Analysis. An introduction to basic and advanced mulilevel modeling. London: Sage.

Sobel, M. E. (2000). Causal Inference in the Social Sciences. Journal of the American Statistical Association 95: 647–651.

SOEP Group (2001). The German Socio-Economic Panel (GSOEP) after more than 15 Years – Overview. Vierteljahrshefte zur Wirtschaftsforschung 70: 7-14.

Stata Corporation (2001a). Stata Reference Manual, Release 7, Volume 1 A-G. College Station, Texas: Stata Press.

Stata Corporation (2001b). Stata Reference Manual, Release 7, Volume 3 Q-St. College Station, Texas: Stata Press.

Stata Corporation (2001c). Stata Reference Manual, Release 7, Volume 4 Su-Z. College Station, Texas: Stata Press.

Stenger, H. (1986). Stichproben. Heidelberg, Wien: Physica.

Stevens, S. S. (1946). On the Theory of Scales of Measurement. Science 103: 677–680.

Stier, W. (2001). Methoden der Zeitreihenanalyse. Berlin: Springer.

Tutz, G. (2000). Die Analyse kategorialer Daten. Anwendungsorientierte Einführung in Logit-Modellierung und kategoriale Regression. München: Oldenbourg.

Urban, D. (1982). Regressionstheorie und Regressionstechnik. Stuttgart: Teubner.

Urban, D. (1993). Logit-Analyse. Stuttgart: Fischer.

Wagschal, U. (1999). Statistik für Politikwissenschaftler. München: Oldenbourg.

Winship, Ch., S. L. Morgan (1999). The Estimation of Causal Effects From Observational Data. Annual Review of Sociology 25: 659–707.

Wittenberg, R., H. Cramer (2000). Datenanalyse mit SPSS für Windows, 2. Aufl. Stuttgart: Lucius & Lucius.

Wolter, K. M. (1985). Introduction to Variance Estimation. New York: Springer.

World Bank (1999). World Development Report 1998/99. New York: Oxford University Press.

Yamaguchi, K. (1991). Event History Analysis. Newbury Park: Sage.

Zentralarchiv für Empirische Sozialforschung (2001): ISSP 1997 Work Orientations II. Codebook. Köln: ZA.

Index

www.ingramcontent.com/pod-product-compliance
Lightning Source LLC
Chambersburg PA
CBHW031950180326
41458CB00006B/1685